国家重点研发计划项目(2016YFC0801403)资助
国家自然科学基金重点项目(51634001)资助
国家自然科学基金青年科学基金项目(51404243)资助
江苏省重点研发计划项目(BE2015040)资助
中央高校基本科研业务费专项资金(2014XT01)资助
江苏高校品牌专业建设工程项目(TAPP)资助

采动动载诱发冲击矿压机理及其防治技术

何　江　窦林名　著

中国矿业大学出版社
·徐州·

内容提要

冲击矿压已成为煤矿深部开采面临的主要灾害之一，严重制约了煤矿安全、高效生产。以矿震为主的采动动载与区域静载组合作用是诱发冲击矿压的动力学原因。

本书针对煤矿采动动载诱发冲击矿压的机理及其防治技术进行了较为系统的论述。书中主要介绍了煤矿采动动载的类型、应变率范围、采动动载应变率加载条件下煤岩试样动力学特征、动静载组合作用下煤岩损伤破坏的试验规律、动静叠加作用下冲击矿压发生机理、基于动载的冲击矿压监测及防治技术。

本书可供从事矿山震动、冲击矿压、岩爆等相关研究领域的科技工作者、大专院校相关专业学生、工程技术人员参考使用。

图书在版编目(CIP)数据

采动动载诱发冲击矿压机理及其防治技术 / 何江，窦林名著.—徐州：中国矿业大学出版社，2017.10

ISBN 978-7-5646-3718-7

Ⅰ.①采… Ⅱ.①何… ②窦… Ⅲ.①煤矿—矿山压力—冲击地压—防治 Ⅳ.①TD324

中国版本图书馆CIP数据核字(2017)第251613号

书　　名　采动动载诱发冲击矿压机理及其防治技术
著　　者　何　江　窦林名
责任编辑　马晓彦
出版发行　中国矿业大学出版社有限责任公司
（江苏省徐州市解放南路　邮编 221008）
营销热线　(0516)83884103　83885105
出版服务　(0516)83995789　83884920
网　　址　http://www.cumtp.com　**E-mail**:cumtpvip@cumtp.com
印　　刷　江苏凤凰数码印务有限公司
开　　本　787 mm×1092 mm　1/16　**印张** 11.25　**字数** 215 千字
版次印次　2017年10月第1版　2017年10月第1次印刷
定　　价　39.00元

前　　言

冲击矿压是煤矿井下采掘围岩突然破坏，并释放出大量弹性变形能的一种强烈的动力灾害现象。冲击矿压严重损毁井巷及设备，并造成人员伤亡，是煤矿严重的动力灾害之一。随着煤矿开采深度的逐年增加，冲击矿压灾害日益严重。据统计，我国冲击矿压矿井目前已超过170对，且有急剧增多、增强的趋势。

煤炭开采是对煤岩应力场的强烈扰动过程，应力在采动后将动态调整以取得新的平衡。应力在动态调整过程中，当煤岩体弹性变形能释放受阻而产生局部积聚时，能量集中、突然释放将产生强烈矿震现象，如顶板破断、断层错动等。煤炭开采的人为扰动也是矿震的主要来源，如机组割煤、放顶、打钻、爆破等。煤炭开采过程不可避免地会产生采动动载，采动动载与采掘围岩静载叠加作用是冲击矿压发生的力学原因。

本书围绕煤矿采动动载诱发冲击矿压机理及其防治，对煤矿采动动载特征、动静载叠加作用下煤岩力学特性、采动动载对煤岩体的作用、采动动载诱发冲击矿压机理、冲击矿压监测及防治原理进行了系统研究，并进行了工程实践应用。全书共八章，各章主要研究内容如下：

第1章：论述了煤矿冲击矿压机理、预测预报及监测预警、预防及治理的研究现状，进而总结了煤矿采动动载诱发冲击矿压方面的研究进展，在此基础上提出了本书的主要研究内容。

第2章：分析了煤矿静载、动载特征以及煤矿动载来源，对煤矿震动波传播衰减规律及动载应变率范围进行了原位试验研究，根据煤矿动载应变率范围，对煤矿动静载进行了界定，并将煤矿动载划分为三种基本类型。

第3章：采用MTS-C64.106电液伺服材料试验系统及声发射采集系统，试验研究了煤岩力学特性与加载应变率之间的关系及动静载组合作用下煤岩动力学特性，主要得到了煤岩力学参数、冲击特性随加载应变率的变化规律，煤岩动静载组合作用下的动力学特性及变形破坏规律，以及煤岩样变形破坏过程中的声发射规律。

第4章：基于断裂力学、损伤力学研究了煤岩体裂纹扩展导致的损伤破坏过程，基于元胞自动机及重整化群理论探讨了煤岩损伤导致的煤岩突变破坏，得出

动静载作用下煤岩裂纹扩展、能量转移耗散及损伤失稳特征。

第5章:研究了冲击矿压孕育过程中需要具备的五个必要因素,并分析了五个因素之间的条件转换关系;研究提出了动静载组合的力能解锁冲击矿压机理,分别从动静载叠加角度和时变动力学角度建立了冲击矿压判别准则,阐述了煤岩体结构强度的各向异性对力能解锁提供的条件,分析了力能解锁类型。

第6章:提出了动静载结合的监测预警思想,得出动载监测从动载源、煤岩体动载响应两方面进行监测,介绍了动载源微震监测技术和动载响应的声发射、电磁辐射监测技术,并结合实例分析了动载监测的前兆信息规律;提出了减弱静载、降低动载的冲击矿压控制思路,研究了降低动载源的顶板深孔爆破、切顶巷关键技术,构建了降低动载传播特性的技术体系,介绍了卸压爆破降低动载扰动效应技术。

第7章:针对动载诱发型冲击矿压矿井,进行了冲击矿压防治实践研究。基于采动动载诱发冲击理论,建立了试验工作面冲击矿压采动动载分区监测技术体系,采取了切顶巷顶裂顶板、顶板深孔爆破防治关键技术。工作面回采表明,冲击矿压监测、防治技术控制了冲击危险,冲击矿压防治效果明显。

第8章:对全书内容进行了总结归纳。

中国矿业大学冲击矿压研究团队牟宗龙教授、曹安业教授、巩思园副研究员、贺虎副教授等对本书的理论和试验研究等工作提供了许多帮助;蔡武博士、王浩硕士等在本书的试验和数据分析部分做了大量工作。在此,向多年来给予帮助和关心的团队成员表示衷心的感谢!

本书写作过程中,还得到了中国矿业大学矿业工程学院、煤炭资源与安全开采国家重点实验室、深部煤炭资源开采教育部重点实验室的领导、老师和实验技术人员,以及科研合作单位的领导和工程技术人员的大力支持和热情帮助,在此深表感谢!本书引用了国内外大量的文献资料,对分享这些研究成果的专家学者表示感谢!

本书出版得到了国家重点研发计划项目(2016YFC0801403)、国家自然科学基金重点项目(51634001)、国家自然科学基金青年科学基金项目(51404243)等基金项目的资助,在此一并表示感谢!

受作者水平所限,书中难免存在不足之处,恳请读者批评指正。

著　者

2017年9月

目　　录

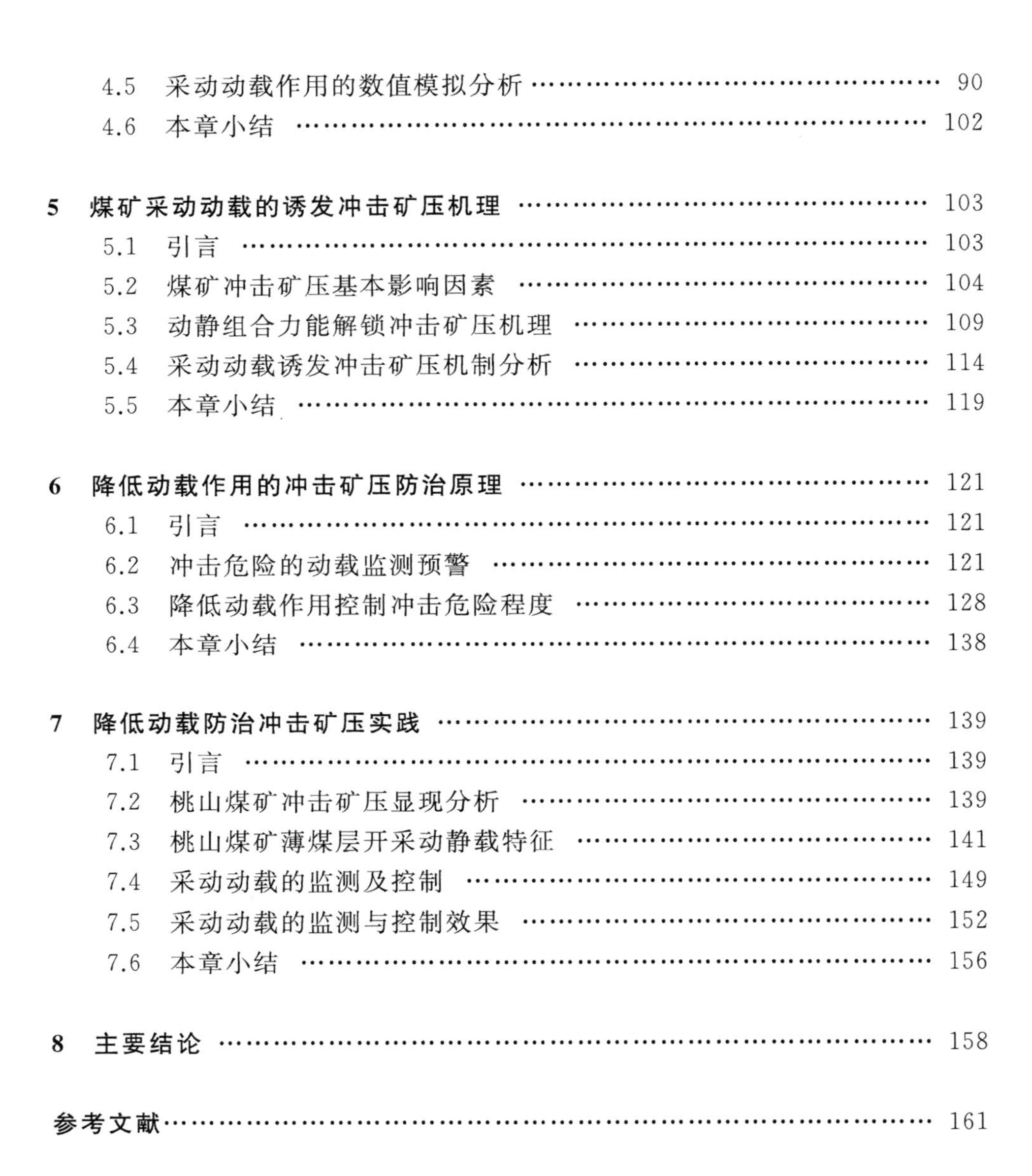

1 绪　论

1.1 研究背景及意义

随着经济高速发展,我国能源需求越来越大。我国是典型的富煤少油、气国家,煤炭作为主体能源,其占能源生产总量的比重达 70%左右。随着社会经济的发展,我国能源需求将进一步加大。在今后相当长的时间内,煤炭作为我国主体能源的格局将不会改变。预计到 2050 年,煤炭在我国一次性能源消费结构中所占的比重仍将达到 50%。

煤炭作为一种不可再生能源,一旦消耗,在有限时间内将不可再生。第一次工业革命以来,机器的广泛使用使社会生产对能源的需求极大地增加。我国改革开放以来,为了满足经济社会发展的需求,加大了煤炭资源的开发力度。经过几十年的大规模开采,浅部煤炭资源几近枯竭,目前平均采深已达 600 m 左右,且每年以 8～12 m 的速度延深。

随着开采深度加深、开采强度加大、开采布局变得复杂,围岩所处应力状态逐渐恶化,由此产生的冲击矿压灾害急剧增多、增强。以前发生过冲击矿压的矿井,冲击矿压灾害更加严重;以前没发生过冲击矿压的矿井,逐渐开始产生冲击显现。

冲击矿压(又称"冲击地压",非煤矿山也称"岩爆")是一种典型的矿山动力现象,具有极大的危害性。例如:1960 年 1 月 20 日,南非的 Coalbrock North 煤矿发生一起冲击矿压灾害,井下破坏面积达 300 万 m^2,导致 432 人死亡;1974 年 10 月 25 日,北京城子矿发生一起 3.4 级冲击矿压,导致 29 人死亡;2011 年 11 月 3 日,义马煤业(集团)有限责任公司(以下简称义马集团)千秋煤矿掘进面发生冲击矿压,导致 70 余人被困、10 人死亡、64 人受伤。冲击矿压还可引发矿井突水、火灾、瓦斯爆炸等矿井次生灾害。如:2003 年 5 月 13 日,淮北矿业股份有限公司芦岭煤矿顶板冲击引起采空区瓦斯突出、爆炸,造成 84 人死亡;2005 年 2 月 14 日,阜新孙家湾煤矿发生一起冲击矿压导致的特大瓦斯爆炸事故,造成 214 人死亡、30 人受伤,直接经济损失 4 968.9 万元。

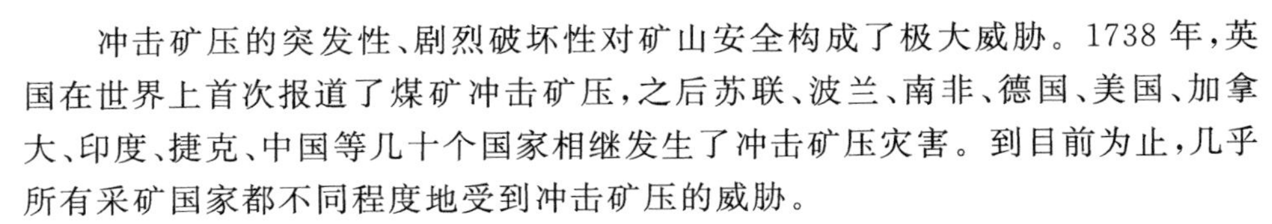

冲击矿压的突发性、剧烈破坏性对矿山安全构成了极大威胁。1738 年，英国在世界上首次报道了煤矿冲击矿压，之后苏联、波兰、南非、德国、美国、加拿大、印度、捷克、中国等几十个国家相继发生了冲击矿压灾害。到目前为止，几乎所有采矿国家都不同程度地受到冲击矿压的威胁。

我国于 1933 年在抚顺胜利矿发生了首次冲击矿压灾害。目前，北京、枣庄、抚顺、阜新、辽源、大同、鹤壁、双鸭山、鸡西、七台河、淮南、韩城、鹤岗、平顶山、贵州、新疆等地 120 余个矿区(井)具有冲击矿压灾害，范围扩大到了 20 余个省区。随着煤炭资源开发转向深部，冲击矿压将更加严重且更为普遍。

冲击矿压已成为煤矿最为严重的灾害之一，严重影响煤炭安全、高效开采。冲击矿压的复杂性使其成为 21 世纪矿井开采与岩石力学领域亟待解决的主要世界难题之一。

煤炭开采是对煤岩应力场的强扰动过程。原岩应力平衡被打破后，应力将经历动态调整以取得新的平衡。应力的动态调整过程将产生动载荷。当煤岩体中的弹性应变能释放受阻而产生局部集中时，能量集中释放会产生强烈的矿震现象，如顶板破断、断层错动等。煤炭开采的人为扰动也是矿震的主要来源，如机组割煤、放顶、打钻、爆破等。煤炭开采不可避免地存在动载扰动，动静载叠加作用是冲击矿压发生的根本原因。

七台河桃山煤矿发生的 60 次冲击矿压中，由卸压爆破、机组割煤、打钻等动力扰动诱发 56 次，约占总次数的 93%；门头沟矿发生的 114 次冲击矿压中，由爆破诱发 89 次，约占总次数的 78%；陶庄煤矿由爆破诱发的冲击矿压占 60%；城子煤矿 12 次最严重的冲击矿压中由爆破诱发 10 次；龙凤矿冲击矿压中一半以上由爆破诱发。2011 年 11 月 3 日，义马集团千秋煤矿掘进面发生的冲击矿压，经分析此次冲击矿压产生的原因是 F16 逆冲断层活动产生的地震波对近距离掘进巷道产生扰动；鹤岗兴安煤矿四水平南 17-1 层二四区一段一分层回采过程中发生的 8 次严重冲击矿压，均发生在背斜构造高应力区，其中 3 次发生在风巷扩帮拉底扰动时段，5 次发生在基本顶来压扰动时段，说明这些冲击矿压与动载扰动有密切关系；甘肃华亭煤矿 250102 工作面当推进加快、顶板周期来压等动载扰动增强时，强矿震、冲击矿压等动力现象增多、增强，这说明强动载作用易诱发冲击矿压、矿震等显现；徐州三河尖煤矿是顶板型冲击矿压最为严重的矿井之一，在该矿西翼回采过程中发生了 14 次冲击矿压，其中 12 次发生在采煤工作面回采扰动期间，2 次发生在掘进工作面掘进扰动期间，而由顶板超前断裂与失稳产生的动载诱发的冲击矿压就达 11 次。

微震监测表明：冲击矿压多发生在矿震活动频繁、矿震能量较高的时期，进一步表明冲击矿压不仅与冲击点较高的静载荷有关，同时与动载扰动密切相关。

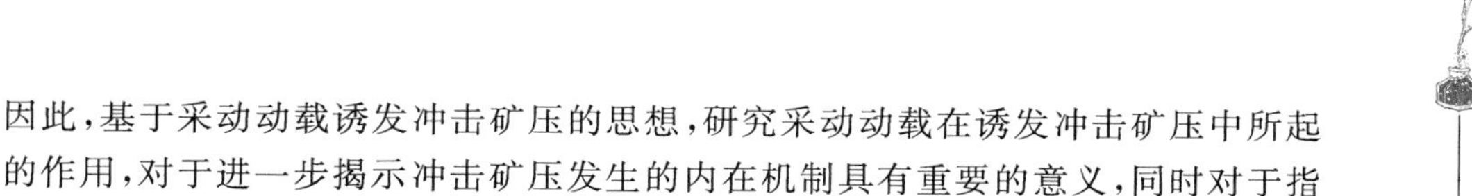

因此，基于采动动载诱发冲击矿压的思想，研究采动动载在诱发冲击矿压中所起的作用，对于进一步揭示冲击矿压发生的内在机制具有重要的意义，同时对于指导冲击矿压监测和防治具有重要的指导作用。

1.2 国内外研究现状

1.2.1 冲击矿压机理研究

冲击矿压机理是通过对冲击矿压进行深入的研究和认识，对其发生的内、外在原因进行简明而深刻的概括和阐述。自从冲击矿压现象出现，各国学者和科技工作者们就开始了对冲击矿压机理的探索和研究。由于冲击矿压的复杂性、影响因素和现象的多样性、突发性、过程的短暂性、对孕育条件的破坏性等，虽然各国学者和科技工作者们做出了艰辛的努力，但至今人们对冲击矿压机理的认识存在较大争议，未形成统一而普遍认可的理论和观点。

总的来说，冲击矿压机理可概括为早期基于现象认识和实验室试验为基础的经典理论和近年来随着新兴力学、数学分支学科引入而进行的新的研究探索。

1.2.1.1 早期经典冲击矿压理论

早期经典冲击矿压理论是对冲击矿压直观认识或在试验研究基础上总结得到的，主要包括强度理论、刚度理论、能量理论、冲击倾向性理论、失稳理论等。

基于煤岩强度提出的强度理论是最为朴素而直观的理论。它是对冲击矿压的直观认识，产生较早，已编入许多经典论著中。强度理论从现象上对冲击矿压做出了解释，而煤炭开采过程中采掘空间周围煤岩体所处应力状态往往超过了其强度，且煤岩体已破坏并处于残余强度阶段，但冲击矿压并未发生。因此，应力超过煤岩体强度只是冲击矿压发生的必要而非充分条件。20 世纪 50 年代，强度理论逐渐着眼于围岩力学系统极限平衡条件的分析研究。一方面煤岩体受到的应力状态在不断升高，另一方面煤岩结构系统存在一定变化的强度，应力状态和强度均处于变化之中。当应力小于煤岩结构系统强度时，煤岩结构系统逐渐积累弹性变形能；当应力增加到超过煤岩结构系统强度或煤岩结构系统强度突然低于应力状态时，将诱发冲击矿压。

1965 年，Cook 发表的两篇代表性文章将冲击矿压研究引入以试验为基础的理论研究领域，首次采用刚性试验机研究了岩石峰后强度性质及稳定性，为能量理论和刚度理论的研究奠定了基础。1966 年，Cook 等进一步完善了能量理论，之后 Petukhov 在此基础之上对冲击矿压危险等级进行了分类。Bieniawski 通过试验研究提出了冲击倾向性指标，并建立了冲击倾向性理论，指出煤层是否

发生冲击矿压与其自身力学性质有很大关系。

刚度理论指出试验中若试验机刚度小于煤岩试样峰后变形破坏刚度，煤岩试样将发生突然失稳破坏。煤炭开采过程中，煤体与围岩的关系与试样与试验机的关系类似。矿体结构的刚度大于围岩系统刚度是发生冲击矿压的必要条件。刚度理论提出后，Wawersik 和 Hudson 等对其进行了进一步研究，为刚度理论的发展做出了贡献。刚度理论能够较好地解释煤柱型冲击矿压现象，然而难以解释巷道或采场等其他区域的冲击矿压现象。如何确定煤柱刚度以及围岩系统刚度是一个难以解决的问题，并且这两者之间具体达到多大的数量关系才可能诱发冲击矿压也难以表达清楚，因而，刚度理论只能定性地解释冲击矿压发生的刚度条件，而难以在冲击矿压防治中得到有效应用。

20 世纪 60 年代，Cook 首次采用刚性试验机对岩样峰后能量耗散特征进行了研究，并对南非 15 年来冲击矿压现象进行分析后提出：当矿体及围岩体系在应力超过矿体围岩系统极限平衡状态发生破坏且释放的能量大于消耗的能量时，多余的能量将诱发冲击矿压灾害。后来，Petukhov 发展了能量理论，认为冲击能量由冲击煤岩积蓄的能量和围岩积蓄的弹性变形能组成，即煤体本身的能量和从围岩释放的能量共同导致了冲击矿压的发生。能量理论从能量的角度说明了发生冲击矿压的另一必要条件是煤岩体破坏时必须有剩余的能量支持煤岩体形成冲击动能而具备危害性，但能量理论并没有说明煤岩体破坏的条件，特别是围岩释放能量的条件，因而，能量理论缺少必要的应用依据。

Bieniawski 通过试验研究和现场调研发现，相似地质及开采技术条件下煤层发生冲击矿压的可能性存在较大差异，而导致此结果的原因是煤岩的固有力学性质（称为冲击倾向性）存在较大差异。目前，学者和科技工作者们用煤样的单轴抗压强度、弹性能指数、冲击能指数、动态破坏时间等来评价煤的冲击倾向性，并制定了煤岩冲击倾向性评价标准。虽然制定了煤岩冲击倾向性评价标准，但国内外学者们仍然从不同的角度对冲击倾向性进行研究，力求更为科学合理地对煤岩冲击倾向性进行判断。

冲击矿压被视为对煤岩体失稳现象的一种比较直观的认识，并且这种思想很早就出现在有关冲击矿压的经典著作中。近年来，随着冲击矿压研究的深入，章梦涛、齐庆新、李新元等从不同的角度对失稳理论进行了新的研究和发展。失稳理论实际上是对不同的冲击矿压现象进行的描述性解释，并没有从本质上揭示冲击矿压发生的原因，无法建立统一、实用的冲击矿压判断依据，难以有效地进行冲击矿压防治指导。

1.2.1.2 冲击矿压理论新进展

近年来，随着力学及数学学科的兴起并应用到冲击矿压的研究中，冲击矿压

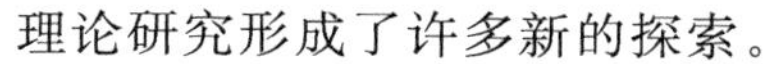
理论研究形成了许多新的探索。

突变理论的引入。1972 年，法国数学家托姆出版的《结构稳定性和形态发生学》一书标志着突变理论的诞生。托姆从数学的角度阐明了复杂系统在若干控制因素作用下，非线性地从一个稳定态跃迁到另一个稳定态的规律，并提出了不多于四个控制因子的七种突变数学模型。突变理论平衡曲面方程的空间形状形象、直观地表达了状态突变的含义。突变理论受到研究复杂系统稳定性的众多学者的青睐。尹光志、张玉祥、潘一山、费鸿禄、徐曾和等针对不同煤岩结构形式，从不同控制因素出发，分别利用突变理论分析了特殊情形煤岩动力失稳现象。由于不同条件下影响煤岩冲击显现的主控因素各不相同，因此煤岩体势函数也不尽相同，且多数情况下无法得到符合突变理论的标准形势函数而使突变理论难以推广应用。

分形理论的分析尝试。地震数目与震级服从古登堡公式。按照分形理论，地震数据与强度服从分形分布，其中 b 值为分形维数 D 的一半。1967 年，美籍数学家曼德尔布罗特(Mandelbort)在《科学》杂志上发表了题为《英国的海岸线有多长?》的论文，标志着分形理论的诞生。谢和平把分形理论应用于岩爆的分析研究，分析了美国两个岩爆矿井几次岩爆发生前微震事件的分形维数变化规律，认为岩爆等效于岩体破裂的分形集聚，伴随着分形维数的减小，岩爆主破裂前微破裂的分形维数减小是一种潜在的岩爆预测信息。李廷芥、李玉等在随后的研究工作中采用分形理论分析了若干冲击矿压发生前微震的分形特征，进一步证实了冲击矿压孕育过程中煤岩体破裂的分形现象。

损伤及断裂力学的应用。损伤及断裂力学理论从煤岩体裂纹的扩展、贯通、成核导致能量耗散及煤岩体损伤的角度，将冲击矿压研究从宏观转移到微观。窦林名等基于损伤力学理论建立了冲击矿压弹塑脆性体模型，描述了煤岩冲击破坏过程，并就冲击矿压孕育过程的声电效应进行了解释。Vardoulakis、Dyskin、张晓春等利用断裂力学分析了煤体表面裂纹扩展和巷道表面层裂结构受力破坏过程，探讨了煤矿巷道围岩层裂结构的失稳机理，建立了煤体变形屈曲失稳的层裂板结构模型。黄庆享等基于损伤断裂力学分析了煤壁中预存裂纹受力尖端产生翼型张裂纹而形成的层裂结构，并分析了结构失稳而引发的冲击矿压现象。

冲击矿压时变特性及时间相关性。Linkqv 认为冲击矿压是煤岩体软化、流变导致的稳定性问题，并具有极强的时间效应。煤矿冲击矿压与采掘工作面推进导致煤岩边界、几何结构、应力状态等均随时间变化，因此冲击矿压孕育是边界、几何结构、应力状态的时变过程。冲击矿压与这些参数的时间累积效应密切相关。时变结构力学是 20 世纪 90 年代发展起来的一个力学分支，其主要研究

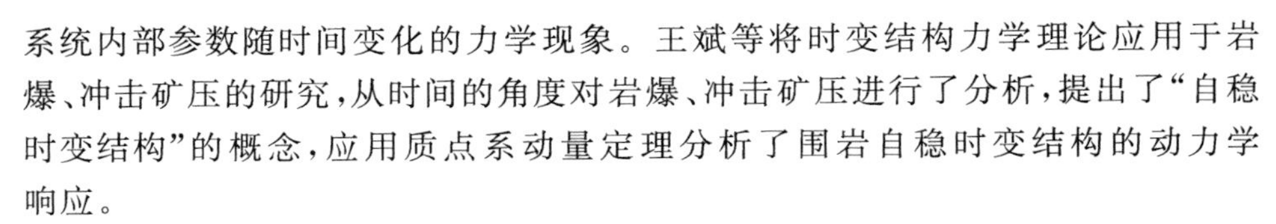
系统内部参数随时间变化的力学现象。王斌等将时变结构力学理论应用于岩爆、冲击矿压的研究，从时间的角度对岩爆、冲击矿压进行了分析，提出了“自稳时变结构”的概念，应用质点系动量定理分析了围岩自稳时变结构的动力学响应。

1.2.1.3　典型类型冲击矿压研究

冲击矿压受到众多因素影响，不同条件下冲击矿压的主控因素各不相同，现象和前兆信息也千差万别，因而对特定条件或特定类型冲击矿压进行针对性研究，制定针对性监测、防治技术措施具有较强的可操作性。近年来，国内外学者大多针对具体冲击矿压类型进行研究，分析冲击表现形式、诱发因素、前兆信息模式、预防和治理技术，提高了典型类型冲击矿压的防治水平，对冲击矿压防治理论的发展起到了推动作用。

按照发生的力源，冲击矿压可以分为顶板型冲击矿压、煤柱型冲击矿压、底板型冲击矿压、构造型冲击矿压以及复合型冲击矿压。构造型冲击矿压又可以按照具体的构造类型分为断层、褶曲、火成岩侵入等类型。冲击矿压分类是基于主控因素进行的，因此典型类型冲击矿压也是基于冲击矿压主控因素进行研究的。

顶板型冲击矿压研究。研究表明，多数冲击矿压灾害的诱发与坚硬厚层顶板导致的应力集中分不开。吴兴荣等对三河尖煤矿 14 次顶板型冲击矿压进行的总结分析表明，顶板型冲击矿压发生前 1～2 h 会出现顶板反弹、下沉加剧等现象。牟宗龙、窦林名等系统地研究了坚硬厚层顶板对冲击矿压的影响，提出了顶板岩层诱发冲击的冲能原理和冲能判别准则，并提出了顶板稳态诱冲和动态诱冲两种形式和诱冲关键层的概念。其他众多学者在顶板型冲击矿压方面也做了大量研究工作。

煤柱型冲击矿压研究。煤柱是煤矿开采应力主要集中区域，也是冲击矿压高发区域之一。高明仕、王连国、潘岳等分别采用突变理论分析了煤柱冲击矿压的控制变量和煤柱失稳的渐变和突变冲击类型；曹安业等分析了煤柱型冲击矿压发生的原因及特点；吕长国等采用微震监测技术分析了遗留煤柱区的冲击矿压及矿震规律。

底板型冲击矿压研究。目前关于底板冲击矿压方面的研究还比较少，国外文献对底板冲击矿压现象进行了描述，初步探讨了影响因素和治理方法。徐方军等研究了华丰煤矿底板冲击矿压发生机理，认为底板坚硬岩层以及底板应力集中是煤层底板冲击发生的必要条件。徐学峰较为系统地研究了底板冲击矿压发生的原因和影响因素，采用数值模拟方法研究了底板冲击矿压孕育过程，建立了底板冲击矿压模型，并推导出一种判别准则，在此基础上提出了强度弱化控制底板冲击原理。

构造型冲击矿压研究。潘一山等分析了开采对断层的影响，建立了一个简单模型对断层冲击矿压进行了理论分析和试验研究，解释了断层冲击矿压的一些现象。李志华、窦林名采用数值模拟和相似模拟方法研究了工作面从断层上下盘向断层推进过程覆岩诱发冲击矿压的规律，得出工作面从断层上盘向断层推进发生冲击矿压的概率较从断层下盘向断层推进小的结论。

贺虎从大范围覆岩运动的角度研究了顶板覆岩“OX-F-T”结构演变及其诱发冲击矿压的规律。

1.2.1.4　采动动载诱发冲击矿压机理研究

库克通过对南非金矿矿震监测表明，矿震产生的动载可诱发冲击矿压，但不是每次矿震都能诱发冲击矿压；姜耀东等研究了爆破震动诱发煤矿巷道动力失稳机理，研究表明爆破震动不仅增加了巷道围岩载荷，同时震动波的传播使围岩产生裂纹并在顶底板间诱发摩擦滑动，降低了围岩的承载能力；彭维红等研究了应力波诱发冲击矿压的现象，指出冲击矿压是应力波作用下巷道围岩形成层裂结构及其失稳的过程；近年来，窦林名提出了煤矿动静载组合诱发冲击矿压机理，指出动载作用下煤岩断裂韧度提高，宏观强度提高，冲击能指数、动态破坏时间均提高，煤岩动态冲击倾向性增强，储能性能提高，动载作用下煤岩破坏后剩余能量增大，可使冲击显现更强烈，使静载作用下不具冲击倾向性的煤岩产生冲击，并基于动静载组合诱发冲击矿压机理提出了冲击矿压防治的动静载荷监测和控制思想及相关技术方法。

1.2.2　冲击危险早期评价及实时监测研究

冲击危险评价及监测是冲击矿压防治的前提。有效的冲击危险评价、监测可准确判断采掘空间各区域冲击危险程度，为冲击矿压的针对性防治提供依据。冲击危险评价、监测可避免采掘空间冲击矿压全面预防和治理的大量投入，降低防治的盲目性，使冲击矿压防治做到有的放矢。

冲击危险评价、监测主要在冲击矿压灾害发生前，通过对煤岩体与冲击危险存在密切关系的物理力学参量的观测，判断冲击矿压危险程度。

1.2.2.1　冲击危险早期评价研究

冲击危险早期评价是在采掘工作面施工前，对采掘区域施工过程的潜在冲击危险及危险程度的评价。冲击危险早期评价技术方法有经验类比法、综合指数法、多因素耦合法、数值分析法、相似材料模拟法等。

经验类比法是以条件相似的采掘区域采掘过程中的矿压显现规律为依据，评价采掘区域采掘过程中可能的冲击危险。该方法将地质及开采技术条件加以

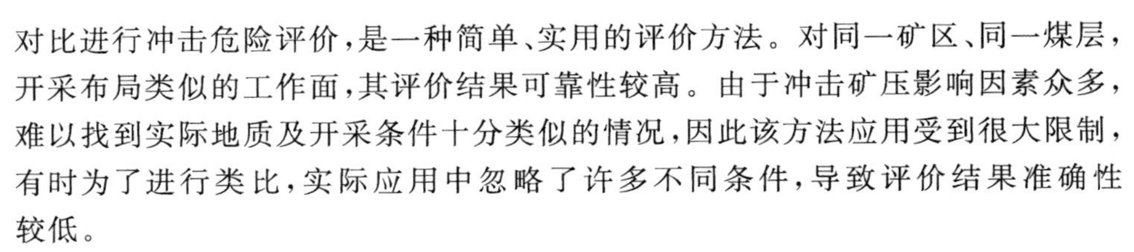

对比进行冲击危险评价，是一种简单、实用的评价方法。对同一矿区、同一煤层，开采布局类似的工作面，其评价结果可靠性较高。由于冲击矿压影响因素众多，难以找到实际地质及开采条件十分类似的情况，因此该方法应用受到很大限制，有时为了进行类比，实际应用中忽略了许多不同条件，导致评价结果准确性较低。

综合指数法也是一类经验类比方法，与经验类比法不同之处在于，该方法通过对一百余次典型冲击矿压案例进行分析，提炼出与冲击危险相关的 7 个地质影响因素以及 12 个开采技术因素，根据各因素影响冲击危险的程度确定相应权重。根据工作面条件，分别确定出地质条件和开采条件综合指数，根据评价标准确定冲击危险程度。其评价过程更为客观、规范，应用更为方便，可靠性较高。

数值分析法采用计算机技术，根据煤岩本构关系模拟围岩的力学过程及煤岩体应力、位移、变形破坏等力学参数在采掘过程中的变化规律，通过模拟结果评价冲击危险。

相似材料模拟法基于相似理论采用相似材料建立二维或三维模型，在实验室中模拟工作面开采过程，记录开采过程中的相关物理量及围岩破坏形态，在此基础上判定工作面开采潜在的冲击危险及等级。该方法直观，可定性和定量分析工作面开采过程的覆岩活动规律，但该方法劳动强度较高，不便于多次实施。

近年来，波兰学者以及国内窦林名、巩思园等采用弹性震动波 CT 层析成像技术，提前对工作面开采区域进行波速反演，根据波速与应力的关系，建立相应判别准则对工作面潜在冲击危险区进行评价和判定，取得了较好的应用效果。

1.2.2.2 冲击危险实时监测研究

冲击危险实时监测方法主要分为岩石力学监测方法和地球物理监测方法两类。岩石力学监测方法主要通过围岩的应力及变形破坏规律来对冲击危险进行监测，主要包括钻屑法、煤体应力监测法、巷道顶底板移近量观测法、两帮移近量观测法；地球物理监测方法主要包括微震法、电磁辐射法、声发射法等监测方法。近年来，有学者提出采用次声、电荷、热红外等监测方法，由于研究尚不深入，并且尚无成形的监测设备，这些技术还处于试验研究阶段。

钻屑法是冲击矿压最为典型的岩石力学监测方法。该方法最早于 20 世纪 60 年代在德国出现。德国科学家在钻屑法方面做了与钻孔冲击相关的实验室试验，用于研究煤体应力与钻屑量、孔内冲击的关系。钻屑法根据施工过程中排出的煤粉量及其变化规律和有关动力效应来鉴别冲击危险。目前该方法在我国应用较为普遍。

煤层应力监测法采用应力监测技术在煤体中施工不同深度的钻孔，在钻孔中安装钻孔应力计（压力传感器）对煤体相对应力进行监测，根据相对应力的变

化趋势及规律分析区域冲击危险程度。基于钻屑法反映的煤体应力特征，曲效成、姜福兴等采用应力在线监测技术对煤体应力进行监测，提出了当量钻屑法的概念。

微震监测方面，1908 年德国在波鸿（Bochum）地区建立了第一个用于矿山观测的微震台网。之后波兰、加拿大、美国、澳大利亚等国相继进行了矿井微震监测研究。波兰矿山研究总院从 20 世纪 50 年代开始，在上西里西亚（Upper Silesia）开展矿震的微震监测研究，70 年代在下西里西亚（Lower Silesia）建立了多套微震监测台网。该研究院开发的微震监测系统已更新为 Windows XP/7 系统下的 ASI-SEISGRAM 微震监测系统。目前，波兰各大矿区通过建立矿区级的矿震监测网络，配合矿井微震监测网络对矿震和冲击矿压进行监测，并取得了良好的效果。

微震监测技术监测的是能量较高（一般大于 100 J）、频率较低的矿震，因而具有抗干扰能力强、信息量丰富的特点。通过采用连续不间断监测，可统计分析矿震活动的变化规律，结合矿井覆岩运动理论，可有效判断矿井矿压显现规律，进而判断冲击危险状态。微震监测被看作冲击矿压最为有效的监测方法之一。国内外学者通过大量监测，总结了冲击矿压的微震前兆规律：① 矿震 b 值变化与应力条件相关，随应力增加 b 值降低；② 微震频次、能量出现突增，在持续 2～3 d 后易发生冲击显现；③ 微震活动保持较高水平，然后突然出现平静，在持续 2～3 d 后易发生冲击显现；④ 矿震主频由高向低移动时，冲击矿压显现概率增加。⑤ 矿震集中程度增加后，发生冲击显现的概率增大。

材料中局域源快速释放能量产生瞬态弹性波的现象称为声发射（AE）。声发射最早用于仪器和材料的损伤检测，后来逐渐用于岩石破裂的监测研究。声发射与微震类似，均监测的是煤岩体弹性变形能释放产生的微震动。声发射与微震不同之处在于，声发射监测的是高频、低能量震动。声发射监测冲击危险的判别依据是声发射脉冲数和能量的变化规律。声发射监测分为在线连续监测和流动监测两种类型。

由于煤岩体的非均质性，在应力作用下煤岩体将产生非均匀变速变形，从而出现释放电磁波的现象。基于不同煤体压力条件下煤体电磁辐射的规律及冲击前兆电磁辐射规律，窦林名首先将电磁辐射技术用于冲击矿压监测，取得了较好的监测效果，并进一步研究了电磁辐射预测预报冲击矿压机理。之后，何学秋、窦林名、王恩元、陆菜平、牟宗龙、肖红飞、刘晓斐等将电磁辐射技术应用于煤矿冲击矿压的监测预报，总结了电磁辐射冲击矿压前兆规律。

1.2.2.3 冲击矿压监测预警体系研究

窦林名、何学秋建立了冲击矿压分级分区监测预警体系。该体系对冲击矿

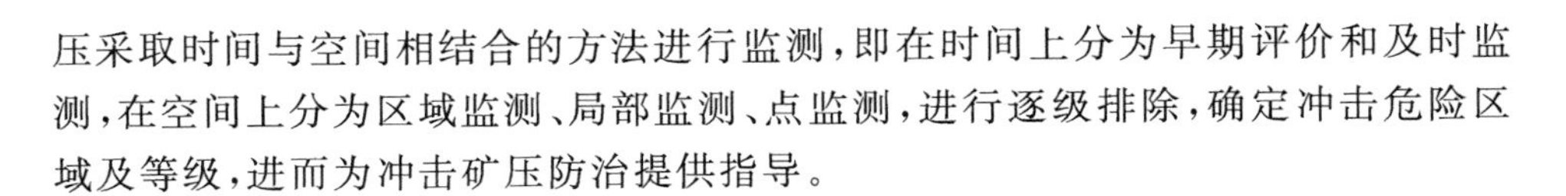
压采取时间与空间相结合的方法进行监测，即在时间上分为早期评价和及时监测，在空间上分为区域监测、局部监测、点监测，进行逐级排除，确定冲击危险区域及等级，进而为冲击矿压防治提供指导。

1.2.3 冲击矿压防治研究

布霍依诺总结了德国1963—1971年间冲击矿压防治成果，将冲击矿压防治归纳为三类：① 预防危险应力状态；② 对已存在的高应力集中区进行卸载；③ 采用适宜的支护或充填技术保护矿山工程。1971年以来，虽然冲击矿压防治有所发展，但防治思想大体一致，主要包括冲击矿压预防和冲击矿压解危两个方面。

1.2.3.1 冲击矿压预防

冲击矿压预防是在开采设计时根据冲击矿压防治原则，选择合理的开采布局，避免形成高应力集中，预防冲击矿压灾害。其主要内容包括选择合适的采煤方法及工艺、设置合理的开拓布局、优化工作面接替顺序和开采速度、合理留设煤柱和开采保护层等。在巷道支护设计上采用柔性可缩性支护结构等最大限度地降低冲击危险程度。在采掘作业前，可根据冲击危险来源，对潜在冲击危险区域采取煤层注水软化、大直径钻孔卸压、顶板预裂等预防措施。

1.2.3.2 冲击矿压解危

冲击矿压解危技术是在冲击危险形成后进行的被动解危控制技术。实施该技术的主要目的是释放高应力区存储的变形弹性能，降低应力水平，避免或减弱冲击矿压灾害。冲击矿压解危技术主要包括煤层注水法、钻孔卸压法、爆破卸压法、强制放顶法、定向裂缝法等。

研究表明煤体冲击倾向性指数随煤体含水率增大而减小，同时煤体含水率越高煤体塑性越强，越不容易存储弹性能量，因而可以采用注水法降低煤体冲击危险程度。德国鲁尔矿区1965年开始试验采用高压注水法降低冲击危险。试验表明对于高应力区注水难度较大，易产生工艺缺陷，注水有效深度较小。随着注水设备的改进，目前煤体注水主要采用长钻孔注水法、短钻孔注水法、静压注水法、高压注水法等。

爆破卸压始于1962年德国的研究，但直到1965年才获得成功应用。卸压爆破是人工布置钻孔并装药爆破进行压力卸载。由于爆破卸压过程中卸载范围、爆破强度可控，卸载及时高效，因此已成为冲击矿压解危最常采用的方法。

大直径钻孔卸压法源于钻屑法，法国、苏联等国家最初用该方法排放瓦斯。德国使用基于钻屑法的钻孔冲击开拓式进行冲击危险区卸压。图马克（Turmag）公司专门生产了SL性钻机用于钻孔卸压。哥蒂希、杨克、库舍等还试验研究了直

径为 95 mm、145 mm、200 mm 钻头钻孔的卸压效果，在高应力区钻头越大卡钻越严重，最终多采用直径为 95 mm 的钻头进行钻孔卸压。

对于主要由顶板导致的应力集中产生的冲击危险，对顶板进行人工预裂放顶是此类冲击危险解危最为直接的方法。目前对顶板进行强制放顶主要采用顶板深孔爆破技术。

波兰采取了定向水力致裂技术进行顶板预裂弱化。近年来针对我国坚硬顶板导致的严重冲击现状，窦林名教授在大同忻州窑、兖州济三煤矿、华亭砚北煤矿等试验了定向水力致裂技术，并取得了初期效果(致裂半径达 9 m 以上)。

窦林名、陆菜平等提出了冲击矿压的强度弱化减冲理论，建立了冲击矿压治理的理论体系，对冲击矿压解危进行了理论总结，即冲击矿压强度弱化治理的目的：一是采取松散煤岩体的方式降低煤岩体的强度和冲击倾向性，使冲击危险程度降低；二是对煤岩体进行弱化，使应力峰值区向深部转移，降低应力集中程度；三是采取减冲措施后，使冲击矿压发生时冲击强度降低。

1.3 采动动载的作用及其诱发冲击矿压研究进展

1.3.1 煤岩动力学研究进展

煤岩动力学是研究煤岩承受动载时物理力学行为的力学分支。煤岩材料所受载荷性质通过应变率 $\dot{\varepsilon}$ 来界定。关于载荷动静态性质，在不同著作中有不同定义。乔纳斯在 *Inpact Dynamics* 一书中总结林霍尔姆的研究结论，将载荷分为蠕变($\dot{\varepsilon}<10^{-5}\ \mathrm{s}^{-1}$)、准静态($10^{-5}\ \mathrm{s}^{-1}<\dot{\varepsilon}<10^{-1}\mathrm{s}^{-1}$)、中等应变率($10^{-1}\ \mathrm{s}^{-1}<\dot{\varepsilon}<10^{1.5}\ \mathrm{s}^{-1}$)、杆冲击($10^{1.5}\ \mathrm{s}^{-1}<\dot{\varepsilon}<10^{4}\ \mathrm{s}^{-1}$)、高速板冲击($\dot{\varepsilon}>10^{4}\ \mathrm{s}^{-1}$)。李夕兵，古德生按应变率 $\dot{\varepsilon}$ 对载荷进行了划分，如表 1-1 所列。

表 1-1　　不同应变率对应的载荷状态

应变率 $\dot{\varepsilon}/\mathrm{s}^{-1}$	载荷状态	加载手段	动静明显区别
$<10^{-5}$	蠕变	蠕变试验机	惯性力可忽略
$10^{-5}\sim10^{-1}$	静态	普通液压或普通刚性伺服试验机	惯性力可忽略
$10^{-1}\sim10$	准动态	气动快速加载机	惯性力不可忽略
$10\sim10^{3}$	动态	Hopkinson 压杆或其改型装置	惯性力不可忽略
$>10^{4}$	超动态	轻气炮或平面波发生器	惯性力不可忽略

赵亚溥总结了应变率与载荷状态的关系，认为一般情况下载荷状态按如下

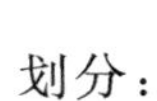

划分：

(1) 当 $\dot{\varepsilon}<10^{-5}\ s^{-1}$时，属于静态范围；

(2) 当 $10^{-5}\ s^{-1}\leqslant\dot{\varepsilon}\leqslant10^{-3}\ s^{-1}$时，属于准静态范围，应变率效应可略去不计；

(3) 当 $\dot{\varepsilon}>10^{-3}\ s^{-1}$时，已进入材料的应变率敏感区域，一般材料应变率效应不可忽略，此时所研究的问题称为动态问题。

煤岩材料在低应变率加载时表现出的应变率相关性不强，因此静力学中煤岩体本构关系不考虑应变率效应。动态加载时，煤岩体表现出强的应变率相关性，煤岩动态本构关系的应变率相关性是煤岩动力学研究的主要内容之一。

对于低应变率($\dot{\varepsilon}<10^{-1}\ s^{-1}$)，目前采用电液伺服试验机(如 MTS)可实现加载。对于高应变率，主要采用 Hopkinson 压杆进行加载试验，该加载技术通过高速运动的弹性应力杆对试样进行高应变率加载，一般可获得 $10^{2}\sim10^{3}\ s^{-1}$的应变率加载范围。由于常规试验机加载系统难以获得 $10^{-2}\ s^{-1}$以上的应变率加载，而 Hopkinson 压杆又不能获得较慢速加载，因而受试验装置的限制，目前对动载的研究主要集中在低应变率和高应变率加载范围，对于中等应变率加载下煤岩材料力学特性的研究尚少。

关于国外岩石加载速率的研究是从 20 世纪 60 年代刚性试验机在岩石力学测试方面的应用开始的。Bieniawski 和 Peng 分别对细砂岩和凝灰岩等进行了不同应变率下的加载测试；1980 年 Chong 等利用 Instron 电液伺服刚性试验机对油页岩进行了应变速率从 $10^{-4}\sim10^{-1}\ s^{-1}$的室内试验；Lajtai 等将应变速率效应的研究扩展到对脆性石灰岩和延性盐岩等的观测分析中。动载作用下煤岩破坏特性研究方面，葛科等对大理岩样进行了高压气枪冲击试验，速度范围为 126.2～531.9 m/s，得出当冲击速度较低时，岩样整体没有崩解，局部发生破碎，随着冲击速度增大，微裂纹逐渐增多，当冲击速度较高时，岩样整体发生崩解、破碎，破碎后细颗粒的含量增大。朱晶晶、李夕兵等采用大直径(50 mm) Hopkinson 压杆对砂岩动力学特性进行了研究，研究表明砂岩的动态抗压强度、单位体积吸收能均表现出较强的应变率效应，分别与应变率呈指数关系和线性关系。李宁、陈文玲等对裂隙岩体进行的动载试验表明，非贯通裂隙试样和完整试样均随加载频率提高损伤增长变慢。蔡跃军等利用 300 t 材料试验机对细粒叶蜡石进行了应变率从 $10^{-3}\sim10^{-7}\ s^{-1}$的试验，得出岩石峰值强度、应变、弹性模量均随应变速率增加而增大的结论。陈升强通过采用刚性加荷技术进行岩石变形全过程观测后指出，应变率较高时岩石峰后卸荷刚度明显小于应变速率较低时的状况。

爆破动载方面，Digby 在进行岩石爆破震动、破坏的计算机模拟中论述了爆

破地震波在脆性岩石中的作用机理，认为岩石原有裂隙分布状态和加载速度是岩石动载荷下破坏的决定因素，指出准静态加载状态下，介质破坏是最大裂隙或处于关键方向的裂隙，但在量级为 $10^4\ s^{-1}$ 的变形加载速度下，介质中许多随机分布的原有裂隙参与到动力破坏过程中。阳生权研究了多轮爆破对裂隙岩体参数的损伤积累。

1.3.2 矿震研究进展

矿震是矿井动载来源。Gibowicz 和 McGarr 的研究表明，矿震与天然地震震源机理类似，大能量矿震主要由断层面的剪切滑移引起，大多数有关地震震源机理的理论可用于矿震；Sato 等研究了日本砂川(Sunagawa)矿瓦斯突出诱发的矿震，研究表明大多矿震具有双力偶剪切破裂性质；McGarr 在南非金矿矿震监测中同时发现了拉伸和剪切破裂震动；Joughin 等在对南非某金矿矿震研究后认为，小能量矿震源于采空区顶板垮落，大能量矿震与断层剪切滑移密切相关；Kelly 等对澳大利亚矿井的微震监测分析表明，工作面煤壁前方围岩主要受剪切力作用，易产生以剪切断裂为主的强矿震事件，而在工作面采空区后方的顶板垮落和底鼓等以张性断裂为主，且震动能量较小。大量矿震监测表明矿井矿震分为两类：一类矿震与矿井开采面的破裂与变形相关；另一类矿井开采诱发的矿震受局部地质构造影响。Mansurov 对俄罗斯北乌拉尔铝土矿(North Ural Bauxite Mine)矿震研究表明，在大矿震或冲击矿压发生前，开采区域的应变率增大，矿震集中度增加，震源体积减小，矿震活动性增强。

震源的描述一般用一组等效力来做震源近似。力作用在给定点上产生的位移与震源处产生的位移一致，这样的力称为震源等效力。1980 年埃奇(Aki)和理查兹(Richards)提出了以一对集中力偶来等效震源，在空间中给出了 9 种力偶表达形式。1990 年普约尔(Pujol)和亨曼(Henmann)建立了震源的单力模型；矿井实际监测多数情况下支持双力偶模型。

1.3.3 采动动载诱发冲击矿压研究现状

Milev 等在南非高朋(Kopanang)矿进行了井下爆破诱发冲击矿压原位试验，证实了动载诱发冲击矿压的可能性；夏昌敬等采用分离式 Hopkinson 压杆装置对冲击荷载下不同孔隙率人造岩石能量耗散特性进行了试验研究；曹安业等从能量传播、消耗及煤体刚度角度分析了动载诱发冲击矿压的原因；Jiang 等基于顶板破坏前后的受力状态，通过引入弹性指数，推导出顶板破断对煤体及支护体产生的均值动载表达式，提出了综放面覆岩双向运动模式，指出冲击矿压易发生于顶板运动下的发展过程中。

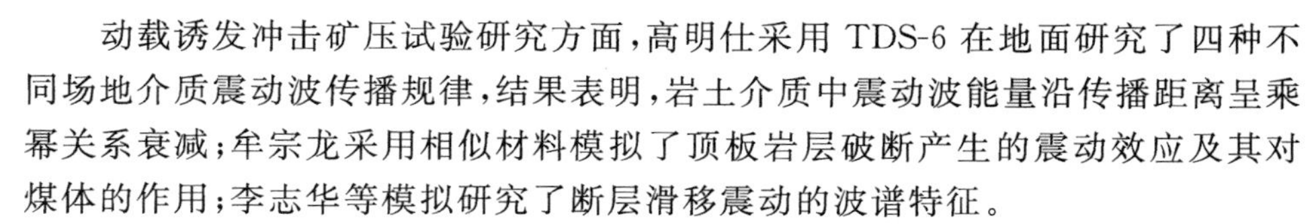

动载诱发冲击矿压试验研究方面，高明仕采用 TDS-6 在地面研究了四种不同场地介质震动波传播规律，结果表明，岩土介质中震动波能量沿传播距离呈乘幂关系衰减；牟宗龙采用相似材料模拟了顶板岩层破断产生的震动效应及其对煤体的作用；李志华等模拟研究了断层滑移震动的波谱特征。

由于动载采集存在困难，试验研究难以开展，学者们多采用数字模拟方法进行研究。彭维红和秦昊等分别采用 LS-DYNA 和 UDEC 软件模拟了动载作用下巷道围岩冲击式破坏现象，分析了顶板弹性模量、采深及动载强度与冲击矿压之间的关系，得出动载强度越大诱发的冲击破坏性越强；高明仕采用 FLAC^{2D} 软件模拟分析了巷道顶板不同位置、不同能量震源对巷道的破坏过程和效应，得到了大能量震动单次冲击破坏、中等能量震动多轮冲击累积破坏和小能量震动冲击不破坏的震动破坏效应。

冲击煤岩在矿井开采前已受到原岩应力作用，冲击灾害发生以前又受到开采导致的集中应力影响。因此，冲击矿压灾害是采动动载与静载组合作用的结果。

目前，对于动静载组合诱发冲击矿压的研究还处于起步阶段，研究尚不深入。相对来说，动静载组合在切削或冲击破岩方面研究较多，而在冲击矿压方面研究较少。李夕兵等在动静载组合冲击破岩方面，主要采用 INSTRON 电液伺服材料试验机，基于岩石的动静载组合加载试验研究，研究了动静载组合作用下岩石的破坏特性，建立了岩石动静载组合作用的破坏准则；陈才贤研究了动静组合作用下切削破岩的力学特性，研究表明动静载组合切削破岩比单一静载或冲击动载切削破岩具有明显优势；赵伏军等进行了动静载组合破岩声发射能量与破岩效果试验研究，表明组合载荷破岩的声发射累计能量和破碎体积较纯动载或纯静载大。

1.4 目前需要研究解决的问题

通过资料检索发现，国内外学者主要从静力学方面进行了大量冲击矿压研究；在动载方面，从岩体动态本构模型、加载破坏规律、岩体损伤等不同方面对煤岩（主要是岩体）动态破坏规律进行了研究。由于所处行业及方向不同，研究重点及出发点也不同，对动载作用下岩体破坏规律研究较多，对采动动载作用下煤体的变形破坏规律研究较少，对动载诱发冲击矿压现象研究较多而对其防控技术研究较少，目前亟须研究解决的问题主要包括：

（1）煤矿采动动载、静载的界定以及动静载特征。载荷特征方面缺乏对煤矿动静载特征的分析研究，常将应力准静态变化误认为动载，将高应变率、超高应变率加载作为煤矿动载进行研究，与煤矿实际不符。

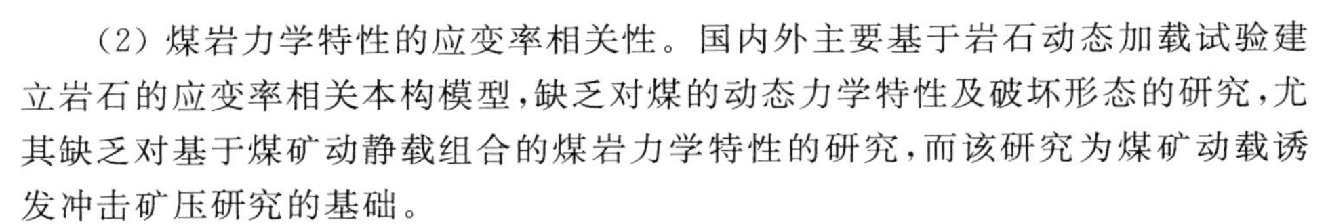

（2）煤岩力学特性的应变率相关性。国内外主要基于岩石动态加载试验建立岩石的应变率相关本构模型，缺乏对煤的动态力学特性及破坏形态的研究，尤其缺乏对基于煤矿动静载组合的煤岩力学特性的研究，而该研究为煤矿动载诱发冲击矿压研究的基础。

（3）采动动载作用下煤岩破坏规律及诱发冲击矿压机理。煤岩在静载、动载、动静组合加载下的破坏机制是探讨动载诱发冲击矿压机理的基础，目前对于煤岩在静载、纯动载作用下的破坏机制研究较多，而对于动静载组合作用下的破坏机制研究较少，尤其缺乏对煤岩破坏内在机制的分析研究。

（4）基于动静载组合的冲击矿压防治理论及技术研究。基于煤矿动静载组合诱发冲击矿压理论的冲击矿压防治研究不够深入，亟待研究基于动载控制的冲击矿压防治技术，从而对采动动载诱发型冲击矿压防治起到有效指导作用。

1.5 主要研究内容和创新点

随着冲击矿压研究的深入，人们对动载诱发冲击矿压的认识不断加深。笔者所在课题组近年来承担了多项纵、横向课题，采用微震监测技术对煤矿动载进行了大量监测研究。研究发现，冲击矿压多与强烈动载扰动密切相关，因此提出了动静载组合诱发冲击矿压理论。该理论较好地解释了煤矿冲击矿压现象，但在诱发冲击矿压机理和技术方法方面仍需进行深入研究。

本书以煤矿采动动载与静载组合诱发的冲击矿压及其防治作为研究对象，深入研究采动动载与静载组合诱发冲击矿压的内在机制，并探讨冲击矿压的防治技术。本书的主要研究内容为：

（1）煤矿采动动载与静载特征及其界定：主要研究煤矿原岩应力分布特征及开采导致的应力重新分布规律、煤矿动载来源、动载强度特征和应变率范围，并对煤矿载荷状态进行界定。

（2）煤岩力学特性的应变率相关性及破坏特性：主要研究煤岩强度、弹性模量、冲击倾向性等力学特性与加载应变率的关系，以及动静组合条件下煤岩破坏规律和冲击特性。

（3）采动动载作用下煤岩破坏机制：主要基于断裂力学、损伤力学研究煤岩在动载、静载、动静载组合加载条件下裂纹扩展、损伤破坏过程及失稳机制。

（4）采动动载诱发冲击矿压机理：主要研究冲击矿压基本影响因素，建立冲击矿压充要条件及判别准则，研究动载作用下冲击矿压充要条件的形成，揭示冲击矿压孕育机理。

（5）基于采动动载诱发冲击矿压机理研究冲击矿压监测及控制技术，主要

分析冲击矿压监测、防治思想和关键技术。

本书的主要创新点为：

(1) 分析了煤矿动静载特征，研究了煤矿动载应变率与震动波参数的关系，并采用微震监测技术进行了煤矿动载应变率范围的原位试验研究，基于此对煤矿动静载进行了界定，为煤矿采动动载研究奠定了基础。

(2) 试验研究了煤岩单轴抗压强度、弹性模量、冲击倾向性、破坏形态等力学特性的应变率相关性，研究了不同应变率动载、不同强度动载以及不同动静载组合加载下煤岩力学特性及冲击破坏规律，揭示了动载、静载在煤岩冲击破坏中的作用。

(3) 基于断裂力学、损伤力学研究了煤岩在采动动载作用下的损伤过程及能量耗散机制，分析并提出了冲击矿压孕育过程中需要具备的五个必要因素和动静载组合的力能解锁冲击矿压机理，建立了冲击矿压判别准则，并分析了采动动载作用的煤岩力能解锁模式。

(4) 提出了冲击矿压动静载结合的监测预警思想，指出动载应从动载源、煤岩体动载响应两方面进行监测，提出了降低动载作用防治冲击矿压原理和减弱静载、降低动载的冲击矿压危险控制思路，并研究了降低动载源的顶板深孔爆破、切顶巷关键技术，提出了控制动载扰动效应的巷道“弹性＋整体＋高强蓄能承载”支护形式。

2 煤矿采动动载的形成及其特征分析

2.1 引言

煤矿开采对煤系地层的原岩应力状态形成了扰动，打破了原有应力平衡。应力再次获得平衡的过程中，存在着应力转移。应力转移受到煤岩性质、空间结构、应力场的影响。缓慢的应力转移可视为静态过程，可用静力学理论进行研究；快速的应力转移中煤岩体的惯性力不可忽略，需要采用动力学理论进行研究。因此，煤矿开采中既有静力学问题，又有动力学问题。

冲击矿压显现过程属于动力学问题，其孕育过程则属于静力学问题。冲击矿压启冲过程是在已经承受的高静载条件下，受到采动动载扰动而发生的。对于冲击矿压的研究，一方面要研究清楚冲击点静载特征，另一方面要研究清楚采动动载的特征以及动静载相互作用规律，才能揭示冲击矿压的力学本质。

本章主要研究煤矿动静载特征，为采动动载诱发冲击矿压研究奠定基础。

2.2 煤矿开采的静载特征分析

2.2.1 原岩应力场

原岩应力场是矿井未受开采扰动的应力场。原岩应力场由岩体自重应力场和构造应力场组成。原岩应力的形成与地球引力和各种构造运动的残余应力有关，包括板块挤压、地幔热对流、地球内应力、地心引力、地球旋转、岩浆侵入和地壳非均匀扩容等。因此，原岩应力场是非均匀、非线性的复杂应力场。不同空间位置原岩应力大小和方向也不相同，要准确获知原岩应力场分布，需要采用原岩应力测试。原岩应力测试只能获知若干点的原岩应力，还需要通过插值法推测测点之间的原岩应力。因此，准确获知矿井原岩应力场分布非常困难。

原岩应力是煤矿开采静载的基础，冲击矿压的发生与原岩应力密切相关。实践表明，原岩应力高的区域，采掘过程中在集中应力作用下，越易诱发冲击矿

压灾害，原岩应力低的区域则不易诱发冲击矿压显现。

2.2.1.1　自重应力场

由地球引力产生的应力场称为自重应力场，自重应力等于单位面积上覆岩层的重量，如式 2-1 所示。

$$\sigma_z = \gamma H \tag{2-1}$$

式中　σ_z——单位面积上覆岩层的重量；

γ——上覆岩层平均重力密度；

H——开采深度。

若岩体为均匀岩体且不存在构造应力，则原岩应力场为：

$$\begin{cases}\sigma_z = \gamma H \\ \sigma_x = \sigma_y = \lambda \sigma_z\end{cases} \tag{2-2}$$

式中　λ——侧压系数；

σ_x, σ_y——x, y 方向水平应力。

若岩体为各向同性弹性体，则 $\lambda = \mu/(1-\mu)$，μ 为岩石泊松比，一般为 0.2～0.3，则 λ 一般取值为 0.25～0.43。

自重应力作用下单位煤体储存的弹性变形能为：

$$U_\mathrm{V} = \frac{(1-2\mu)(1+\mu)^2}{6E(1-\mu)^2}\gamma^2 H^2 \tag{2-3}$$

式中　E——煤体的弹性模量。

由最小能量原理可知，矿井开挖后，煤岩体破坏所需能量为单向受力破坏所需的能量。则破碎煤体所需的能量为：

$$U_1 = \frac{R_\mathrm{c}^2}{2E} \tag{2-4}$$

式中　R_c——煤的单轴抗压强度。

冲击矿压产生后，破碎煤体需要获得一定动能，以及煤体破坏时非完全处于单向受力状态，则冲击显现时的临界能量较 U_1 大，若以 K_0 表示能量富余系数，自重作用下的冲击能量判据为：

$$U_\mathrm{V} \geqslant K_0 U_1 \tag{2-5}$$

结合式(2-3)和式(2-5)，则发生冲击矿压的采深条件为：

$$H \geqslant \frac{R_\mathrm{c}(1-\mu)}{\gamma(1+\mu)}\sqrt{\frac{3K_0}{1-2\mu}} \tag{2-6}$$

可见，只要采深足够深，在自重应力作用下，巷道开挖后即可产生冲击矿压显现。值得注意的是，以上结果是在未考虑构造应力以及矿井开采导致的应力集中影响下的结果，实际冲击矿压显现临界深度远比式(2-6)表达的结果小。

以上结果表明，与采深相关的自重应力场对冲击矿压形成具有重要影响。

2.2.1.2　构造应力场

构造应力场是由地质构造运动在煤岩体中产生的残余应力，是地质构造运动对煤岩层的外力。在强大的外力作用下，地层将产生较大弹塑性变形，从而形成各种地质构造，如褶曲（向斜、背斜）、断层等。火成岩由高温、高压岩浆对地层产生挤压侵入，冷凝后火成岩侵入带附近也常伴随残余构造应力。褶曲、断层、火成岩等地质构造的形成是地层对构造运动的一种被动反应，这种被动反应只能减弱构造应力而不能将其完全消除。

构造运动主要为水平运动，且竖直方向上地表存在卸载作用，故构造应力主要为水平应力。由于不同区域构造不尽相同，因此不同区域构造应力大小及方向也不相同。据国内外研究可知：由于构造应力的存在，原岩应力的水平应力一般大于垂直应力；水平应力与垂直应力的比值一般为 0.5～5.5，多数情况下比值大于 2，最大可达到 30。可见，构造应力使原岩应力变得极为复杂。

2.2.2　煤矿开采的应力重新分布

煤矿开采将在地层中形成大小不同、形状各异的孔洞，如巷道、硐室、采空区等。这些孔洞改变了围岩空间结构及应力状态，应力将重新分布。

巷道及硐室的开挖，使其表面附近围岩从三向应力状态变为双向甚至单向应力状态。由于煤岩体在三向应力状态下的强度远远大于在单向应力状态下的强度，采掘空间附近围岩将产生破坏，形成破碎区及塑性区，同时应力减小，而较深区域的围岩应力逐渐过渡到三向应力状态，较采掘空间附近围岩强度显著增大，从而可承载较大载荷；同时由于采掘空间原本承载的应力向围岩深部转移，因而该区域形成较高的应力分布，再往深部则应力逐渐恢复到原岩应力状态。根据数值模拟研究可知，沿孔洞边界向围岩深部应力分布的一般形式如图 2-1 所示，塑性区应力卸载，塑性区与原岩应力区之间存在一定范围的应力增高区。对于不同的原岩应力状态及围岩环境，巷道及硐室附近围岩应力分布基本类似，只是塑性区、应力增高区范围及应力集中程度略有不同。

对于采空区，其水平宽度较大，对顶底板围岩形成的卸载范围较大，由于重力作用以及变形恢复，顶底板将形成较大范围的破断，从而使采空区围岩在竖直方向上产生较大范围的塑性卸载区域。塑性区以外将形成应力集中区。采空区范围较大，顶板破断达到地表时，则采空区顶部只存在塑性卸载区，而无明显应力增高区。对于采空区两侧，其应力分布与巷道周围应力分布形式一致。因此，图 2-1 所示应力分布为采掘空间附近围岩应力分布的一般规律。

实际开采中，由于采掘空间有不同应力分布及组合形式（图 2-1 所示的一般

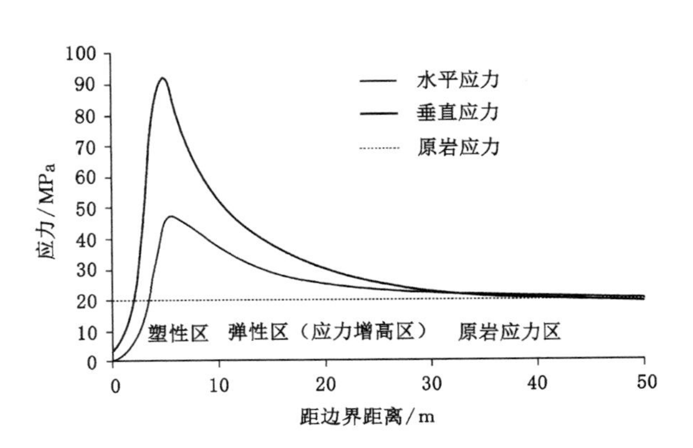

图 2-1　采掘空间附近围岩应力分布的规律

应力分布可能存在部分缺失或叠加），从而形成不同应力分布状态。如煤柱区域，由于煤柱宽度有限，可能无原岩应力区，甚至只有塑性区。对于孤岛工作面，由于多面采空，则在煤体拐角处可出现两侧或多侧应力叠加的情况，从而使应力增高区应力集中系数达到较大值。

2.2.3　煤矿开采的静载特征

煤矿静载主要由原岩应力和开采集中应力组成，具有如下特征：

(1) 采深越大，自重应力越大，应力基础越高，开采活动引起的集中应力也越高。

(2) 原岩应力受构造影响较大，构造区应力分布异常，由构造引起的应力集中程度较高，通常水平应力大于垂直应力。

(3) 采掘空间附近应力具有基本分布形式，从采掘空间往里分别为塑性区、弹性区（应力增高区）和原岩应力区，采掘空间范围越大，塑性区范围越大；采掘空间可具有复杂分布状态，静载分布也可变得复杂。

(4) 采掘空间附近塑性区、弹性区（应力增高区）范围应力变化大、应力梯度高、围岩极不稳定，是冲击矿压多发区，也是冲击矿压研究的重点。

2.3　煤矿开采的采动动载特征分析

2.3.1　煤矿开采动载源

煤矿开采围岩在重新取得应力平衡过程中，存在着应力转移，应力转移过程伴随着围岩结构的变形。围岩结构弹性变形将储存能量并产生应力集中现象。集中应力超过煤岩强度时，煤岩结构若产生动态破坏并释放弹性能，能量将以应力

波的形式向围岩传播。此过程中，应力波将对传播介质产生应力扰动而形成动载。

矿井开采中动载产生的来源主要有开采活动、煤岩体对开采活动的应力响应。具体表现为采煤机割煤、移架、机械震动、爆破、顶底板破断、煤体失稳、瓦斯突出、断层滑移等。这些动载源可统一称为矿震。

2.3.2　煤矿采动动载应变率界定的原位试验

缓慢的应力转移可看作准静态过程，快速的应力转移则看作动力学过程。静态、准静态至动态是一个连续由量变到质变的过程，没有明确的界限。静态与动态载荷的界定也是人为的划分的，不同研究领域对动载有不同的界定标准。

载荷状态通常采用应变率 $\dot{\varepsilon}$ 来界定，关于不同应变率对应的载荷状态见表 1-1。不同应变率范围对应于不同的载荷状态，试验研究的方法也有所不同，因此确定煤矿载荷状态是研究煤矿采动动载诱发冲击矿压的前提。

为研究煤矿采动动载诱发冲击矿压机理，有必要对煤矿动载特性进行研究并对煤矿动载进行界定。震动波产生的动载是煤矿动载的基本形式，因此可通过震动波监测确定煤矿动载所对应的应变率范围。

2.3.2.1　应变率与震动波参数的关系

设震源位于原点 O，震动波以波速 C 向外传播。在 X 传播方向远离震源处，取长度为 $\mathrm{d}X$ 的微元进行分析(图 2-2)。某时刻 t 微元 $\mathrm{d}X$ 的 A，B 端面质点震动速度分别为 v_A，v_B，则经时间 $\mathrm{d}t$ 后，震动波引起的附加应变为：

$$\varepsilon=\frac{(v_\mathrm{B}\mathrm{d}t+\frac{1}{2}v'_\mathrm{B}\mathrm{d}t^2)-(v_\mathrm{A}\mathrm{d}t+\frac{1}{2}v'_\mathrm{A}\mathrm{d}t^2)}{\mathrm{d}X} \tag{2-7}$$

则 $\mathrm{d}t$ 时段内，应变的平均变化速率为：

$$\dot{\varepsilon}_t=\frac{(v_\mathrm{B}\mathrm{d}t+\frac{1}{2}v'_\mathrm{B}\mathrm{d}t^2)-(v_\mathrm{A}\mathrm{d}t+\frac{1}{2}v'_\mathrm{A}\mathrm{d}t^2)}{\mathrm{d}X\mathrm{d}t}=\frac{(v_\mathrm{A}-v_\mathrm{B})+\frac{1}{2}(v'_\mathrm{B}-v'_\mathrm{A})\mathrm{d}t}{\mathrm{d}X} \tag{2-8}$$

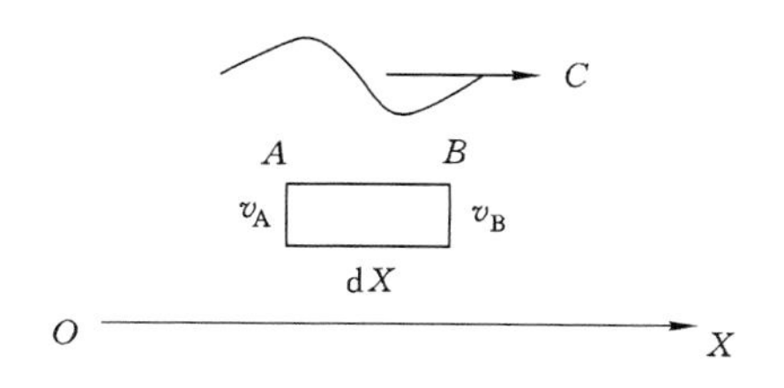

图 2-2　震动传播介质应变率分析示意图

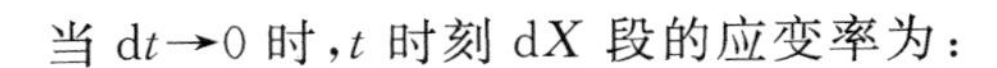

当 $dt \to 0$ 时，t 时刻 dX 段的应变率为：

$$\dot{\varepsilon} = \frac{v_B - v_A}{dX} \tag{2-9}$$

即震动波传播方向上速度的空间变化率为质点的应变率。

由弹性波理论可知，任何震动波均可采用若干正弦波经傅立叶变换合成。因此正弦波为震动波的基本形式。

沿 X 方向传播的正弦震动波，其质点震动速度 $v(X,t)$ 可写为：

$$v(X,t) = v_0 \sin\left[2\pi f\left(t - \frac{X}{C}\right)\right] \tag{2-10}$$

其中 v_0 为质点最大震动速度（峰值速度或速度最大幅值），f 为震动波频率。结合式(2-9)和式(2-10)可得应变率函数为：

$$\dot{\varepsilon}(X,t) = \frac{\partial[v(X,t)]}{\partial X} = -\frac{2\pi f v_0}{C}\cos\left[2\pi f\left(t - \frac{X}{C}\right)\right] \tag{2-11}$$

则应变率最大值为：

$$\dot{\varepsilon}_{\max} = \frac{2\pi f v_0}{C} \tag{2-12}$$

可见，矿震在传播介质中产生的应变率与震动波频率 f、质点峰值震动速度 v_0、波速 C 相关。由于波速相对稳定，故震动波产生的动载荷加载速率主要与震动波频率和质点峰值震动速度相关，当质点峰值震动速度一定时，震动波频率越大，则震动周期越短，质点从零速度变化到峰值速度所用时间越短，加速度越大，质点瞬间受到的力也越大。因此，式(2-12)具有普遍意义，即震动波在传播介质中产生的动载应变率与震动波频率、质点峰值震动速度呈正比，与波速呈反比。

2.3.2.2 井下震动波传播规律原位试验

若要确定矿震动载应变率范围，则需要确定质点峰值震动速度、震动波频率及波速等参数。这些参数需要采用监测的方法来统计确定。煤矿井下矿震产生的时间、地点存在随机性，而用于震动波监测的拾震器只能安装在若干确定的位置，因此不可能采用该仪器监测到不同位置、不同传播距离质点的震动情况，需要根据震动波的传播规律，基于监测到的若干监测点的震动参数反演以上参数的取值范围。

文献[32]中试验表明质点峰值震动速度与传播距离呈幂函数关系，但未进行煤矿井下震动波传播规律的试验。为了确定煤矿井下震动波传播规律，进而确定动载应变率范围，现场采用波兰矿山研究总院采矿地球物理研究所研发的SOS微震监测系统在七台河桃山煤矿进行测试。该矿为薄煤层开采矿井，开采活动对围岩破坏扰动小，监测结果较为准确。

井下共布置13个拾震器，编号为4#～16#，其中12#拾震器布置在煤巷底板锚杆上，其他拾震器布置在岩巷底板锚杆上；地面布置3个拾震器，分别为1#、2#、3#。由于12#、1#、2#、3#拾震器安装处的介质明显不同，试验中其不参与分析。拾震器布置平面图如图2-3所示，拾震器为空间布置，形成监测台网。由于煤矿矿震震源，诸如顶板破断、断层滑移等多为双力偶模型，煤柱失稳等震源为单力偶模型，震动波能量辐射存在方向性，且自然产生的矿震空间位置定位存在误差，因此，试验震源采用爆破产生。爆破震源为点源模型，其优点在于P波位移及能量辐射为球形，震动波在各方向上传播的强度基本一致，即震动强弱只与传播距离有关，而与传播方向无关。

试验采用煤体钻孔爆破激发震动波，选择微震台网包络较好的79Z5巷道下帮煤壁侧施工爆破孔（见图2-3）。孔深为3 m，孔径为42 mm，每孔装药1 kg。炸药为矿用硝铵乳化炸药。2010年5月1日至5月4日，共进行了6次爆破试验。

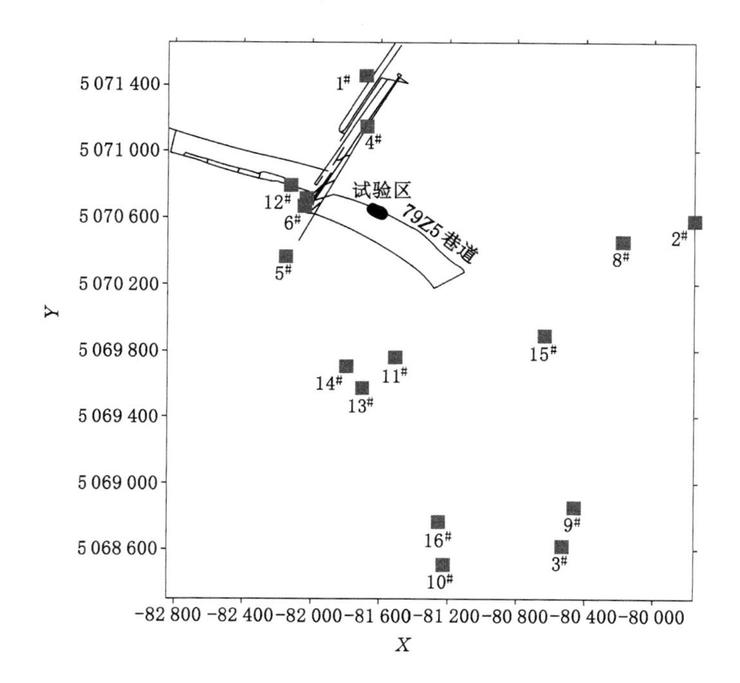

图2-3　拾震器布置平面图

6次试验相关参数见表2-1，从能量可知，虽然爆破药量相同，但是能量有较大差异。其原因一方面与计算误差有关，另一方面与诱发煤岩体释放能量有关。

诱发煤岩体释放能量的比例越大，试验可靠性越差，应选择爆破点无片帮垮落的试验进行分析。

表 2-1　　震动波传播规律原位试验参数

试验编号	试验时间	X	Y	Z	微震记录能量/J
1#	2010-5-1　09:48	−81 646.2	5 070 651.1	−424.3	96.4
2#	2010-5-1　11:40	−81 612.2	5 070 629.9	−424.4	400.0
3#	2010-5-2　09:00	−81 627.7	5 070 638.6	−424.1	54.3
4#	2010-5-2　10:35	−81 586.7	5 070 621.5	−424.1	296.0
5#	2010-5-3　10:47	−81 596.0	5 070 632.3	−424.5	96.3
6#	2010-5-4　16:00	−81 619.6	5 070 638.8	−424.9	72.8

分析中，选取受噪声干扰小、接收信号较好的通道进行分析。图 2-4～图 2-9 分别为 6 次试验可分析通道的震动波形、通道峰值震动速度传播衰减规律、各通道按离震源距离由近及远震动波频谱演变规律。分析各次试验结果得出以下规律：

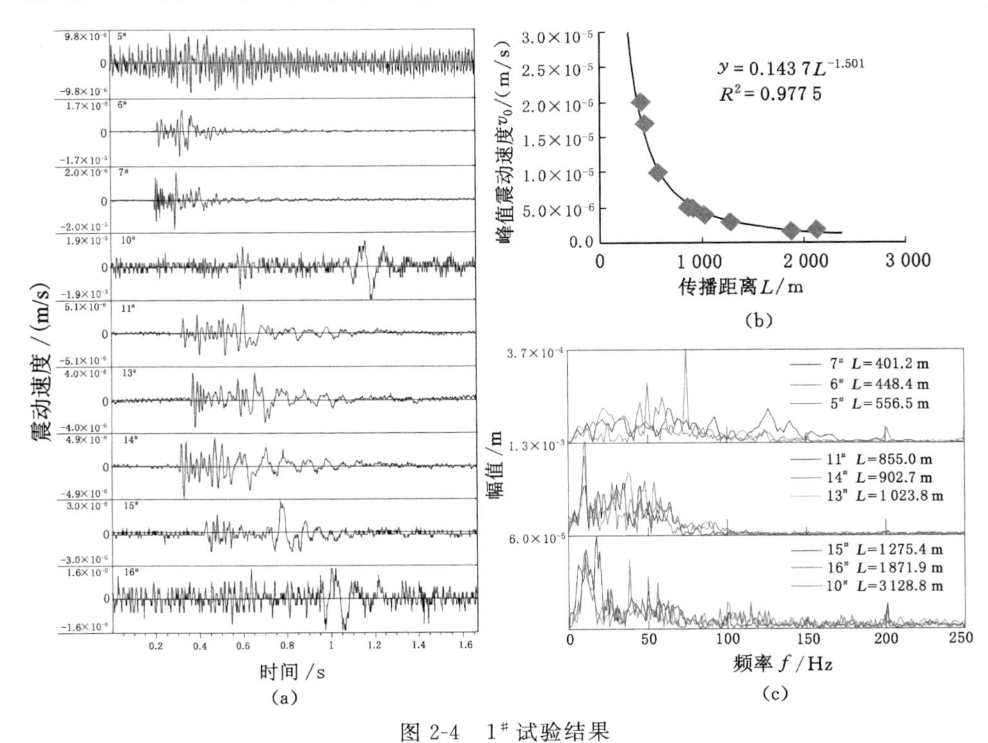

图 2-4　1# 试验结果

(a) 1# 试验震动波形；(b) 1# 试验通道峰值震动速度传播衰减规律；(c) 1# 试验震动波频谱演变规律

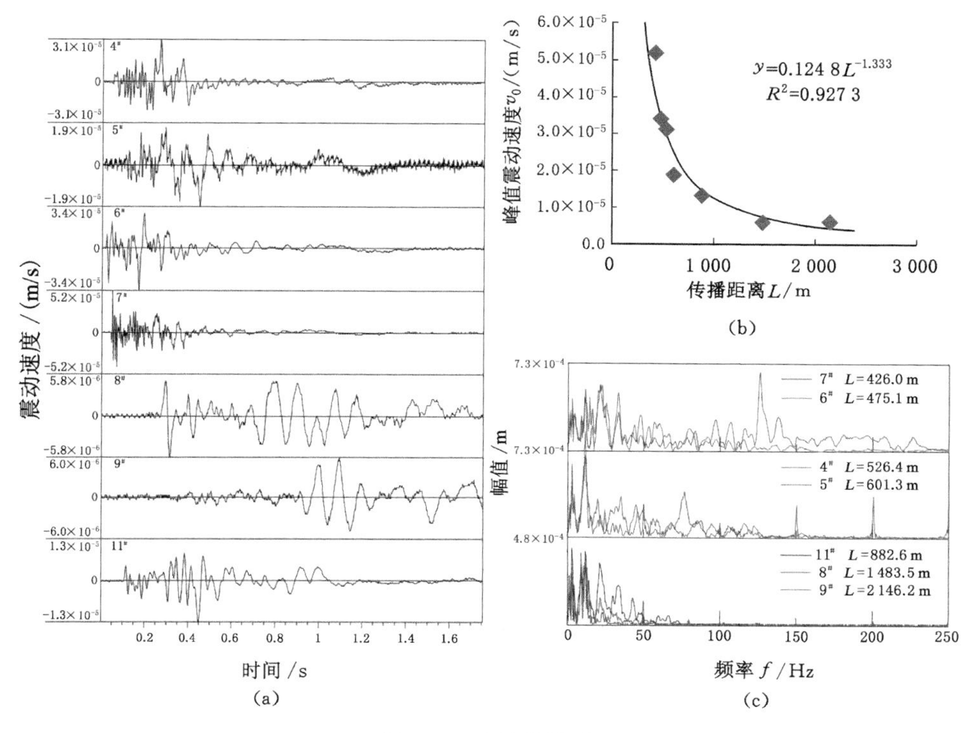

图 2-5　2# 试验结果

(a) 2# 试验震动波形；(b) 2# 试验通道峰值震动速度传播衰减规律；(c) 2# 试验震动波频谱演变规律

(1) 峰值震动速度一般处于震动周期长、频率低的点。

(2) 峰值震动速度随传播距离增大，按幂函数规律衰减，关系如下：

$$v_0(L)=v_{0,\max}L^{-\lambda} \tag{2-13}$$

式中　$v_{0,\max}$——震源边界质点峰值震动速度，可理解为塑性区与弹性区交界面质点峰值震动速度，如图 2-10 所示；

L——震动波传播距离；

λ——峰值速度衰减系数。

(3) 震动波频率随传播距离增加，低频段衰减较慢，高频段衰减较快。

对各次试验震动波峰值速度与距离的关系采用最小二乘法进行拟合，得到的 λ 值分别为 1.501，1.333，1.494，1.592，1.540，1.695，求平均值得 1.526，则煤矿井下震动波峰值震动速度衰减规律为：

$$v_0(L)=v_{0,\max}L^{-1.526} \tag{2-14}$$

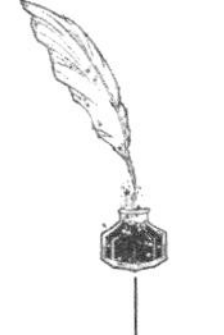

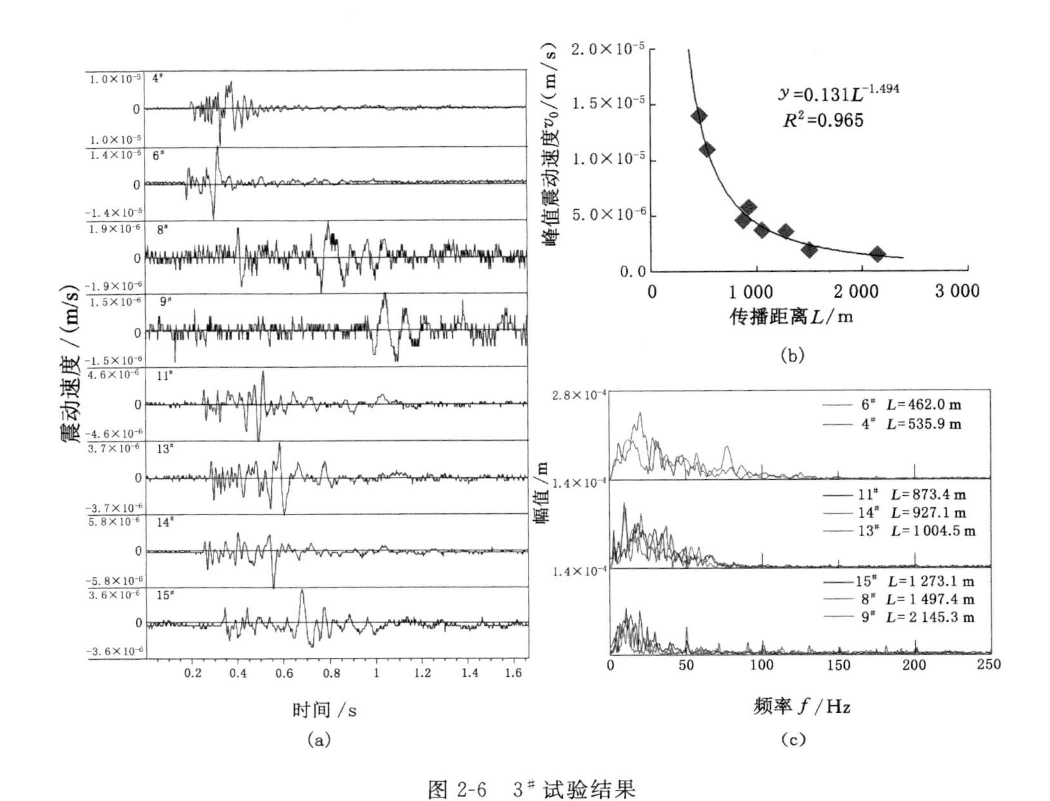

图 2-6　3# 试验结果

(a) 3# 试验震动波形；(b) 3# 试验通道峰值震动速度传播衰减规律；(c) 3# 试验震动波频谱演变规律

2.3.2.3　煤矿动载应变率范围

原位爆破试验已获得井下震动波传播规律，由式(2-14)，结合通过监测方法获得的远场震动波峰值震动速度 $v_0(L)$、监测点与震动中心的距离 L 以及大致的震源半径即可评估煤岩体峰值震动速度 $v_{0,\max}$ 的取值范围，同时采用频谱分析的办法求得主频范围，根据式(2-12)即可确定煤矿矿震产生的动载应变率范围。

2010 年 8 月 21 日 11 时 20 分 59 秒，桃山煤矿 79Z6 工作面实施卸压爆破，诱发冲击矿压显现，导致工作面 2 m 范围破坏，冲出煤量为 2 t，震动能量为 20 119 J。文献[4]推导了剪切、拉伸破坏两种模型煤岩体释放能量大小，以及应力降与震源半径的关系：

$$r_1=\sqrt[3]{\frac{2W_1G}{\pi\Delta\tau^2}},r_2=\sqrt[3]{\frac{W_2G}{\pi\Delta\sigma_t^2}} \tag{2-15}$$

应力降近似等于动载，据此可求出震动的震源半径为 1.5 m。

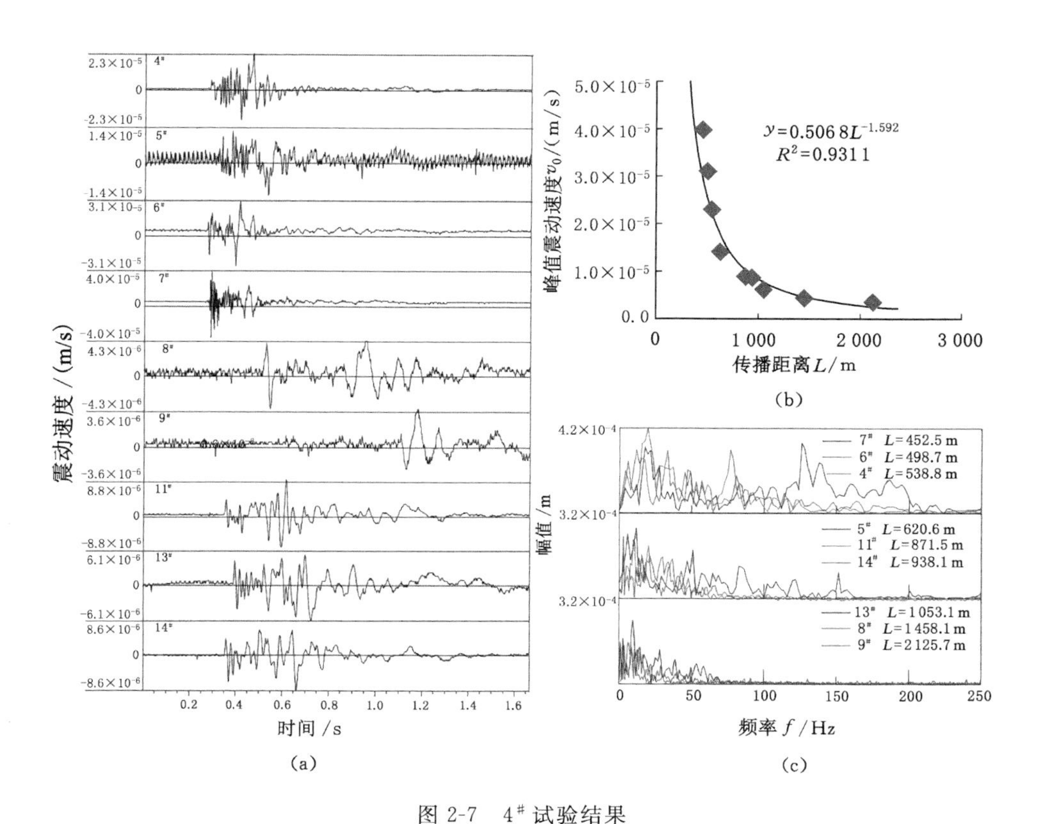

图 2-7　4# 试验结果

(a) 4# 试验震动波形；(b) 4# 试验通道峰值震动速度传播衰减规律；(c) 4# 试验震动波频谱演变规律

如图 2-11 所示，散点为各通道监测到的峰值震动速度。根据式(2-14)可知，从震源至每一监测点具有一条峰值震动速度衰减曲线，作出各条曲线可得一曲线族。曲线族上下边界距震源 1.5 m 处取值即为最大峰值震动速度 $v_{0,\max}$ 取值范围。经计算，该最大峰值震动速度 $v_{0,\max}$ 取值范围为 0.52～4.38 m/s。图 2-12 所示为距震源较近的 2 个拾震器(6#、7#)与距震源较远的 2 个拾震器(9#、10#)的震动波形与震动波频谱，分析可知峰值震动速度处于长周期、低频段，且随着传播距离增加，高频衰减较快而低频衰减较慢。峰值震动速度段频率范围为 2～15 Hz。

经测定可得：桃山煤矿井下纵波速度平均为 4 300 m/s，横波速度平均为 2 480 m/s。将以上参数代入式(2-12)即可得到此次冲击震动动载应变率范围，如表 2-2 所列。可见此次冲击震动产生的应变率最大为 10^{-3}～10^{-1} s^{-1} 级，此应变率属于中等应变率，达到动态应力状态。

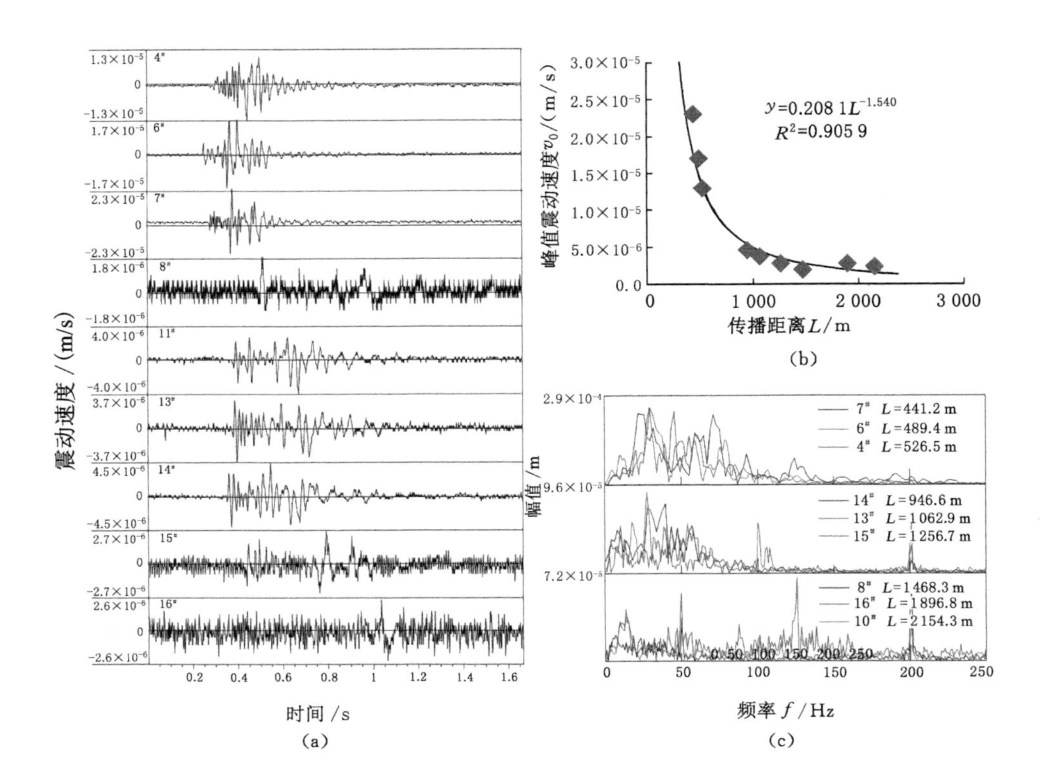

图 2-8　5# 试验结果

(a) 5# 试验震动波形;(b) 5# 试验通道峰值震动速度传播衰减规律;(c) 5# 试验震动波频谱演变规律

表 2-2　冲击震动动载应变率范围

震动波类型	频率/Hz	最大峰值震动速度/(m/s)	波速/(m/s)	应变率/s^{-1}
纵波	2～15	0.52～4.38	4 300	$1.5\times10^{-3}\sim9.6\times10^{-2}$
横波	2～15	0.52～4.38	2 480	$2.6\times10^{-3}\sim1.7\times10^{-1}$

按照以上方法对煤矿不同能级矿震的动载应变率范围进行计算统计,如表 2-3 所列。由于应变率没有下限,为了求得最大应变率,统计过程中采用横波波速进行估算,横波波速取 2 480 m/s。统计结果表明:矿震能量越高最大峰值震动速度越大,但同时震动频率降低,最终动载应变率随着矿震能量增加略有增大,但最大应变率仍然处于 $10^{-2}\sim10^{-1}\ s^{-1}$级。

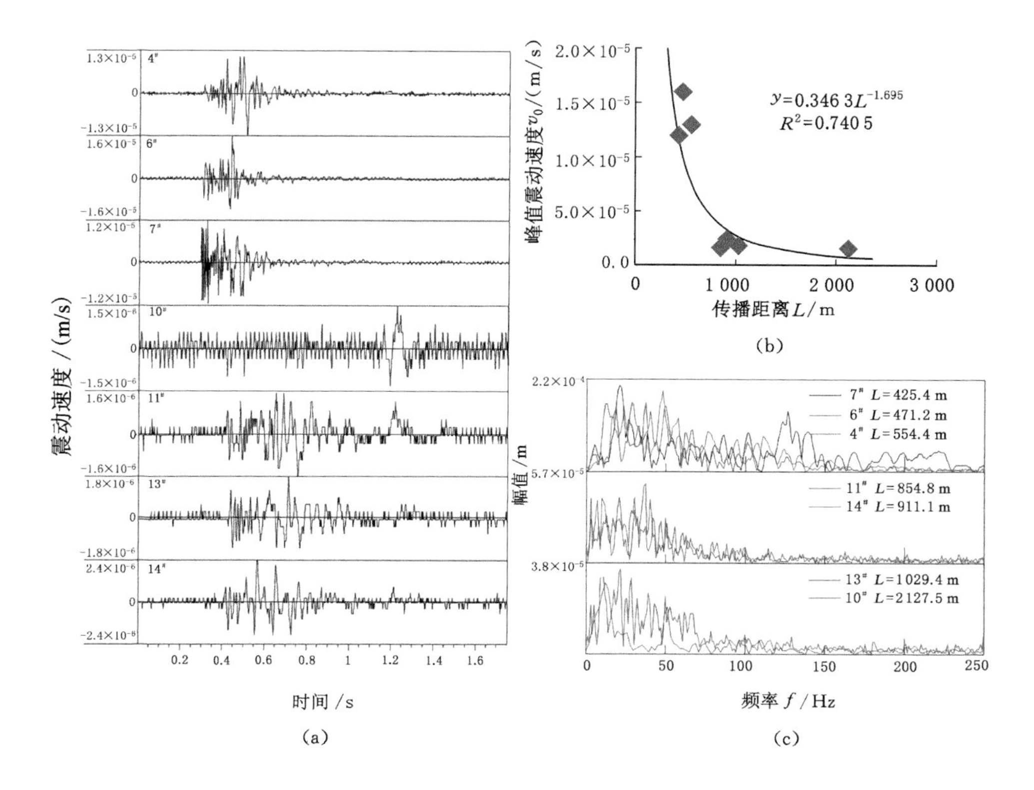

图 2-9 6#试验结果

(a) 6#试验震动波形;(b) 6#试验通道峰值震动速度传播衰减规律;(c) 6#试验震动波频谱演变规律

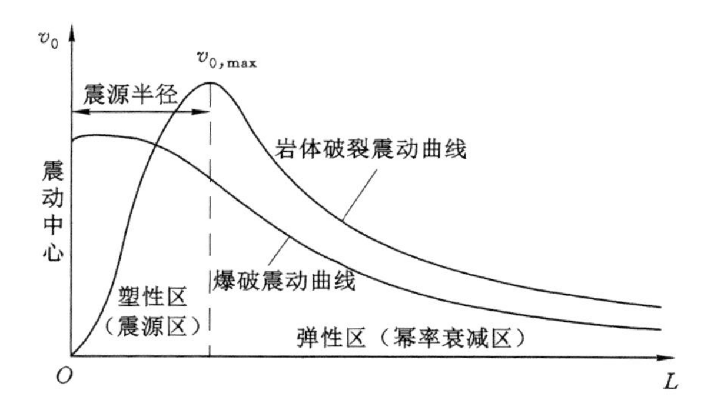

图 2-10 质点峰值震动速度模型

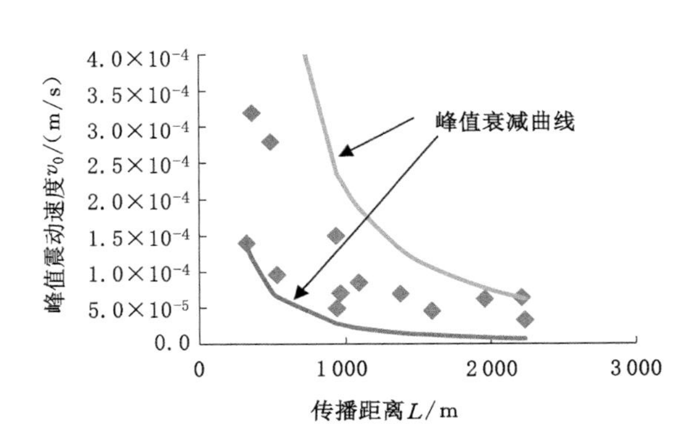

图 2-11　质点震动峰值速度范围

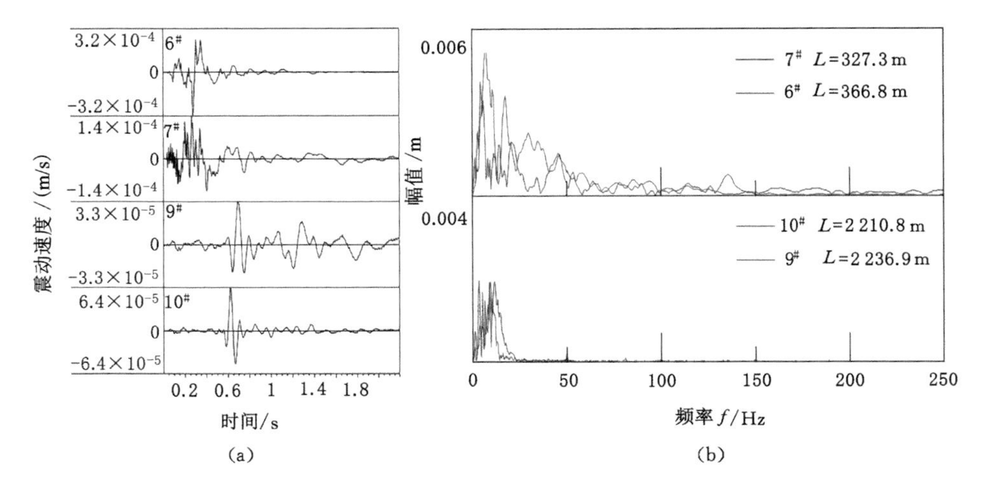

图 2-12　质点震动频率范围

(a) 震动波形；(b) 震动波频谱

表 2-3　　煤矿矿震动载应变率范围统计

序号	能量	频率/Hz	最大峰震动速度/(m/s)	应变率/s^{-1}
1	296	5～30	0.13～0.40	$1.6\times10^{-3}\sim3.0\times10^{-2}$
2	400	5～30	0.18～0.66	$2.3\times10^{-3}\sim5.0\times10^{-2}$
3	895	3～28	0.20～0.65	$1.5\times10^{-3}\sim4.6\times10^{-2}$
4	1240	3～25	0.20～0.84	$1.5\times10^{-3}\sim5.3\times10^{-2}$
5	8270	2～18	0.34～1.00	$1.7\times10^{-3}\sim4.6\times10^{-2}$
6	22600	2～18	0.79～3.44	$4.0\times10^{-3}\sim1.6\times10^{-1}$

续表 2-3

序号	能量	频率/Hz	最大峰震动速度/(m/s)	应变率/s^{-1}
7	27100	1～15	0.44～3.50	1.1×10^{-3}～1.3×10^{-1}
8	50400	2.5～15	0.50～3.27	3.2×10^{-3}～1.2×10^{-1}
9	103000	0.5～12	1.23～3.65	1.6×10^{-3}～1.1×10^{-1}
10	3970000	0.4～5	8.45～12.27	8.6×10^{-3}～1.6×10^{-1}

2.3.2.4　煤矿载荷状态的确定

统计研究表明，煤矿采动动载应变率一般不大于 10^{-1} s^{-1}，据表 1-1 可知，煤矿动载应变率处于中等及中等偏低应变率范围。由于表 1-1 是有关学者为研究冲击破岩等高速冲击对载荷状态进行的划分，按此标准煤矿动载很大范围被界定为静载，因此，该划分方式在煤矿动载诱发冲击矿压方面存在局限性。如表 2-3 所列，煤矿矿震近震源载荷应变率范围处在 10^{-3}～10^{-1} s^{-1}之间，同时第 3 章煤岩动力学试验研究表明煤岩在应变率大于 10^{-3} s^{-1}时表现出较强的应变率相关性，因此将应变率大于 $10^{-3}s^{-1}$的载荷划分为煤矿动载。结合已有研究，本书将煤矿载荷状态与应变率的关系按表 2-4 进行划分。

表 2-4　　煤矿载荷状态与应变率的关系

应变率/s^{-1}	载荷状态	载荷变化率/(MPa/s)	应力变化规律
$<10^{-5}$	静载	<0.1	静态载荷
10^{-5}～10^{-3}	应力扰动	0.1～10	应力扰动
$>10^{-3}$	动载	>10	动态载荷

随着时间推移载荷产生的变化率按应变率大小进行状态的界定。对具体情况而言，矿震产生的应力波未传播到质点处，质点所受相对稳定的载荷称为静载荷，应力波传播经过质点时，则需要根据应变率大小判断质点受到应力波的附加应力属于静载状态、应力扰动状态还是动载状态。

2.3.3　煤矿动载类型及计算

煤矿动载主要有三种类型：Ⅰ类动载，即震动波传播产生的动载；Ⅱ类动载，即岩层破断、断层滑移等面力瞬间消失或减小产生的瞬间动载荷(受迫动载)；Ⅲ类动载，即炸药爆炸爆破中心高压气体产生的冲击动载。如图 2-13 所示，顶板岩层破断将产生两类动载：① 断裂面能量释放产生矿震，震动波传播到煤体或支护结构产生Ⅰ类动载；② 顶板断裂块体由于断裂面应力消失或减小，将对煤体和支护体产生瞬间动载荷，该动载为Ⅱ类动载。Ⅱ类、Ⅲ类动载产生的同时，在远距离处将演变为Ⅰ类动载。

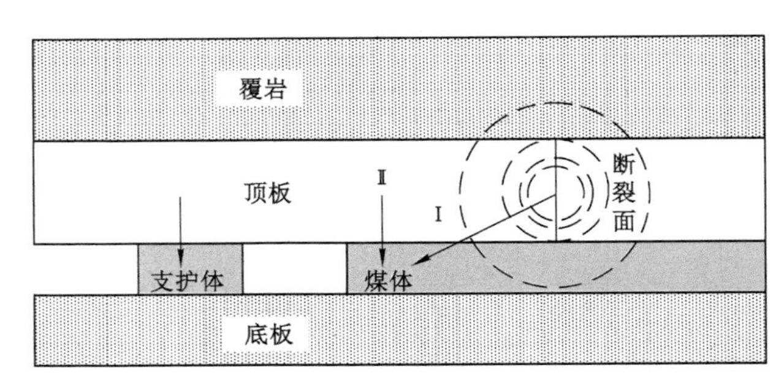

图 2-13　顶板破断产生的动载类型

三类动载与静载组合作用均可诱发冲击矿压显现。如工作面超前段卸压爆破诱发工作面冲击矿压显现为Ⅰ类动载与静载组合作用诱发的；工作面临采空区侧顶板破断诱发超前段冲击矿压显现（居多）或本工作面顶板破断诱发工作面两巷超前段冲击矿压显现为Ⅱ类动载与静载组合作用诱发的；工作面超前段卸压爆破诱发爆破处冲击矿压显现则为Ⅲ类动载与静载组合作用诱发的。有时动载类型不能严格区分，可视为复合动载诱发冲击矿压类型。

煤岩力学性能表现为明显的应变率相关性。煤矿动载应变率范围的研究为煤矿煤岩动态力学性能研究打下了基础。应变率只是应变变化的速率，它与应力变化快慢直接相关。煤岩体受载的力学行为不但与动载应变率有关，同时还与其所有载荷强度密切相关。因此，动载计算显得尤为重要。

2.3.3.1　Ⅰ类动载计算

布雷迪等基于弹性波理论推导了纵波（P 波）在传播介质中产生的动载：

$$\sigma_{dP} = \rho C_P v_P \tag{2-16}$$

式中　σ_{dP}——P 波产生的动载；

ρ——介质密度；

C_P——P 波传播速度；

v_P——质点由 P 波引起的峰值震动速度。

随矿震产生的另一种基本波是横波（S 波）。横波引起的质点震动方向与传播方向垂直。横波传播将使煤岩介质产生剪切应力。横波传播引起的煤岩介质动载为：

$$\sigma_{dS} = G\gamma \tag{2-17}$$

式中　G——剪切模量；

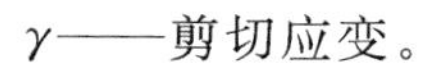
γ——剪切应变。

在 $\mathrm{d}t$ 时段内，横波引起煤岩介质切向角变量 θ 的正切值为：

$$\tan\theta=\frac{v_{\mathrm{S}}\mathrm{d}t}{C_{\mathrm{S}}\mathrm{d}t}=\frac{v_{\mathrm{S}}}{C_{\mathrm{S}}} \tag{2-18}$$

式中 C_{S}——横波传播速度；

v_{S}——横波传播引起的质点最大震动速度。

由于介质震动速度远远小于横波传播速度，即 $v_{\mathrm{S}}\ll C_{\mathrm{S}}$，因此：

$$\gamma=\tan\theta\,\frac{v_{\mathrm{S}}\mathrm{d}t}{C_{\mathrm{S}}\mathrm{d}t}=\frac{v_{\mathrm{S}}}{C_{\mathrm{S}}} \tag{2-19}$$

由弹性波理论：

$$C_{\mathrm{S}}=\sqrt{\frac{G}{\rho}} \tag{2-20}$$

由式(2-17)、式(2-19)和式(2-20)可解得横波产生的动载为：

$$\sigma_{\mathrm{dS}}=\rho C_{\mathrm{S}}v_{\mathrm{S}} \tag{2-21}$$

故震动波引起的纵横波动载为：

$$\begin{cases}\sigma_{\mathrm{dP}}=\rho C_{\mathrm{P}}v_{\mathrm{P}}\\ \sigma_{\mathrm{dS}}=\rho C_{\mathrm{S}}v_{\mathrm{S}}\end{cases} \tag{2-22}$$

2.3.3.2 Ⅱ类动载计算

顶板岩层破断对煤体及支护结构(工作面支架、煤柱等)产生的载荷，可建立以下模型进行动载及静载应力增量计算。

顶板在采动应力作用下产生断裂，可将顶板简化为梁来分析。设参数为：支护体宽度 L_1、顶板岩层在煤体内断裂的深度 L_2、顶板在采空区悬顶长度 L_3、采掘空间空顶(未支护)宽度 b、顶板厚度 h_1、密度 ρ_1、上覆岩层均布载荷 p、支护体上应力分布函数 $f(L_1)$、煤体内应力分布函数 $f(L_2)$。顶板断裂模型如图 2-14 所示。顶板断裂前受力分析如图 2-15 所示，设断裂面上边沿的拉应力为 σ_{T}，端面剪应力为 τ。由顶板的力学平衡，可得断裂前力学平衡方程组如下：

$$\begin{cases}\displaystyle\int_0^{h_1}\left(h-\frac{h_1}{2}\right)\frac{2\sigma_{\mathrm{T}}}{h_1}\mathrm{d}h=0\\ \displaystyle\int_0^{L_1}f(l_1)\mathrm{d}l_1+\int_0^{L_2}f(l_2)\mathrm{d}l_2+\tau h_1-\rho_1 g h_1 L-pL=0\\ \displaystyle\int_0^{L_1}f(l_1)\mathrm{d}l_1\cdot\left(\frac{L_1}{2+b+L_2}\right)+\int_0^{L_2}f(l_2)(L_2-l_2)\mathrm{d}l_2+\\ \displaystyle 2\int_{\frac{h_1}{2}}^{h_1}\left(h-\frac{h_1}{2}\right)^2\frac{2\sigma_{\mathrm{T}}}{h_1}\mathrm{d}h-\rho_1 g h_1\frac{L^2}{2}-p\frac{L^2}{2}=0\end{cases} \tag{2-23}$$

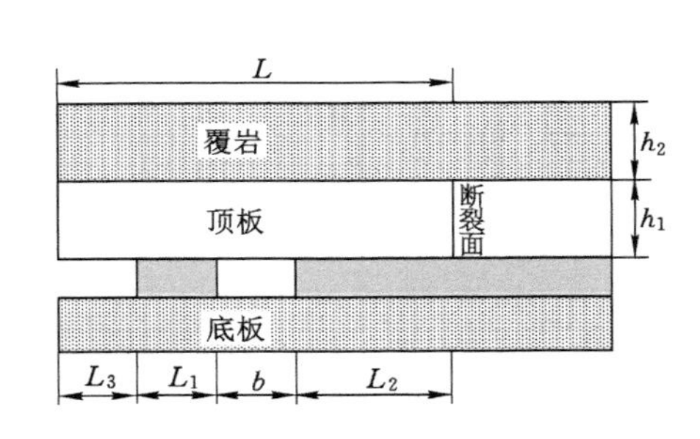

图 2-14　顶板断裂模型

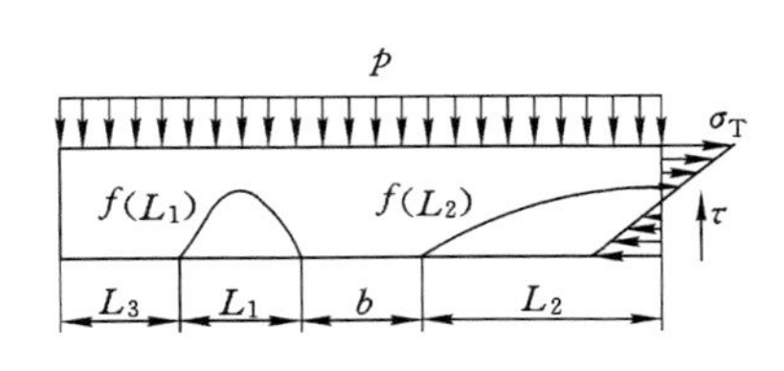

图 2-15　顶板断裂前受力分析

顶板断裂后由于端面应力消失，将在支护体和断块下方煤体上产生应力增量，从而使断块处于新的力学平衡状态。由于应力增量与煤岩体性质和结构密切相关，煤柱和支架等支护体应力分布也不尽相同，很难获得应力增量的确切分布。为评估顶板断裂在支护体和煤体中产生的应力增量，设支护体和煤体应力增量平均值为 $\Delta\sigma$。$\Delta\sigma$ 能够反映顶板断裂对支护体及煤体产生的综合力学效应，可对顶板断裂产生的影响进行评估。顶板断裂后的平衡方程组如下：

$$\begin{cases} \int_0^{L_1}[f(l_1)+\Delta\sigma]\mathrm{d}l+\int_0^{L_2}[f(l_2)+\Delta\sigma]\mathrm{d}l_2+\rho_1 gL-pL=0 \\ \int_0^{L_1}[f(l_1)+\Delta\sigma]\mathrm{d}l_1\cdot\left(\frac{L_1}{2}+b+L_2\right)+ \\ \int_0^{L_2}[f(l_2)+\Delta\sigma](L_2-l_2)\mathrm{d}l_2-\rho_1 gh_1\frac{L^2}{2}-p\frac{L^2}{2}-0 \end{cases} \tag{2-24}$$

由式(2-23)和式(2-24)解得式(2-25)或式(2-26)：

$$\Delta\sigma=\frac{h_1^2}{3(L_1^2+L_2^2)+6(bL_1+L_1L_2)}\sigma_{\mathrm{T}} \tag{2-25}$$

$$\Delta\sigma=\frac{h_1}{L_1+L_2}\tau \tag{2-26}$$

端面剪应力与边界拉应力关系为：

$$\tau=\frac{h_1(L_1+L_2)}{[3(L_1^2+L_2^2)+6(bL_1+L_1L_2)]}\sigma_{\mathrm{T}} \tag{2-27}$$

由以上模型得到了顶板断裂导致支护体和煤体应力增量的两个表达式[式(2-25)和式(2-26)]，因此，应力增量的计算式应根据顶板的破坏方式选取。

顶板岩层的断裂形式可由顶板岩层的抗拉强度$[\sigma_{\mathrm{T}}]_i$、抗剪强度$[\tau]$及相关参数判定，对于特定工作面，这些参数可通过实测的方法获得。将顶板岩层的抗拉强度$[\sigma_{\mathrm{T}}]$及相关参数代入式(2-27)求得剪应力 τ。当 $\tau<[\tau]$时，顶板岩层断

裂面边界拉应力较剪应力先达到极值，顶板断裂为拉破坏；反之，当 $\tau>[\tau]$ 时，顶板断裂为剪切破坏。

若顶板断裂为拉破坏，则应力增量表达式见式(2-28)；若顶板断裂为剪切破坏，则应力增量表达式见式(2-29)。

$$\Delta\sigma=\frac{h_1^2}{3(L_1^2+L_2^2)+6(bL_1+L_1L_2)}[\sigma_T] \tag{2-28}$$

$$\Delta\sigma=\frac{h_1}{L_1+L_2}[\tau] \tag{2-29}$$

由关键层理论可知：关键层破断时，其上部全部岩层或局部岩层的下沉变形是相互协调一致的，关键层的断裂将导致全部或相当部分岩层产生整体运动。若顶板岩层为一关键层，其上部有若干个附加岩层，各层的厚度为 h_i，抗拉强度为$[\sigma_T]_i$，抗剪强度为$[\tau]_i$。考虑到由于 h_i 的不同，关键层及其上部岩层断裂方式将有所不同，可出现拉破坏或剪切破坏。引入参数 C_T，C_τ，若岩层为拉破坏，则参数 $C_T=1$，$C_\tau=0$；若岩层为剪切破坏，则参数 $C_T=0$，$C_\tau=1$。应力增量表达式可统一表示为：

$$\Delta\sigma=\frac{\sum C_{Ti}h_i^2}{3(L_1^2+L_2^2)+6(bL_1+L_1L_2)}[\sigma_T]_i+\frac{\sum C_{\tau i}h_i}{L_1+L_2}[\tau]_i \tag{2-30}$$

顶板岩层断裂常表现为突然瞬间破坏，并伴随地震波传播。岩层瞬间断裂时，相当于将与端面应力相平衡的力突然加载到支护体和煤体上形成冲击载荷，即Ⅱ类动载。该过程等效于将恒定静载 $\Delta\sigma$ 施加于弹性基础上。设基础弹性系数为 K，基础最大变形当量为 x，由能量守恒定律得式(2-31)，则动载表达式见式(2-32)，故动载系数 $K_d=2$。考虑到顶板的破断速度，以及煤岩体存在塑性，而非完全弹性，矿山应用中 K_d 取值为 1～2。顶板快速破断过程中，动载 σ_d 表达式见式(2-33)。

$$\Delta\sigma x=\frac{1}{2}Kx^2 \tag{2-31}$$

$$\sigma_d=Kx=2\Delta\sigma \tag{2-32}$$

$$\sigma_d=\frac{K_d\sum C_{Ti}h_i^2}{3(L_1^2+L_2^2)+6(bL_1+L_1L_2)}[\sigma_T]_i+\frac{K_d\sum C_{\tau i}h_i}{L_1+L_2}[\tau]_i \tag{2-33}$$

以上顶板断裂模型提供了一种计算支护体及煤体顶板断裂时导致的应力改变量的方法。在获知支护体、煤体应力分布情况下，按模型推导方法可准确计算应力增量分布。

表 2-5 为某矿 2501 采区某巷道顶板破断应力变化计算值。图 2-16 为采用钻孔应力计测试的顶板破断过程煤体应力测试结果。表 2-6 为顶板破断过程中

应力变化实测值。对比模型计算值以及现场实测值发现，计算值略小于实测值，计算值与实测值之比平均为 90.3%。测量值的动载系数分别为 1.99、2.39，与动载系数理论值 2 极为接近，考虑到测量误差，我们认为模型推导结果较为可靠；同时计算值是应力增量的平均值，而钻孔应力计安设于煤体应力峰值区域，实测值大于计算值是合理的。

表 2-5　　应力变化计算值

断裂层	静载增量/MPa	动载/MPa	动载系数 K_d
19 m 细砂岩	1.94	3.89	2.00
14 m、10 m 粉砂岩	2.08	4.17	2.00

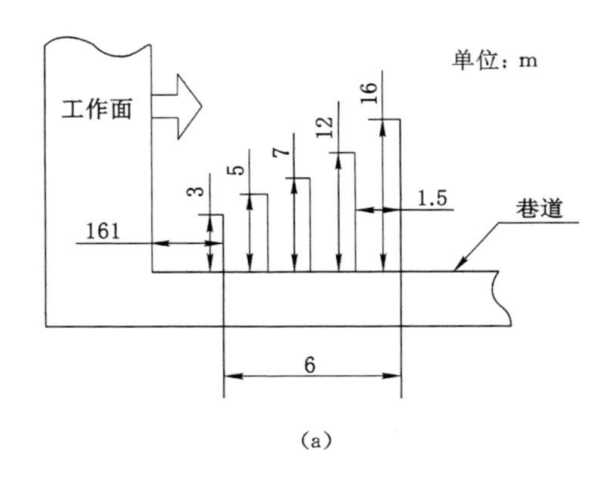

(a)

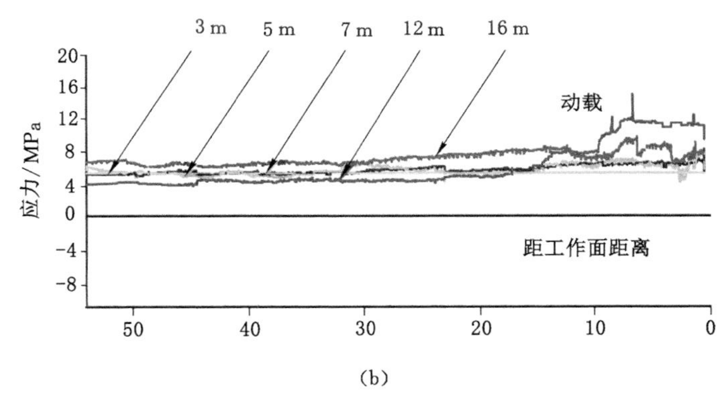

(b)

图 2-16　顶板破断过程煤体应力测试结果

(a) 钻孔应力计布置；(b) 距工作面距离/m

表 2-6 应力变化实测值

断裂层	静载增量/MPa	动载/MPa	动载系数 K_d
19 m 细砂岩	2.20	4.37	1.99
14 m、10 m 粉砂岩	2.08	4.97	2.39

2.3.3.3 Ⅲ类动载计算

由爆破理论可知，炸药爆炸后，将在煤岩体中形成以装药为中心的由近及远的不同爆炸区域，依次为压碎区、裂隙区和弹性震动区，如图 2-17 所示。在压碎区岩石受到的爆破载荷加载率最高，且载荷远远大于其抗压强度，另外压缩区紧邻炸药，受到爆炸高温高压作用。压碎区半径大小需要采用考虑应变率效应的三向应力条件的材料压缩破坏准则求解。裂隙区煤岩受到的载荷小于抗压强度，而切向拉伸应力大于抗拉强度，使煤岩产生拉伸破坏，根据切向应力不小于抗拉强度可求得裂隙区半径。弹性震动区震动波呈幂率关系衰减，煤岩体不产生明显破裂。

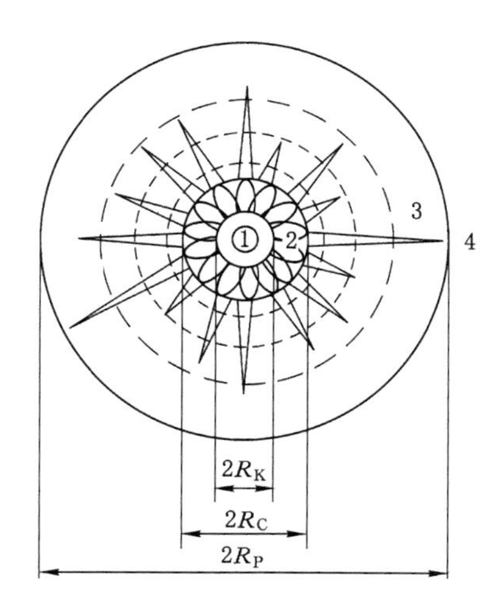

图 2-17 无限煤岩体中炸药的爆炸作用

1——扩大空腔；2——压碎区；3——裂隙区；4——弹性震动区；

R_K——空腔半径；R_C——压碎区半径；R_P——裂隙区半径

由于爆破较为复杂，目前已成为岩石工程力学的一个重要分支，本书对爆破产生的动载计算主要参考现有研究成果。耦合装药条件下，煤岩体中的柱状药包爆炸后向煤岩体施加强冲击动载荷：

$$p=\frac{2\rho C_{\mathrm{P}}}{\rho C_{\mathrm{P}}+\rho_0 D_{\mathrm{V}}}p_0 \tag{2-34}$$

$$p_0=\frac{1}{1+\gamma}\rho_0 D_{\mathrm{V}}^2 \tag{2-35}$$

式中　p——透射入煤岩体中的冲击波初始压力；

p_0——炸药的爆轰压；

ρ_0,ρ——煤岩体的密度、炸药的密度；

$C_{\mathrm{P}},D_{\mathrm{V}}$——煤岩体中波速、炸药爆速；

γ——爆轰产物的膨胀绝热指数，一般取 3。

如果爆破采用不耦合装药，煤岩体中的透射冲击波压力为：

$$p=\frac{1}{2}\rho_0 K^{2\gamma} l_{\mathrm{c}} n \tag{2-36}$$

式中　K——装药径向不耦合系数，$K=d_{\mathrm{b}}/d_{\mathrm{c}}$，$d_{\mathrm{b}}$ 和 d_{c} 分别为爆孔半径和药包半径；

l_{c}——装药轴向系数；

n——炸药爆炸产物膨胀碰撞爆孔壁时的压力增大系数，一般取 10。

煤岩体中透射冲击波因不断向外传播而衰减，最后变成应力波。煤岩体中任一点径向应力和切向应力可表示为：

$$\sigma_r=p\bar{r}^{-a} \tag{2-37}$$

$$\sigma_\theta=-b\sigma_r \tag{2-38}$$

式中　σ_r,σ_θ——煤岩体中径向和切向应力；

$\bar{r}$——比距离，$\bar{r}=r/r_{\mathrm{b}}$，r 为计算点到装药中心的距离，r_{b} 为爆孔半径；

a——载荷传播衰减指数，$a=2\pm\nu_{\mathrm{d}}/(1-\nu_{\mathrm{d}})$，正、负号分别对应冲击波区和应力波区，$\nu_{\mathrm{d}}$ 为岩石的动态泊松比，需试验测定；

b——侧向应力系数，$b=\nu_{\mathrm{d}}/(1-\nu_{\mathrm{d}})$，在爆破工程加载率范围内，可认为 $\nu_{\mathrm{d}}=0.8\nu$。

2.3.4　煤矿采动动载特征

煤矿动载主要存在以下特征：

(1) 强度波动性。煤矿动载强度随时空变化存在波动性。煤矿震动波为复合波，震动波引起的动载强度随着震动波的波动而呈现波动变化。

(2) 方向随机性。煤矿动载方向的随机性主要由以下因素产生：① 矿震震源位置不确定；② 矿震震源机制不确定，破裂面方位不明确，破裂形式复杂；③ 质点所处位置与震源远近不同，纵波与横波叠加程度不同；④ 震动波在岩层

介质中的传播变异不确定。

(3) 不均匀性。一方面,煤矿动载在空间分布上受震源机制影响,震源机制不同,在各空间方向上的载荷强度不同,且在震源处取得最大值,随着传播距离增加,强度逐渐衰减;另一方面,煤岩介质为各向异性、非均匀、非完全弹性介质,同时存在结构面,震动波在传播过程中衰减规律不完全相同,且存在界面反射、折射、衍射等现象,导致煤矿动载荷在空间分布上极不均匀。

(4) 快速衰减性。震动波峰值速度呈幂率关系衰减,而动载与峰值震动速度呈正比,因此动载与传播距离也呈幂率关系。靠近震源处,动载急剧衰减,随距震源的距离增加,衰减速率减小;靠近震源处动载对煤岩体力学作用明显。

(5) 作用短暂。监测表明,煤矿震动波持续时间一般为几百毫秒至几秒之间,作用短暂。震动强度越大,震动持续时间相应越长。在短暂的作用时间内,动载大小也存在波动变化,大部分时间其处于较低值,对煤岩体作用较弱。因此,煤矿动载对煤岩体作用时间极为短暂。

(6) 多轮作用。一方面,煤矿矿震产生的动载随时间存在波动性;另一方面,随着采掘进行,矿震频繁发生,煤岩体将承受多轮采动动载作用。

(7) 加载率较低。经统计煤矿采动动载应变率均处于 $10^{-1}\ s^{-1}$ 级及以下,应变率较低,转换为载荷变化率相应处于 100 MPa/s 级及以下,在该载荷变化率作用下,当载荷作用时间足够长时,其仍可使煤岩体产生动态破坏。

2.4 本章小结

(1) 分析了煤矿静载特征。原岩应力是静载的基础,原岩应力越大静载越高;采掘空间附近应力场分布具有基本形式,采掘空间分布形态决定了静载分布状态。

(2) 分析了煤矿动载来源,并对煤矿震动波传播衰减规律及动载应变率范围进行了原位试验研究。研究表明震动波幅值随传播距离呈幂率关系衰减,传播过程中高频震动波较低频震动波衰减得快,动载应变率与震动能量呈正相关关系,震动能量越大加载应变率越高,煤矿最大应变率一般不超过 $10^{-1}\ s^{-1}$,属于中等应变率偏低的动载范围。

(3) 根据煤矿动载应变率范围,对煤矿动静载进行了界定。对于煤岩体已存在的不随时间改变的载荷定义为静载;随时间改变的载荷按应变率由小到大依次定义为应力扰动和动载。

(4) 将煤矿动载划分为 3 种基本类型,分别为弹性应力波动载、顶板破断引起的受迫动载及爆破冲击动载,并分别推导或给出了动载表达式。

3 动载对煤岩体作用的试验研究

3.1 试验研究背景

煤岩在动载及动静载组合加载下的力学特性以及破坏规律，对于研究采动动载导致的煤岩冲击破坏规律，揭示采动动载诱发冲击矿压机理具有重要意义。目前对煤岩在静载作用下的力学特性的研究已较为深入。基于 Hopkinson 压杆试验技术，对岩石应变率大于 $10^2\ s^{-1}$的动载试验研究也较多；另外，基于爆炸或轻气炮等对高应变率动载试验也研究得较多；对岩石在动静载组合加载下的力学特性研究也有所涉及，马春德、李夕兵等采用自制的 Instron 电液伺服材料试验机进行了红砂岩动静载组合加载试验，得出红砂岩在动静载组合加载下强度大于纯静载强度而小于纯动载强度，弹性模量随预加静载增大而减小。以上试验对岩体静力学和动力学特性及破坏规律研究得较为透彻，但对煤体动态特性研究较少，对煤矿动载主要应变率范围($10^{-3}\sim10^{-1}\ s^{-1}$)的煤岩力学特性及破坏规律研究极少，尤其对动静载组合作用下的力学特性及破坏规律的研究尚属空白。

基于以上研究背景，以及煤矿大量采动动载诱发的冲击矿压的案例，对煤矿动载应变率范围的煤岩力学特性试验研究显得尤为必要。本章基于第 2 章对煤矿动载特征的研究，主要针对煤岩试样进行力学特性及破坏规律与应变率的关系研究，以及煤样动载作用试验研究，初步弄清煤岩动力学特性及破坏规律，为采动动载诱发冲击矿压研究奠定基础。

3.2 试验目的、内容及方案

3.2.1 试验目的

(1) 研究清楚煤岩试样强度、弹性模量、冲击倾向性、储能特性以及变形破坏形态与加载应变率的关系；

(2) 揭示相同动载与不同静载组合作用下煤样的力学特性及破坏规律，确定静载在动静载组合破煤中的作用；

(3) 揭示不同动载(不同应变率、相同强度)与相同静载组合作用下煤样的力学特性及破坏规律，确定不同应变率动载在动静载组合破煤中的作用；

(4) 揭示不同动载(相同应变率、不同强度)与相同静载组合作用下煤样的力学特性及破坏规律，确定不同强度动载在动静载组合破煤中的作用。

3.2.2 试验内容

(1) 顶底板岩样、煤样力学特性与加载应变率之间的关系研究；

(2) 相同动载与不同静载组合加载下，煤的力学特性与破坏规律研究；

(3) 不同动载(不同应变率、相同强度)与相同静载组合加载下，煤的力学特性与破坏规律研究；

(4) 不同动载(相同应变率、不同强度)与相同静载组合加载下，煤的力学特性及破坏规律研究。

3.2.3 试验方案

(1) 顶底板岩样、煤样力学特性与加载应变率的关系

① 顶板岩样。从冲击矿压较为严重的煤层顶板取样，并将所取岩样加工成 ϕ50 mm×100 mm 左右标准试样，进行单轴压缩加载试验。位移加载速率分别采用 0.06 mm/min、0.3 mm/min、0.6 mm/min、1.5 mm/min、3 mm/min 等 5 级加载，分别对应应变率为 1.0×10^{-5} s^{-1}、5.0×10^{-5} s^{-1}、1.0×10^{-4} s^{-1}、2.5×10^{-4} s^{-1}、5.0×10^{-4} s^{-1}。试验过程中同时进行声发射测试。

② 底板岩样。从冲击矿压较为严重的煤层底板取样，并将所取岩样加工成 ϕ50 mm×100 mm 左右标准试样，进行单轴加载试验。位移加载速率采用 0.15 mm/min、0.3 mm/min、0.6 mm/min、1.5 mm/min、3 mm/min、6 mm/min 等 6 级加载，分别对应应变率为 2.5×10^{-5} s^{-1}、5.0×10^{-5} s^{-1}、1.0×10^{-4} s^{-1}、2.5×10^{-4} s^{-1}、5.0×10^{-4} s^{-1}、1.0×10^{-3} s^{-1}(动载)。试验过程中同时进行声发射测试。

③ 煤层煤样。从冲击危险煤层取样，并将所取煤样加工成 ϕ50 mm×100 mm左右标准试样，进行单轴加载试验。位移加载速率采用 0.06 mm/min、0.3 mm/min、0.6 mm/min、1.5 mm/min、3 mm/min、6 mm/min、30 mm/min 等 7 级加载，分别对应应变率为 1.0×10^{-5} s^{-1}、5.0×10^{-5} s^{-1}、1.0×10^{-4} s^{-1}、2.5×10^{-4} s^{-1}、5.0×10^{-4} s^{-1}、1.0×10^{-3} s^{-1}(动载)、5.0×10^{-3} s^{-1}(动载)。试验过程中同时进行声发射测试。

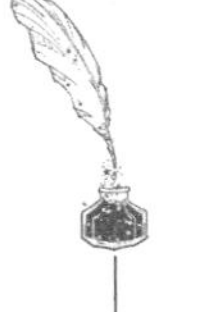

(2) 相同动载与不同静载组合加载下煤的力学特性与破坏规律

对4块标准煤样采用位移控制准静态加载，加载速率为0.3 mm/min(应变率为5.0×10^{-5} s^{-1}，静载)，分别加载到$20\%R_C$[R_C为单轴抗压强度，由试验(1)确定]、$40\%R_C$、$60\%R_C$、$80\%R_C$，载荷保持20 s，使煤样处于静载状态；接着施加50循环动载，加卸载速率为6 mm/min(应变率为1.0×10^{-3} s^{-1}动载)，动载幅度为$20\%R_C$；若循环结束试样未破坏，则采用相同应变率动载不限幅度加载直到煤样破坏。试验过程中同时进行声发射测试。

(3) 不同动载(不同应变率、相同强度)与相同静载组合试验

对3块标准煤样采用位移控制准静态加载，加载速率为0.3 mm/min(静载)，加载到$60\%R_C$，载荷保持20 s，使煤样处于静载状态；接着施加50循环周期动载，加卸载速率分别为0.6 mm/min、30 mm/min、60 mm/min，结合试验(2)中6 mm/min加载的试样，可分别得到应变率为1.0×10^{-4} s^{-1}(准动载)、1.0×10^{-3} s^{-1}(动载)、5.0×10^{-3} s^{-1}(动载)、1.0×10^{-2} s^{-1}(动载)等4个条件的动静载组合试验，动载幅度为$20\%R_C$；若循环结束后试样未破坏，则采用相同应变率动载不限幅度加载直到煤样破坏。试验过程中同时进行声发射测试。

(4) 不同动载(相同应变率、不同强度)与相同静载组合试验

对煤样采用位移控制准静态加载，加载速率为0.3 mm/min(静载)，加载到$60\%R_C$，载荷保持20 s，使煤样处于静载状态；接着施加50循环周期动载，加卸载速率均为6 mm/min(动载)，动载幅度分别为$40\%R_C$、$60\%R_C$、$80\%R_C$，结合试验(2)中动载幅度为$20\%R_C$的试样，可得到多个动载条件的动静载组合试验；若循环结束试样未破坏，则采用相同应变率动载不限幅度加载直到煤样破坏。试验过程中同时进行声发射测试。

3.2.4 试验系统

3.2.4.1 试样加工

试验(1)～(4)中试样取自平顶山十矿己四采区西翼第三阶段24080工作面，顶板为砂质泥岩，底板为泥岩，煤层为己15号煤，位于山西组地层，另有2块煤样取自邢东矿。

试样按《煤和岩石物理力学性质测定方法》的相关规定加工。首先从煤岩中钻取直径为50 mm的柱体，然后锯成高约100 mm煤岩样，最后将煤岩试样两端磨平，直到加工成两端面不平行度不大于0.05 mm、上下端直径偏差不大于0.3 mm、轴向偏差不大于0.25°的标准煤岩试样。图3-1～图3-3为加工好的煤岩试样照片。

图 3-1　顶板岩样

图 3-2　底板岩样

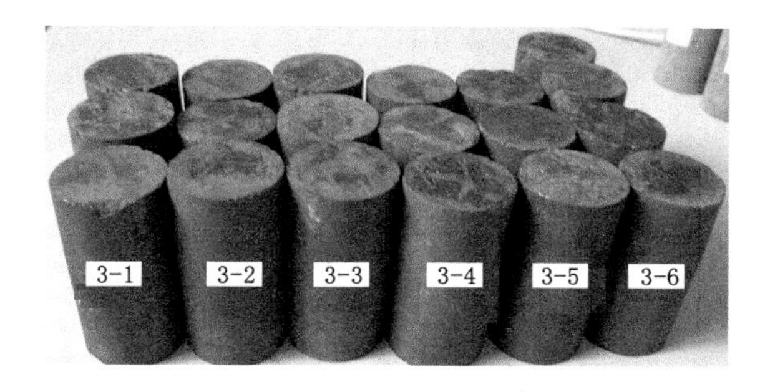

图 3-3　煤层煤样

分别对煤岩试样基本参数进行测试，试样直径、高度采用精度为 0.01 mm 的游标卡尺测量，测量中改变测试位置对每个参数测试三遍，取其平均值作为最终结果；试样质量采用量程为 1 000 g、精度为 0.01 g 的电子秤进行称量。各煤岩试样基本参数测试结果见表 3-1～表 3-3。

表 3-1　　顶板岩样基本参数

序号	试样编号	直径/mm	高/mm	质量/g	密度/(g/cm³)
1	1-1	49.79	100.20	507.76	2.60
2	1-2	49.74	102.28	518.11	2.61
3	1-3	49.85	102.07	517.26	2.60
4	1-4	49.87	102.84	644.56	3.21
5	1-5	49.89	102.65	507.74	2.53

表 3-2　　底板岩样基本参数

序号	试样编号	直径/mm	高/mm	质量/g	密度/(g/cm³)
1	2-1	49.95	102.71	539.01	2.68
2	2-2	49.90	104.36	549.72	2.69
3	2-3	49.89	101.94	537.49	2.70
4	2-4	49.95	101.59	535.27	2.69
5	2-5	49.90	101.81	535.39	2.69
6	2-6	49.91	92.59	485.33	2.68
7	2-7	49.82	101.38	528.72	2.68

表 3-3　　煤样基本参数

序号	试样编号	直径/mm	高/mm	质量/g	密度/(g/cm³)
1	3-1	49.71	101.47	276.25	1.40
2	3-2	49.80	96.44	256.17	1.36
3	3-3	49.85	101.35	286.52	1.45
4	3-4	49.77	99.20	282.05	1.46
5	3-5	49.97	97.93	298.67	1.55
6	3-6	49.93	103.43	267.01	1.32
7	3-7	49.80	101.91	310.71	1.57
8	3-8	49.75	96.38	275.59	1.47
9	3-9	49.71	100.61	335.26	1.72
10	3-10	49.78	99.05	264.93	1.37
11	3-11	49.78	99.72	266.81	1.37
12	3-12	49.83	100.76	286.44	1.46
13	3-13	49.83	98.72	266.31	1.38

续表 3-3

序号	试样编号	直径/mm	高/mm	质量/g	密度/(g/cm³)
14	3-14	49.88	102.11	337.99	1.69
15	3-15	49.79	99.28	328.15	1.67
16	3-16	50.13	100.60	269.06	1.36
17	3-17	49.77	100.92	269.59	1.37
18	3-18	49.71	98.88	287.11	1.50
19	3-19	49.85	101.10	265.46	1.35
20	xd-1	49.86	79.12	—	—
21	xd-2	50.11	79.16	—	—

3.2.4.2 试验仪器

(1) 加载系统

加载系统采用中国矿业大学煤炭资源与安全开采国家重点实验室引进的美国 MTS 公司生产的 MTS-C64.106 电液伺服材料试验系统。系统额定承载能力为 1 000 kN,作动器位移速度为 0.5～90 mm/min,横梁移动速度为 200 mm/min,操作平台精度为 0.5 级,位移分辨率为 0.2 μm,数据采集频率为 1 000 Hz,控制循环频率为 1 000 Hz。加载系统如图 3-4 所示。

(2) 声发射采集系统

声发射监测采用美国物理声学公司(PAC)生产的集成 PCI-2 卡声发射采集系统。该系统为当今最为先进的全数字声发射监测仪器之一。系统由并行处理的 PCI-2 卡构成,每个卡能够提供 2 个完整的数字声发射通道。PCI-2 卡是 PAC 公司最新研制适用于大学、研究所等高端声发射研究用的高性能声发射卡,能同时实现特征参数提取和波形处理。该系统具有 18 位 A/D 转换速率、1 kHz～3 MHz频率范围,采样率最高可达 40MHz。系统主要由前置放大器、滤波电路、A/D 转换模块、波形处理模块和计算机等部分组成,配合 AEWin 软件系统使用,可实现设置取样参数、信号采集、信号 A/D 转换、数据存储和图形显示、频谱分析、实时定位显示等功能。图 3-5 所示为 PCI-2 卡声发射采集系统。

3.2.4.3 系统参数

试验中,PCI-2 卡声发射采集系统采用 4 个声发射传感器进行信号采集。如图 3-6 所示,声发射传感器采用空间布置,通过走时差异进行定位。声发射系

图 3-4　加载系统

图 3-5　PCI-2 卡声发射采集系统

统门槛值设定为固定型 35 dB，采样率为 2 MHz，预触发时间为 256 μs，采样长度为 3 000，峰值定义时间（PDT）为 50 μs，撞击定义时间（HDT）为 200 μs，撞击锁闭时间（HLT）设为 300 μs。

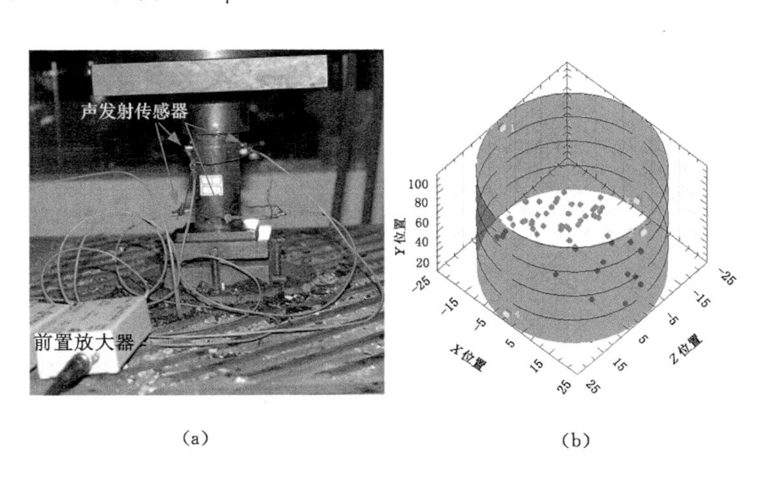

(a)　　(b)

图 3-6　声发射传感器布置及定位显示

(a) 传感器布置；(b) 声发射事件定位显示

3.3 加载应变率对煤岩力学特性的影响

3.3.1 力学参数与加载应变率的关系

表 3-4～表 3-6 为煤岩样物理力学参数测试结果，图 3-7～图 3-9 为煤岩样强度和弹性模量与应变率的关系曲线。经拟合分析可知，随着应变率增大，煤岩样的强度、弹性模量与加载应变率之间呈指数函数关系，加载应变率越大则强度、弹性模量越高，即随着应变率提高，应力由静载过渡到动载的过程中，顶底板岩样及煤样的强度、弹性模量急剧增大。

表 3-4 顶板岩样物理力学参数测试结果

序号	试样编号	加载速率 /(mm/min)	峰值载荷 /kN	应变率 /s^{-1}	强度 /MPa	弹性模量 /GPa
1	1-2	0.06	—	9.78×10^{-6}	—	—
2	1-1	0.30	74.31	4.99×10^{-5}	38.17	6.08
3	1-5	0.60	77.31	9.74×10^{-5}	39.55	6.26
4	1-3	1.50	119.23	2.45×10^{-4}	61.10	8.14
5	1-4	3.00	296.62	4.86×10^{-4}	151.88	12.70

表 3-5 底板岩样物理力学参数测试结果

序号	试样编号	加载速率 /(mm/min)	峰值载荷 /kN	应变率 /s^{-1}	强度 /MPa	弹性模量 /GPa
1	2-1	0.15	117.83	2.43×10^{-5}	60.13	10.96
2	2-2	0.30	179.00	4.79×10^{-5}	91.53	12.95
3	2-3	0.60	187.80	9.81×10^{-5}	96.08	11.96
4	2-7	0.60	139.88	9.86×10^{-5}	71.76	11.00
5	2-4	1.50	125.86	2.46×10^{-4}	64.22	10.52
6	2-6	1.50	259.64	2.70×10^{-4}	132.73	13.81
7	2-5	3.00	236.89	4.91×10^{-4}	121.15	10.97

表 3-6　　煤样物理力学参数测试结果

序号	试样编号	加载速率/(mm/min)	峰值载荷/kN	应变率/s^{-1}	强度/MPa	弹性模量/GPa
1	3-1	0.06	15.37	9.85×10^{-6}	7.92	1.18
2	3-2	0.30	15.55	5.18×10^{-5}	7.98	1.31
3	3-3	0.60	17.33	9.87×10^{-5}	8.88	1.85
4	3-4	1.50	16.23	2.52×10^{-4}	8.34	1.68
5	3-5	3.00	22.22	5.11×10^{-4}	11.33	2.37
6	3-7	6.00	28.25	9.81×10^{-4}	14.50	2.51
7	3-8	30.00	28.80	5.19×10^{-3}	14.82	2.65
8	3-15	60.00	81.60	1.01×10^{-2}	41.90	4.07

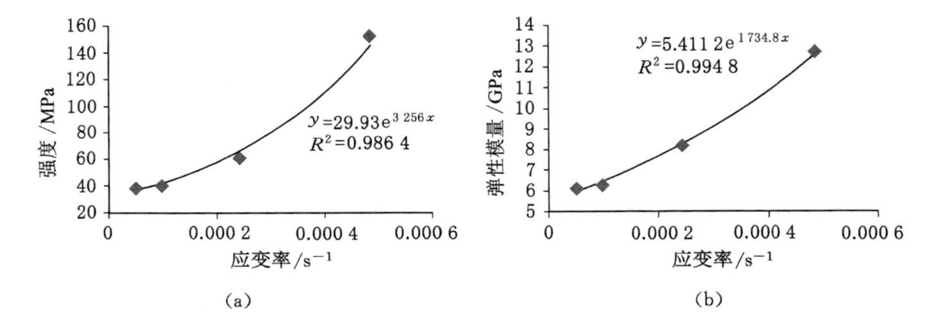

图 3-7　顶板岩样力学参数与应变率的关系

(a) 强度与应变率的关系；(b) 弹性模量与应变率的关系

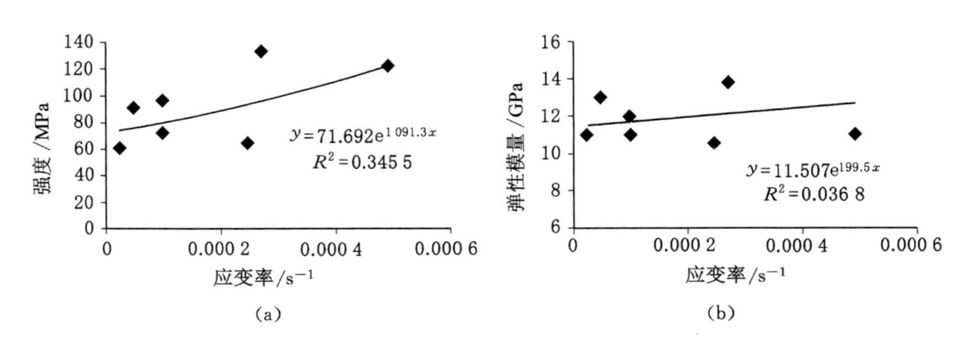

图 3-8　底板岩样力学参数与应变率的关系

(a) 强度与应变率的关系；(b) 弹性模量与应变率的关系

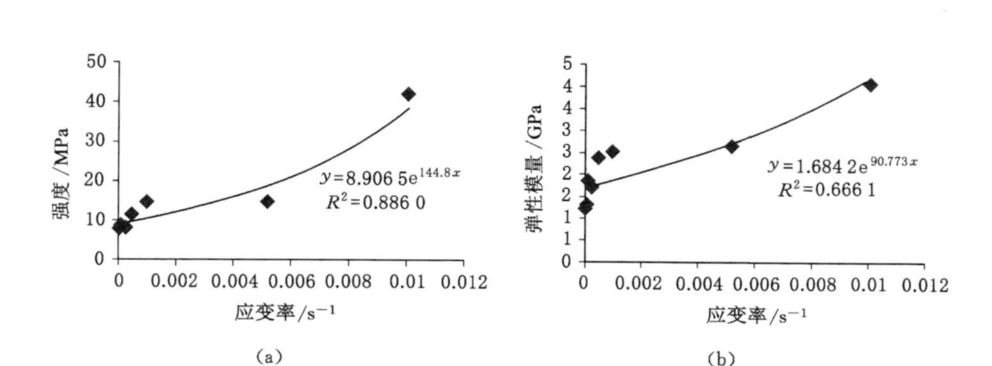

图 3-9 煤样力学参数与应变率的关系

(a) 强度与应变率的关系;(b) 弹性模量与应变率的关系

由于底板岩样的个体差异,图 3-8 中拟合曲线的相关系数较低。值得注意的是,煤样强度、弹性模量虽总体上呈指数关系,但在局部区域的变化规律略有不同,总体上均呈反"S"形规律。当应变率小于 $1.0\times10^{-3}\ s^{-1}$时,随应变率增大,强度快速增加;当应变率处于 $1.0\times10^{-3}\sim5.0\times10^{-3}\ s^{-1}$之间时,强度增长缓慢;当应变率大于 $5.0\times10^{-3}\ s^{-1}$时,强度又呈指数函数关系快速增大。当应变率小于$1.0\times10^{-3}\ s^{-1}$时,随应变率增大,弹性模量快速增大;当应变率处于 $1.0\times10^{-3}\sim5.0\times10^{-3}\ s^{-1}$之间时,弹性模量增长缓慢;当应变率大于 $5.0\times10^{-3}\ s^{-1}$时,弹性模量又快速增大。这可能是因为:当应变率小于 $1.0\times10^{-3}\ s^{-1}$时,加载过程中随应力增加,单位应力增量煤样损伤减少,从而使强度、弹性模量快速增大;同时随着应力增大,裂纹扩展速度也提高,当应力增大到一定水平,煤样表现为快速破坏,加载速率接近或小于煤样破坏的速度,煤样强度、弹性模量增长缓慢;当应变率进一步增大时,加载速率超过裂纹的扩展速度,从而在煤样开始破坏后,压力机压头仍然可以对煤样加载,从而使强度和弹性模量进一步快速增大。

3.3.2 冲击倾向与加载应变率的关系

表 3-7～表 3-9 及图 3-10～图 3-12 所示为不同应变率加载过程中,压力机向煤岩样的能量输入(包括总输入能、峰前输入能、峰后输入能)、冲击能指数和动态破坏时间等参数与应变率的关系。随应变率增大,煤岩样峰前、峰后吸收及存储的变形能呈指数上升,即随载荷由静载转变为动载,煤岩样破坏系统存储能量呈指数上升。随应变率增大,冲击能指数呈急剧减小趋势,即随应变率提高,煤岩样在高应力状态下破坏时,消耗的能量占变形能的比例显著减小,以致煤岩样破坏过程中应力变化变小。因此,煤岩样破坏过程中,峰后压力机进一步有较

高能量输入，从而使冲击能指数减小，虽然表象上冲击倾向减小，但煤岩样存储的变形能进一步提高，冲击破坏将越来越快、越来越猛烈。随应变率提高，煤岩样动态破坏时间呈指数下降趋势，且下降速度显得比指数关系更快，即冲击倾向性随应变率提高而提高，表观冲击倾向性增强。

表 3-7　　顶板岩样冲击特性测试结果

序号	试样编号	应变率/s^{-1}	总输入能/J	峰前输入能/J	峰后输入能/J	冲击能指数	动态破坏时间/ms
1	1-2	9.78×10^{-6}	—	—	—	—	—
2	1-1	4.99×10^{-5}	24.02	43.43	19.41	1.24	24 200
3	1-5	9.74×10^{-5}	25.57	35.01	9.44	2.71	6 860
4	1-3	2.45×10^{-4}	43.82	63.82	20.00	2.20	30
5	1-4	4.86×10^{-4}	186.12	518.75	332.63	0.56	5

表 3-8　　底板岩样冲击特性测试结果

序号	试样编号	应变率/s^{-1}	总能量输入/J	峰前输入/J	峰后输入/J	冲击能指数	动态破坏时间/ms
1	2-1	2.43×10^{-5}	40.33	35.81	4.52	7.92	1 300
2	2-2	4.79×10^{-5}	108.07	50.39	57.68	0.87	730
3	2-3	9.81×10^{-5}	129.00	105.50	23.50	4.49	24
4	2-7	9.86×10^{-5}	58.13	47.32	10.80	4.38	110
5	2-4	2.46×10^{-4}	71.55	39.71	31.84	1.25	17
6	2-6	2.70×10^{-4}	252.28	123.25	129.03	0.96	19
7	2-5	4.91×10^{-4}	352.90	141.01	211.90	0.67	8

表 3-9　　煤样冲击特性测试结果

序号	试样编号	应变率/s^{-1}	总能量输入/J	峰前输入/J	峰后输入/J	冲击能指数	动态破坏时间/ms
1	3-1	9.85×10^{-6}	6.14	5.85	0.30	19.79	19 400
2	3-2	5.18×10^{-5}	5.73	4.58	1.14	4.01	25 000
3	3-3	9.87×10^{-5}	5.41	5.12	0.29	17.60	224
4	3-4	2.52×10^{-4}	5.22	4.27	0.95	4.50	6 000
5	3-5	5.11×10^{-4}	6.43	5.63	0.80	7.02	780

续表 3-9

序号	试样编号	应变率/s^{-1}	总能量输入/J	峰前输入/J	峰后输入/J	冲击能指数	动态破坏时间/ms
6	3-7	9.81×10^{-4}	10.14	8.19	1.95	4.19	17
7	3-8	5.19×10^{-3}	11.41	8.99	2.42	3.71	44
8	3-15	1.01×10^{-2}	60.80	43.75	17.06	2.56	41

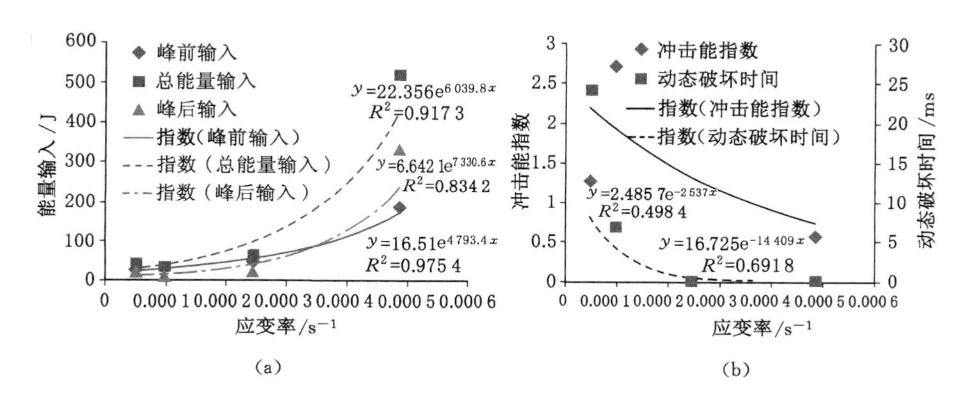

(a) (b)

图 3-10 顶板岩样冲击特性与应变率的关系

(a) 压力机能量输入与应变率的关系;(b) 冲击倾向参量与应变率的关系

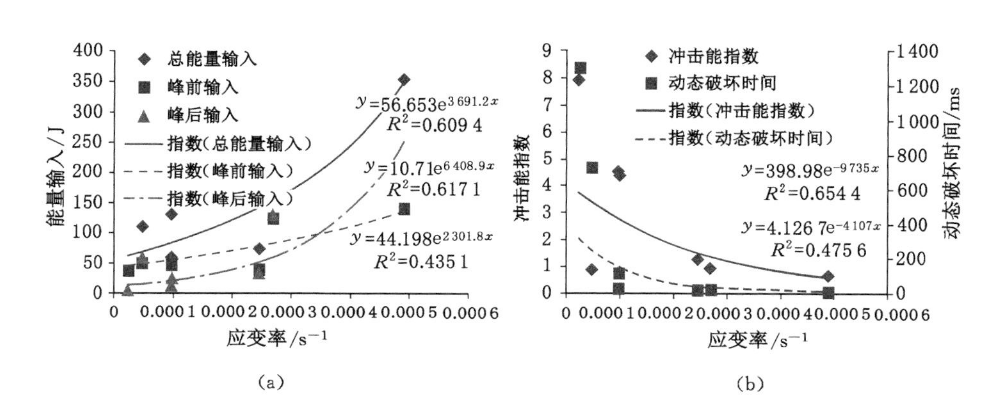

(a) (b)

图 3-11 底板岩样冲击特性与应变率的关系

(a) 压力机能量输入与应变率的关系;(b) 冲击倾向参量与应变率的关系

按煤的冲击倾向性测定方法,以上煤样冲击倾向测试结果表明:随着应变率增大,从无冲击倾向逐渐转变为弱冲击倾向,最后过渡到强冲击倾向,即冲击倾向

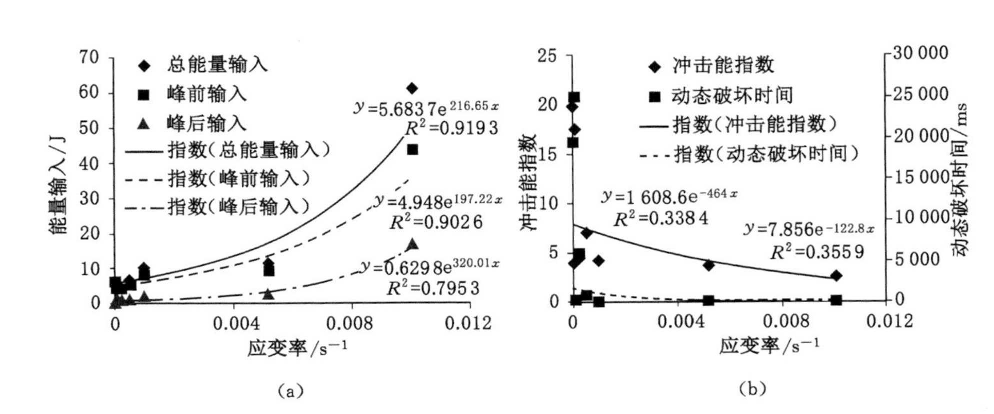

图 3-12 煤样冲击特性与应变率的关系

(a) 压力机能量输入与应变率的关系；(b) 冲击倾向参量与应变率的关系

性随应变率提高而增强。若冲击倾向性按强度评判，本批煤样当应变率处于 $9.85\times10^{-6}\sim5.11\times10^{-4}\,s^{-1}$ 之间时，为弱冲击倾向，当应变率大于 $9.81\times10^{-4}\,s^{-1}$ 时为强冲击倾向，且应变率越高，冲击倾向性越强。

3.3.3 煤岩破坏形态与加载应变率的关系

从煤岩样破坏形态分析可知，加载应变率越高，煤岩样破坏越严重，由剪切破坏逐渐转变为竖向劈裂破坏，乃至爆裂破坏，破碎块体逐渐变得碎小。试验过程中，随着应变率提高，煤岩样破坏声响逐渐增大。加载应变率低时，破碎块体不脱离煤岩样母体；应变率提高时，破碎块体开始脱离煤岩样母体，且飞出速度逐渐增大。可见随着加载应变率提高，煤岩样破裂猛烈程度提高，冲击倾向性增强。

图 3-13 为由低应变率至高应变率加载时各煤样的破坏形态以及声发射事件监测定位结果。随着加载应变率提高，煤样破坏程度越来越严重，破坏形态由剪切破坏逐渐转变为竖向劈裂破坏，甚至爆裂破坏，碎块逐渐变得碎小。试验中，随着加载应变率提高，煤样破坏声响逐渐增大。应变率较低时，碎块不脱离煤样母体，应变率提高时，碎块开始脱离煤样母体，且飞出速度逐渐增大。可见随着加载应变率提高，煤样破裂猛烈程度提高，冲击倾向性增强。声发射定位结果显示，声发射事件空间分布基本与煤样破裂面吻合。随着加载应变率提高，煤样声发射事件逐渐减少。分析其原因：其一，应变率提高，加载时间短，受撞击闭锁时间(HLT)的限制，各通道同时只能记录一个声发射撞击；其二，煤样内部裂隙较发育，声发射衰减较快，各通道只能接收到各自小范

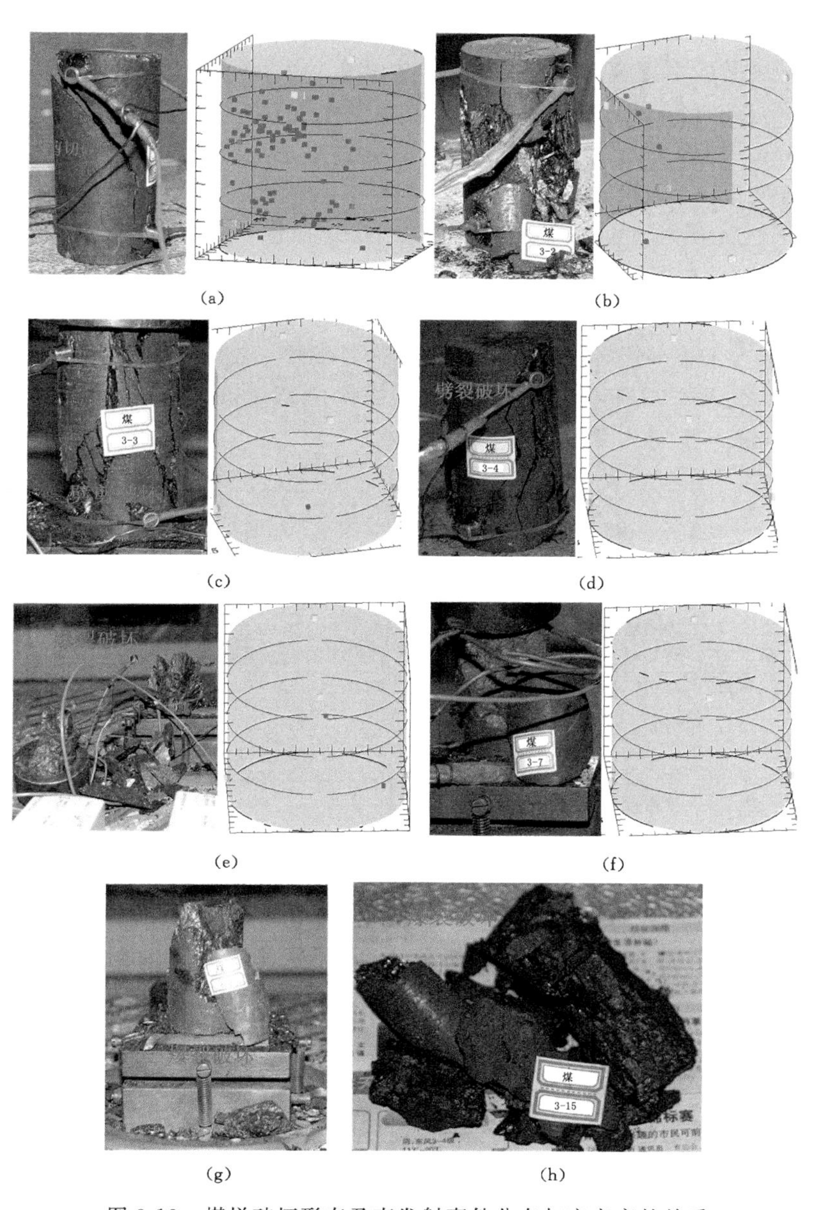

图 3-13　煤样破坏形态及声发射事件分布与应变率的关系

(a) 煤样 3-1 破裂形态(应变率:9.85×10^{-6} s^{-1});(b) 煤样 3-2 破裂形态(应变率:5.18×10^{-5} s^{-1});
(c) 煤样 3-3 破裂形态(应变率:9.87×10^{-5} s^{-1});(d) 煤样 3-4 破裂形态(应变率:2.52×10^{-4} s^{-1});
(e) 煤样 3-5 破裂形态(应变率:5.11×10^{-4} s^{-1});(f) 煤样 3-7 破裂形态(应变率:9.81×10^{-4} s^{-1});
(g) 煤样 3-8 破裂形态(应变率:5.19×10^{-3} s^{-1});(h) 煤样 3-15 破裂形态(应变率:1.01×10^{-2} s^{-1})

围内的声发射信号，不能同时接收同一声发射事件产生的撞击而形成定位事件；其三，加载速率提高后，煤样瞬间产生大量声发射事件，各事件波形相互重叠，形成混合波形，声发射系统无法区分单个事件，因而不能定位，同时混合震动信号无法切割，因此在统计计算时众多声发射形成的混合波形被识别为一个事件或撞击。

如图 3-14 所示，声发射表现出明显的凯瑟效应，应力增加时，累积声发射撞击数增加，应力降低时，累积声发射撞击数基本保持不变。当加载应变率较低时，高幅值声发射事件出现在煤样破坏瞬间，当应变率增大后，煤样（如煤样 3-5、3-7）破裂前 3～4 s 即出现高幅值声发射事件，说明在高应变率加载条件下，应力达到强度之前，煤样已表现出快速损伤破坏，由于破坏未贯穿整个煤样，载荷可进一步增大至更高强度值。

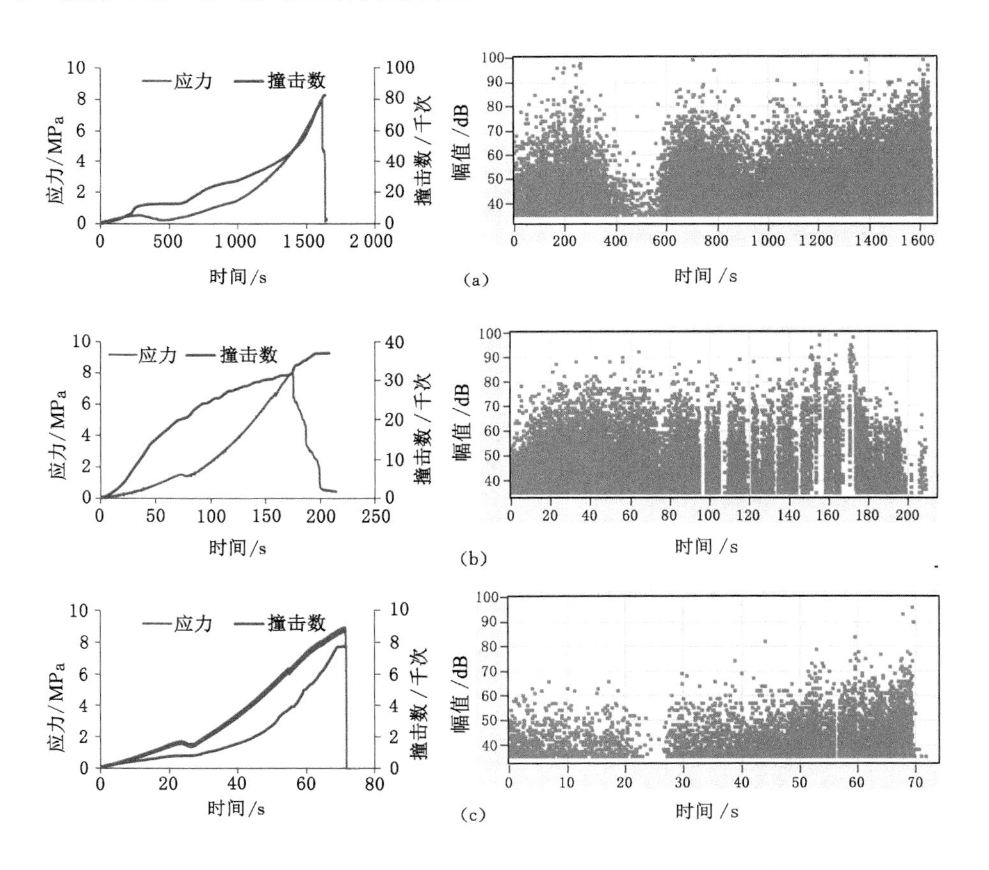

图 3-14 煤样不同应变率加载过程声发射规律与应力的关系

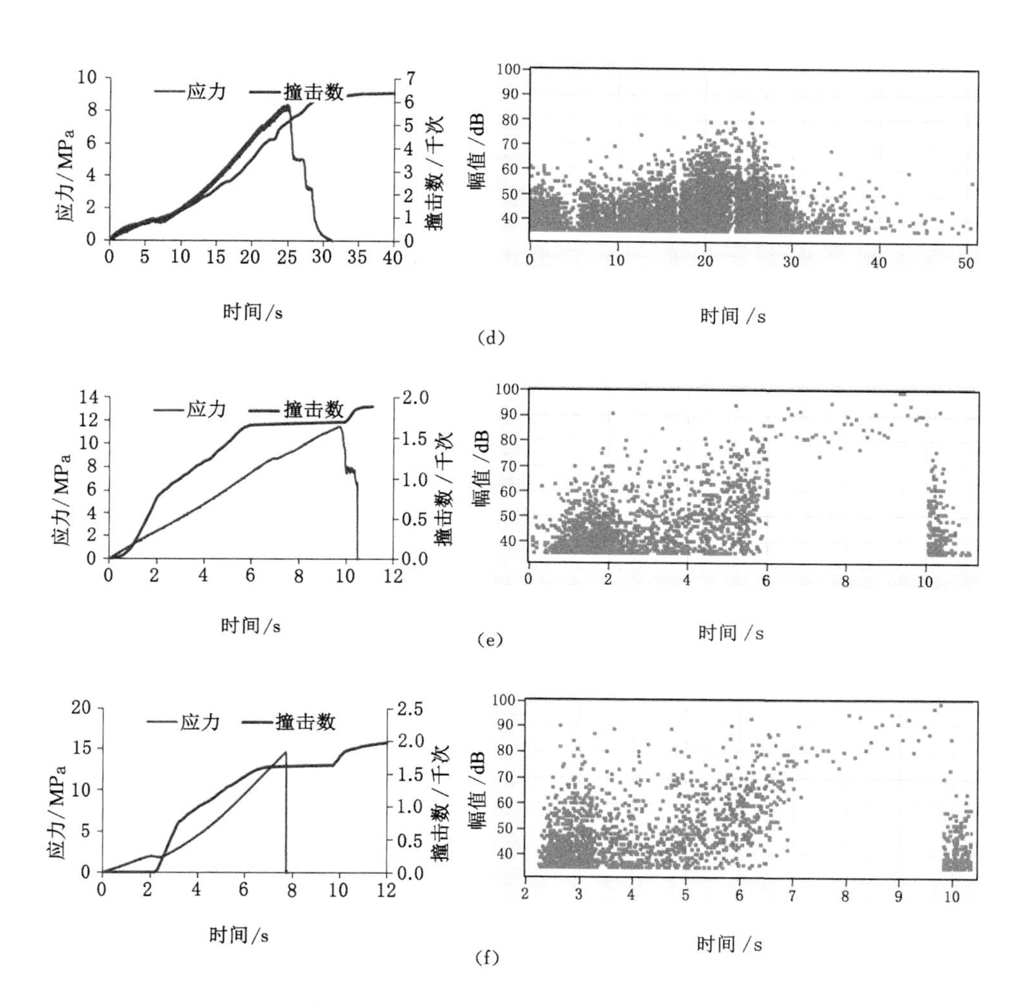

续图 3-14 煤样不同应变率加载过程声发射规律与应力的关系

(a) 煤样 3-1 通道 1 声发射撞击数及幅值与应力的关系(应变率:$9.85\times10^{-6}\ s^{-1}$);
(b) 煤样 3-2 通道 1 声发射撞击数及幅值与应力的关系(应变率:$5.18\times10^{-5}\ s^{-1}$);
(c) 煤样 3-3 通道 1 声发射撞击数及幅值与应力的关系(应变率:$9.87\times10^{-5}\ s^{-1}$);
(d) 煤样 3-4 通道 1 声发射撞击数及幅值与应力的关系(应变率:$2.52\times10^{-4}\ s^{-1}$);
(e) 煤样 3-5 通道 1 声发射撞击数及幅值与应力的关系(应变率:$5.11\times10^{-4}\ s^{-1}$);
(f) 煤样 3-7 通道 1 声发射撞击数及幅值与应力的关系(应变率:$9.81\times10^{-4}\ s^{-1}$)

3.4 相同静载条件下煤的动力学特性

3.4.1 不同动载(不同应变率、相同强度)与相同静载作用下煤的动力学特性

采用煤样进行不同动载(不同应变率、相同强度)与相同静载组合试验,煤样单轴抗压强度 R_C 约为 15 kN,因此静载取 9 kN,动载取 3 kN。相同静载与不同应变率动载组合试验参数如表 3-10 所列。

表 3-10　　相同静载与不同应变率动载组合试验参数

序号	试样编号	静载/kN	动载/kN	静载保持/s	动载循环	加载速率/(mm/min)	应变率/s^{-1}	峰值载荷/kN	煤样强度/MPa
1	3-14	9	3	20	50	0.3+0.6	$4.90\times10^{-5}+0.98\times10^{-4}$	32.44	16.60
2	3-11	9	3	20	50	0.3+6	$5.01\times10^{-5}+1.00\times10^{-3}$	17.33	8.91
3	3-13	9	3	20	50	0.3+30	$5.06\times10^{-5}+5.06\times10^{-3}$	11.64	5.97
4	3-15	9	3	20	50	0.3+60	$5.04\times10^{-5}+1.01\times10^{-2}$	81.60	41.90

如表 3-10 所列,静载相同时,由于煤样存在个体差异,随动载应变率提高,强度变化规律不明显,但当应变率达到 10^{-2} s^{-1}时,强度显著增大,说明动静载组合作用下,应变率越大煤样可达到的强度较高,动载对煤样的能量输入越大。结合图 3-15 可知,动载作用时,首次动载作用煤样损伤最大,产生的塑性应变较高,随着作用次数增加,单次动载作用损伤减小;当煤样强度较低,静载接近煤样强度时,冲击动载引起的损伤较大,如煤样 3-11 所示;当煤样强度较高时,动载 50 次循环作用亦未引起煤样破坏,如煤样 3-14、3-11、3-15 所示;当煤样强度较低时,首次动载作用即引起煤样破坏,如煤样 3-13 所示。因此,当动载强度一定时,静载与煤样强度决定了冲击破坏是否发生,若静载较煤样强度远远偏小,一定强度动载很难诱发煤样破坏,需要更大幅值的动载才能诱发破坏。静载是动静载组合诱发冲击矿压的应力基础条件。

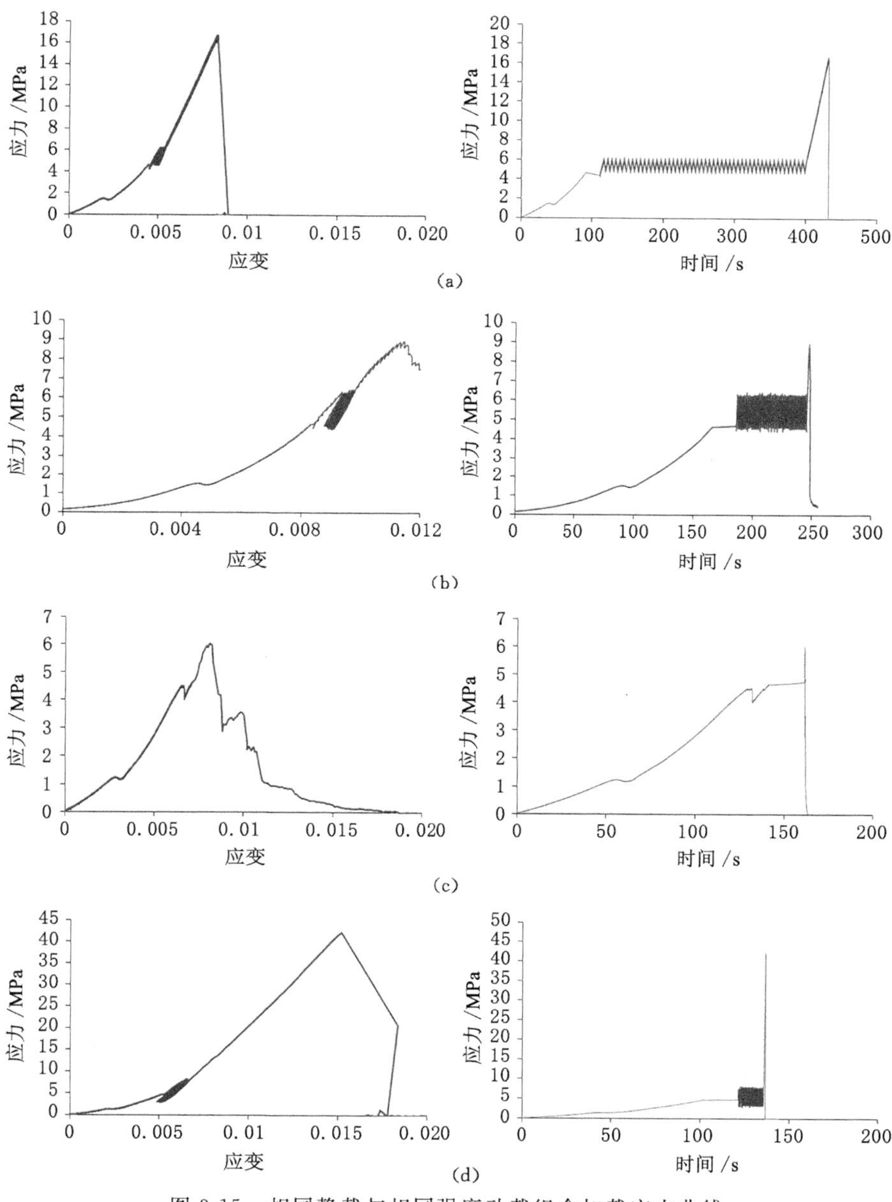

图 3-15　相同静载与相同强度动载组合加载应力曲线

(a) 煤样 3-14 应力应变及应力时间曲线(应变率:$9.8\times10^{-5}\ s^{-1}$);

(b) 煤样 3-11 应力应变及应力时间曲线(应变率:$1.00\times10^{-3}\ s^{-1}$);

(c) 煤样 3-13 应力应变及应力时间曲线(应变率:$5.06\times10^{-3}\ s^{-1}$);

(d) 煤样 3-15 应力应变及应力时间曲线(应变率:$1.01\times10^{-2}\ s^{-1}$)

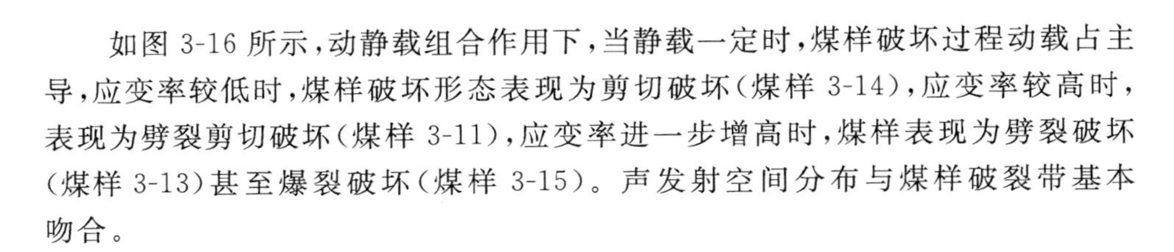

如图 3-16 所示，动静载组合作用下，当静载一定时，煤样破坏过程动载占主导，应变率较低时，煤样破坏形态表现为剪切破坏（煤样 3-14），应变率较高时，表现为劈裂剪切破坏（煤样 3-11），应变率进一步增高时，煤样表现为劈裂破坏（煤样 3-13）甚至爆裂破坏（煤样 3-15）。声发射空间分布与煤样破裂带基本吻合。

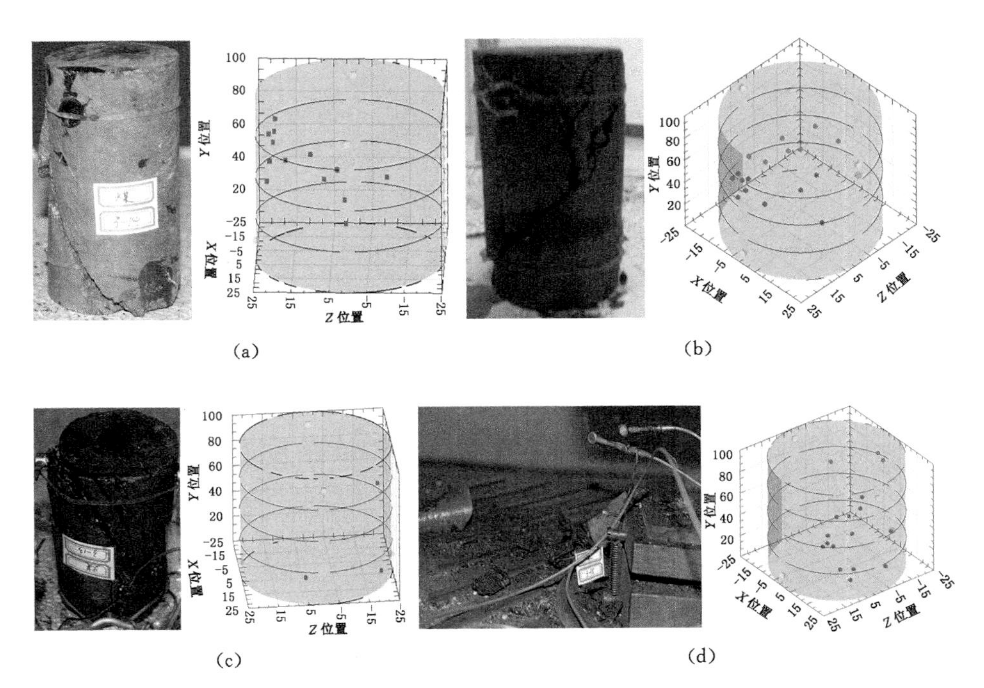

图 3-16　煤样破坏形态及声发射事件分布与动静载组合（不同应变率）的关系

(a) 煤样 3-14 破裂形态（应变率：$9.8\times10^{-5}\ s^{-1}$）；(b) 煤样 3-11 破裂形态（应变率：$1.00\times10^{-3}\ s^{-1}$）；(c) 煤样 3-13 破裂形态（应变率：$5.06\times10^{-3}\ s^{-1}$）；(d) 煤样 3-15 破裂形态（应变率：$1.01\times10^{-2}\ s^{-1}$）

图 3-17 表明，在静载作用下煤样随静载增大而逐步损伤，静载稳定时，声发射趋于平静，只有较少的声发射撞击，当循环动载作用于煤体时，首次动载作用时声发射撞击数出现突增，前几个循环有较多声发射事件，随循环进一步增多，声发射撞击数增加减缓，即只要动载强度不继续增大，煤岩内部损伤速度将急剧减小。每次载荷较历史最大载荷增大，均有强度较大的声发射事件产生，煤样破坏及声发射现象均表现出较强的凯撒效应。应变率较高时，由于加载时间短暂，以及众多声发射事件重叠，接收到的声发射事件相对减少。

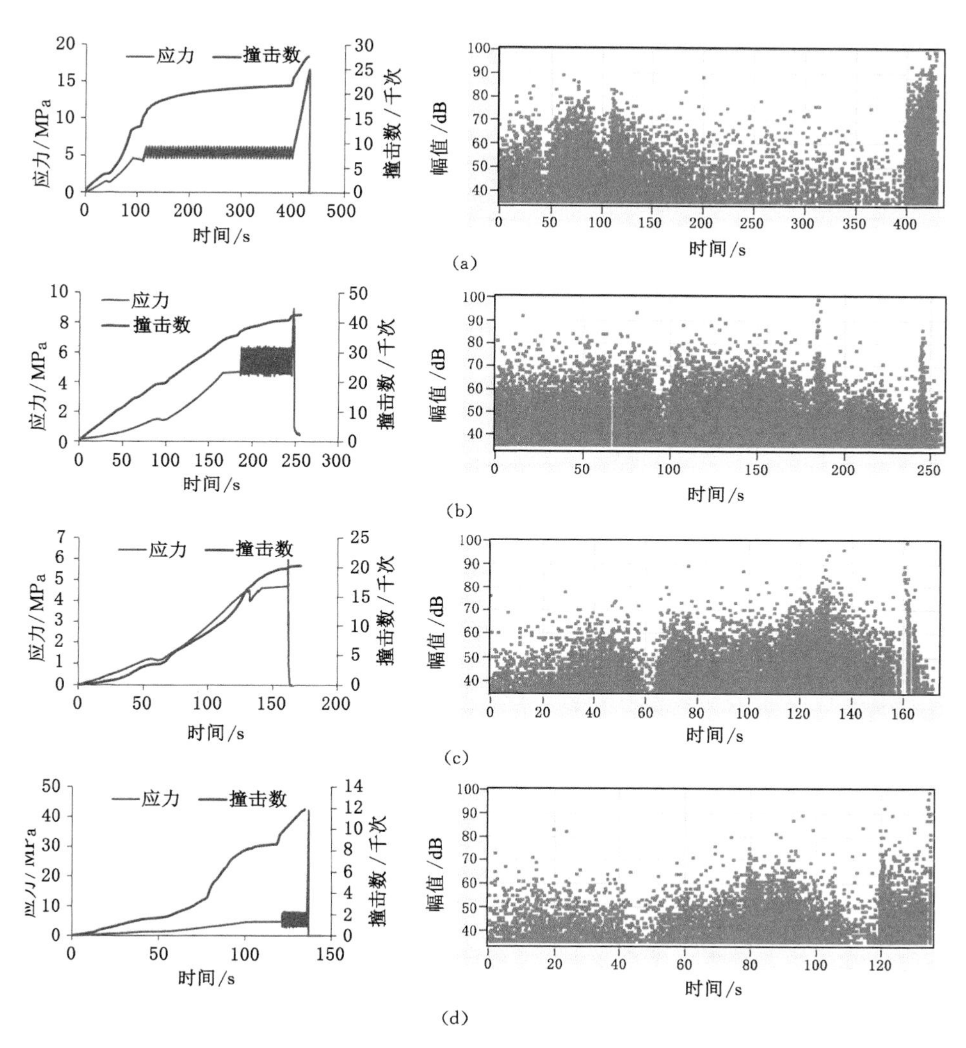

图 3-17 相同静载与不同应变率动载组合加载过程声发射规律与应力的关系

(a) 煤样 3-14 通道 4 声发射撞击数及幅值与应力的关系(应变率:$9.8\times10^{-5}\ s^{-1}$);
(b) 煤样 3-11 通道 4 声发射撞击数及幅值与应力的关系(应变率:$1.00\times10^{-3}\ s^{-1}$);
(c) 煤样 3-13 通道 4 声发射撞击数及幅值与应力的关系(应变率:$5.06\times10^{-3}\ s^{-1}$);
(d) 煤样 3-15 通道 4 声发射撞击数及幅值与应力的关系(应变率:$1.01\times10^{-2}\ s^{-1}$)

3.4.2 不同动载(相同应变率、不同强度)与相同静载作用下煤的动力学特性

采用煤样进行不同动载(相同应变率、不同强度)与相同静载组合试验,煤样

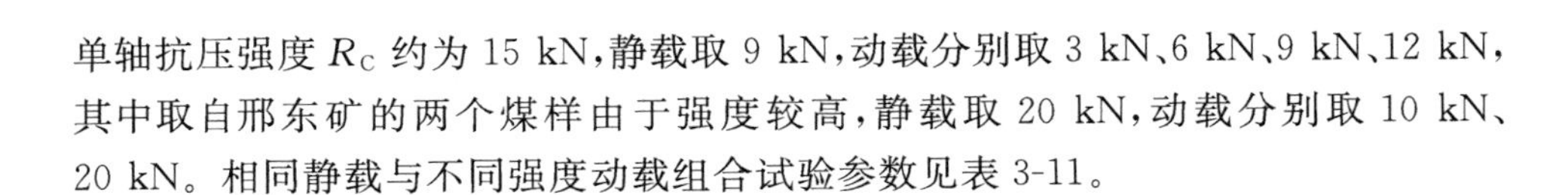
单轴抗压强度 R_C 约为 15 kN，静载取 9 kN，动载分别取 3 kN、6 kN、9 kN、12 kN，其中取自邢东矿的两个煤样由于强度较高，静载取 20 kN，动载分别取 10 kN、20 kN。相同静载与不同强度动载组合试验参数见表 3-11。

表 3-11　　相同静载与不同强度动载组合试验参数

序号	试样编号	静载/kN	动载/kN	静载保持/s	动载循环	加载速率/(mm/min)	应变率/s^{-1}	峰值载荷/kN	煤样强度/MPa
1	3-11	9	3	20	50	0.3+6	$5.01\times10^{-5}+1.00\times10^{-3}$	17.33	8.91
2	3-16	9	6	20	50	0.3+6	$4.97\times10^{-5}+0.99\times10^{-3}$	22.42	11.36
3	3-17	9	9	20	50	0.3+6	$4.95\times10^{-5}+0.99\times10^{-3}$	14.80	7.61
4	3-18	9	12	20	50	0.3+6	$5.06\times10^{-5}+1.01\times10^{-3}$	17.81	9.18
5	3-19	9	6	20	100	0.3+6	$4.95\times10^{-5}+0.99\times10^{-3}$	42.40	21.73
6	xd-1	20	10	20	100	0.3+6	$6.33\times10^{-5}+1.27\times10^{-3}$	24.06	12.25
7	xd-2	20	20	20	100	0.3+6	$6.33\times10^{-5}+1.27\times10^{-3}$	40.43	20.59

如图 3-18(a)、(b)所示，动载强度较低时，虽然经历 50 次循环动载作用，煤样并未被破坏，当动载进一步增大到 8.33 kN、13.42 kN 时，两煤样才最终破坏。如图 3-18(e)所示，静载较低时，即便进行 100 次循环动载作用，仍未使煤样破坏。如图 3-18(c)、(d)所示，当动载增大到 9 kN、12 kN 时，首次动载冲击就使煤样产生了破坏，即静载一定时，动载越强，煤样越容易产生破坏。如图 3-18(f)、(g)取自邢东矿的两个煤样试验结果所示，由于个体差异，xd-1 煤样在首次动载冲击时达到强度极限而破坏，xd-2 煤样动载强度与静载组合载荷略低于强度极限，在 6 次动载循环冲击作用下，由于内部损伤积累而导致最终破坏。因此，当动静载组合接近强度极限时，在多轮动载作用下，即使动载强度不再增大，煤样产生疲劳损伤积累，最终也可产生破坏。

如图 3-19 所示，动载强度越大，循环动载作用下煤样结构面附近损伤积累越明显，结构面附近出现许多细碎煤颗粒，可见动载循环作用下，结构面区域是应力集中、煤岩损伤的集中区域，如煤样 3-16、3-19、xd-2 等破裂形态所示。未经循环动载作用的煤样破裂面则较为清晰，无较多碎煤颗粒产生，说明在静载作用下，煤样破裂表现为局部有限裂纹的扩展，动载作用下则表现为应力集中区域的多方向大量裂纹扩展损伤破坏。

声发射与应力的关系显示，随着应力增大，累积声发射撞击数呈现稳定增长；当应力保持不变时，声发射撞击数增长减慢直至基本保持不变；当应力降低时，声发射撞击数保持不变，几乎无声发射事件产生；当应力急剧增加时，出现高

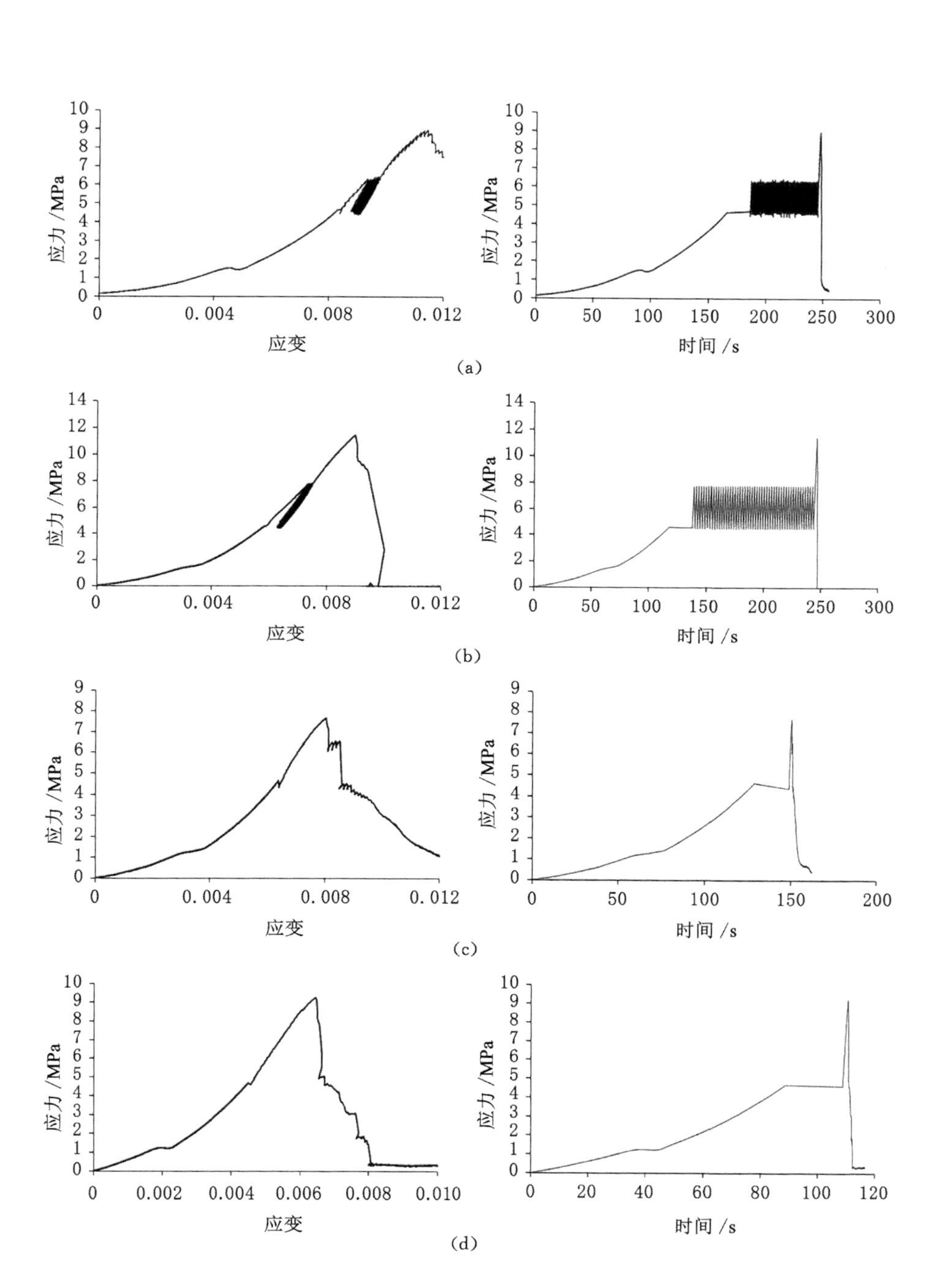

图 3-18　相同静载与不同强度动载组合加载应力曲线

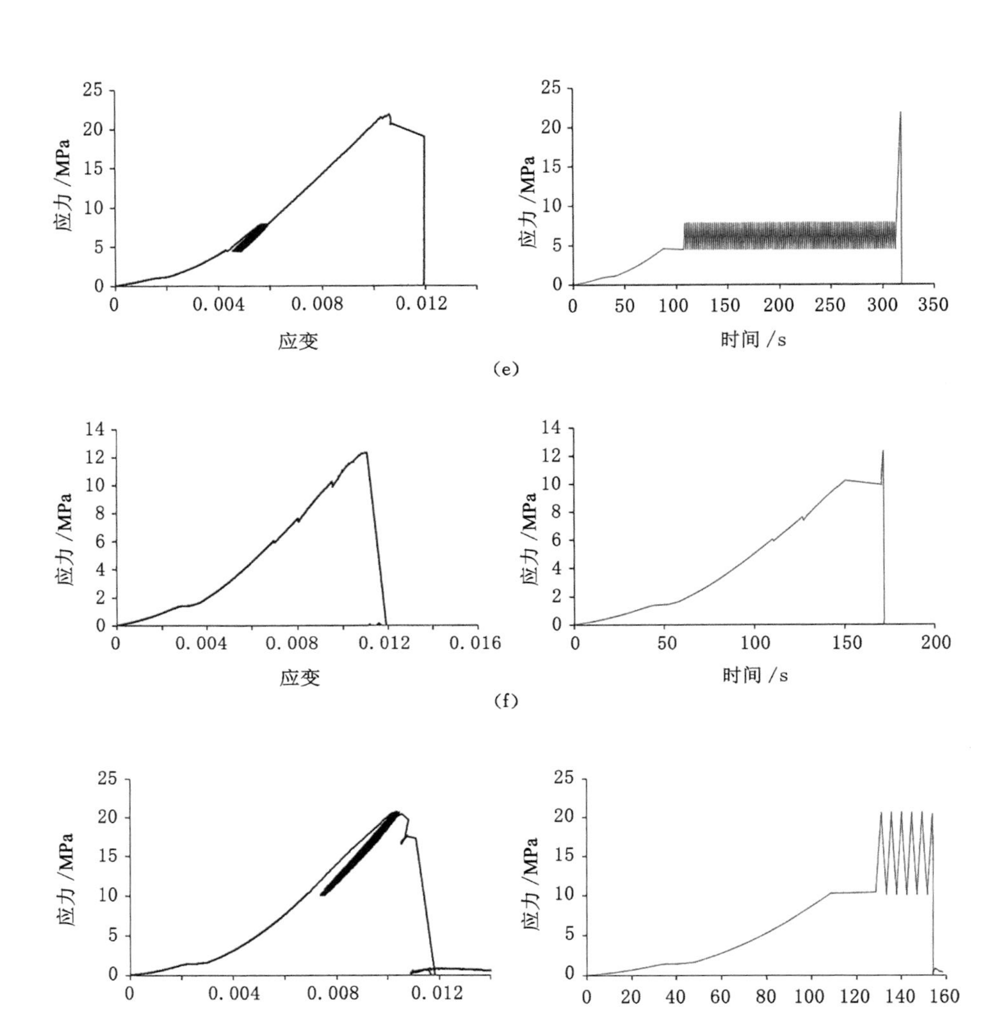

续图 3-18　相同静载与不同强度动载组合加载应力曲线

(a) 煤样 3-11 应力应变及应力时间曲线(动载:3 kN);

(b) 煤样 3-16 应力应变及应力时间曲线(动载:6 kN);

(c) 煤样 3-17 应力应变及应力时间曲线(动载:9 kN);

(d) 煤样 3-18 应力应变及应力时间曲线(动载:12 kN);

(e) 煤样 3-19 应力应变及应力时间曲线(动载:6 kN、100 次循环);

(f) 煤样 xd-1 应力应变及应力时间曲线(动载:10 kN、100 次循环);

(g) 煤样 xd-2 应力应变及应力时间曲线(动载:20 kN、100 次循环)

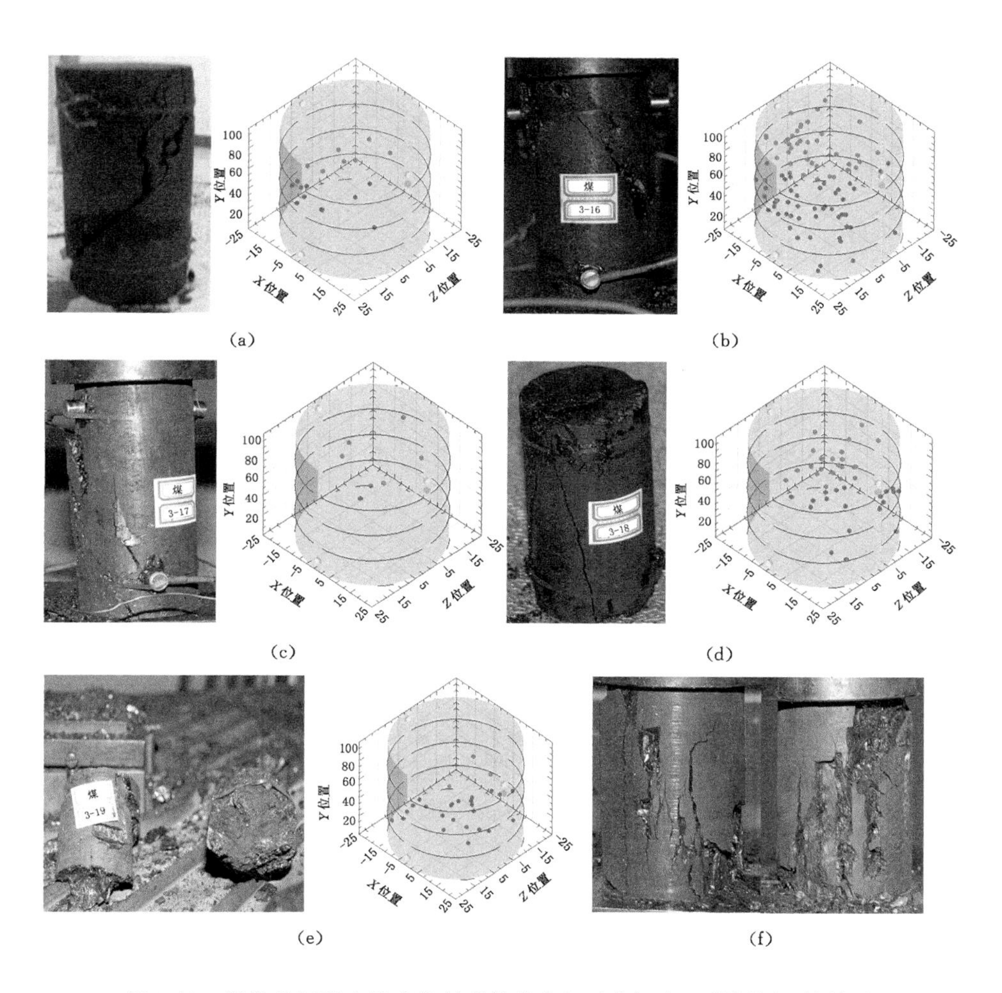

(a) (b) (c) (d) (e) (f)

图 3-19 煤样破坏形态及声发射事件分布与动静组合(不同强度)的关系
(a) 煤样 3-11 破裂形态(动载:3 kN);(b) 煤样 3-16 破裂形态(动载:6 kN);
(c) 煤样 3-17 破裂形态(动载:9 kN);(d) 煤样 3-18 破裂形态(动载:12 kN);
(e) 煤样 3-19 破裂形态(动载:6 kN、100 次循环);(f) 煤样 xd-1、xd-2 破裂形态

能量声发射事件,首次动载作用时声发射撞击数急剧增加;随循环次数增加,声发射事件产生速率逐渐减小,最终保持较低值,如图 3-20(e)所示,若动载作用次数足够多,随着损伤积累,煤样也可能产生疲劳损伤破坏。煤样破坏时,产生的高能量幅值声发射事件会掩盖低幅值声发射事件,因而煤样破坏时基本只接收到高能量幅值声发射事件。

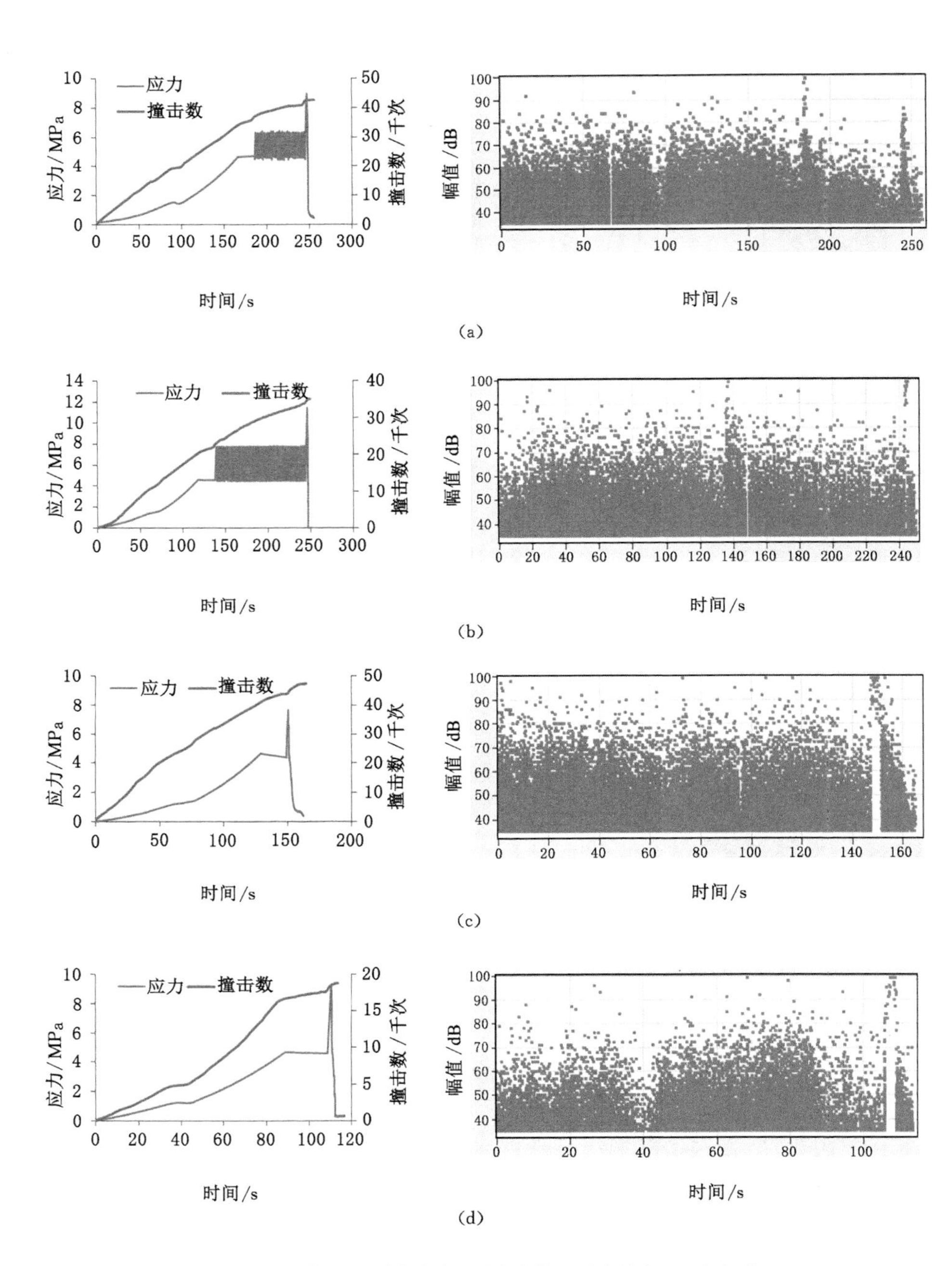

图 3-20 煤样相同静载与不同动载(不同强度)组合加载过程声发射规律与应力的关系

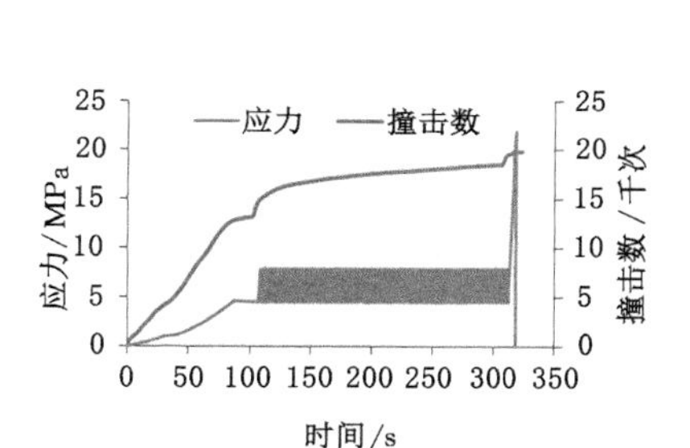

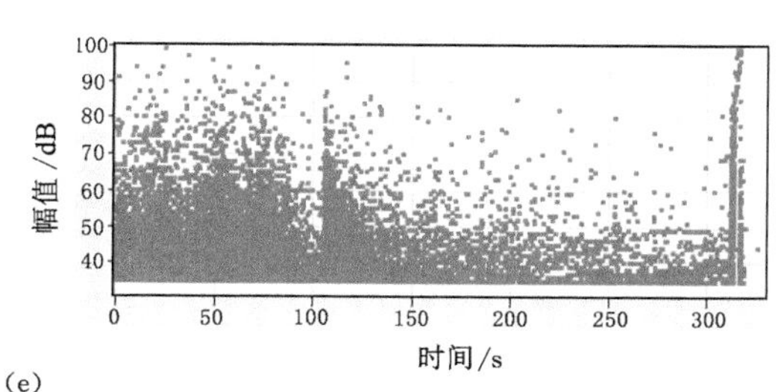

(e)

续图 3-20 煤样相同静载与不同动载(不同强度)组合加载过程声发射规律与应力的关系

(a) 煤样 3-11 通道 4 声发射撞击数其幅值与应力的关系(动载:3 kN);

(b) 煤样 3-16 通道 2 声发射撞击数及幅值与应力的关系(动载:6 kN);

(c) 煤样 3-17 通道 2 声发射撞击数及幅值与应力的关系(动载:9 kN);

(d) 煤样 3-18 通道 2 声发射撞击数及幅值与应力的关系(动载:12 kN);

(e) 煤样 3-19 通道 2 声发射撞击数及幅值与应力的关系(动载:6 kN、100 循环)

3.5 不同静载条件下煤的动力学特性

采用煤样进行不同静载与相同动载组合试验,煤样单轴抗压强度 R_C 约为 15 kN,静载分别取 3 kN、6 kN、9 kN、12 kN,动载定为 3 kN。各煤样不同静载与相同动载组合试验参数如表 3-12 所列。由于煤样的非均质性,煤样强度测试结果存在一定离散性。由表 3-12 可以看出,除煤样 3-9 以外,随静载提高,煤样强度呈减小趋势。结合图 3-21,随静载增大,煤样破坏所需动载强度逐渐减小,静载越趋近于煤样强度,动静载组合加载时,煤样破坏所需应力越小。当静载较小时,如煤样 3-9、3-10 所示,一定动载反复作用于煤样,虽然产生了一定损伤,但很难使煤样破坏;当静载较高时,较小动载即可诱发煤样破坏,如煤样 3-12 所示。如煤样 3-9 所示,当静载较小时,使其破坏的动载为 7.31 MPa,所需动载强度较大。因此,静载是煤矿冲击矿压发生的应力基础,动载是冲击破坏的诱发因素。

表 3-12 不同静载与相同动载组合试验参数

序号	试样编号	静载/kN	动载/kN	静载保持/s	动载循环	加载速率/(mm/min)	应变率/s^{-1}	峰值载荷/kN	煤样强度/MPa
1	3-9	3	3	20	50	0.3+6	$4.99\times10^{-5}+0.99\times10^{-3}$	17.19	8.86
2	3-10	6	3	20	50	0.3+6	$5.05\times10^{-5}+1.01\times10^{-3}$	22.67	11.65
3	3-11	9	3	20	50	0.3+6	$5.01\times10^{-5}+1.00\times10^{-3}$	17.33	8.91
4	3-12	12	3	20	50	0.3+6	$4.96\times10^{-5}+0.99\times10^{-3}$	12.00	6.15

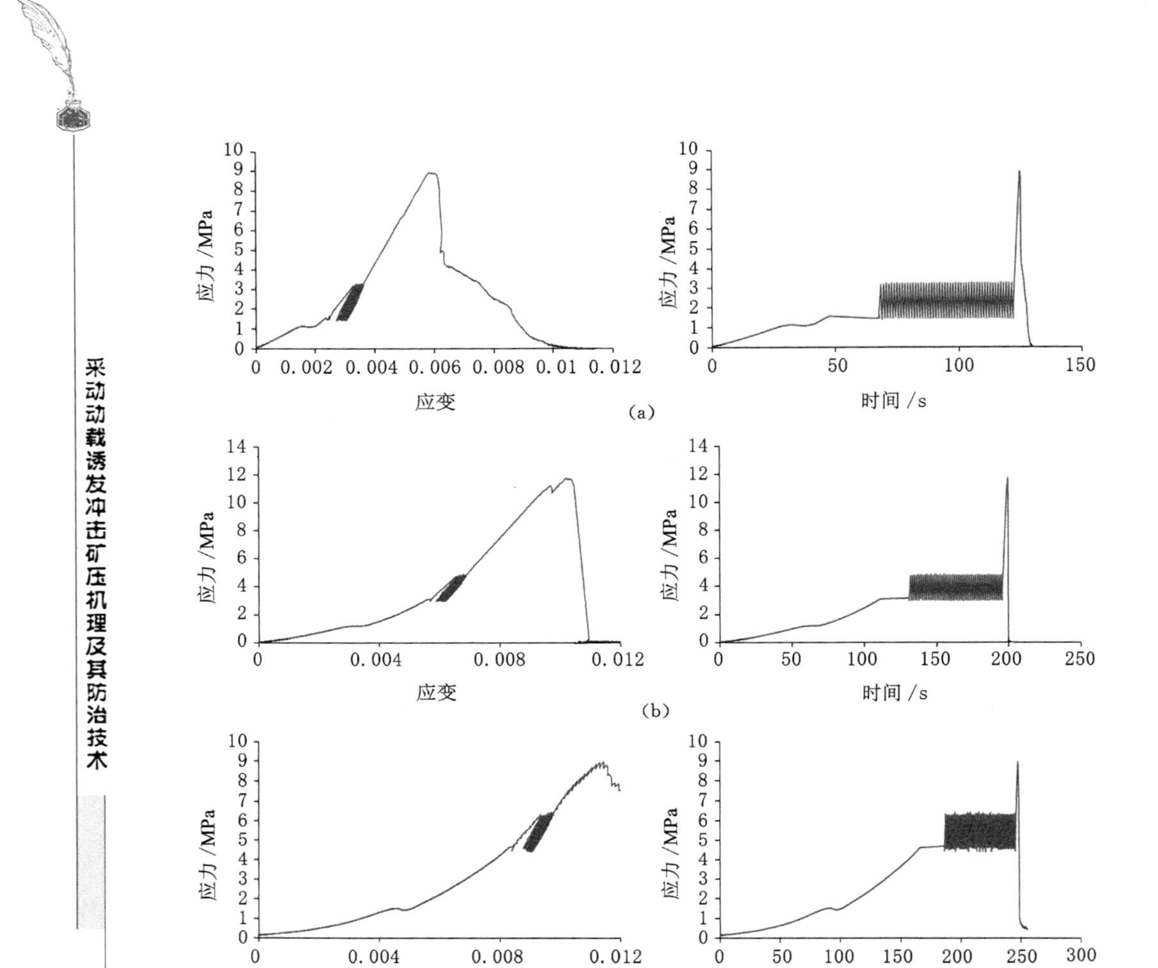

图 3-21　不同静载与相同动载组合加载应力曲线

(a) 煤样 3-9 应力应变及应力时间曲线(静载:3 kN);

(b) 煤样 3-10 应力应变及应力时间曲线(静载:6 kN);

(c) 煤样 3-11 应力应变及应力时间曲线(静载:9 kN);

(d) 煤样 3-12 应力应变及应力时间曲线(静载:12 kN)

如图 3-22 所示，动静载组合下，静载较小时，煤样破坏过程动载占主导，破坏形态表现为劈裂破坏；静载较大时，静载占主导，煤样破坏表现为剪切破坏。声发射空间分布大致与煤样破裂带重合，煤样强度越高，声发射事件越多。图 3-23表明，随静载增大煤样逐步损伤，静载稳定时，声发射趋于平静，只有较少的声发射撞击，循环动载作用时，首次动载冲击时声发射撞击数出现突增，前几个循环有较多声发射事件，随循环增多，声发射撞击数增加减少。每次载荷增大，均有强度较大的声发射事件产生。前几个循环声发射事件均较多，说明动载作用下，煤样裂纹扩展速度有限，不能在单次动载作用时间内达到该动载强度下裂隙的最大损伤程度，另一方面，首次动载作用时有大量声发射事件，说明煤样内部瞬间损伤加剧，局部有效应力增大，局部损伤毗邻处有一定数量裂纹达到扩展临界而进一步损伤，随着声发射事件减少，损伤在局部位置的进一步影响逐渐减弱而趋于稳定。因而，随着循环动载继续作用，声发射事件逐渐减少而趋于平稳。

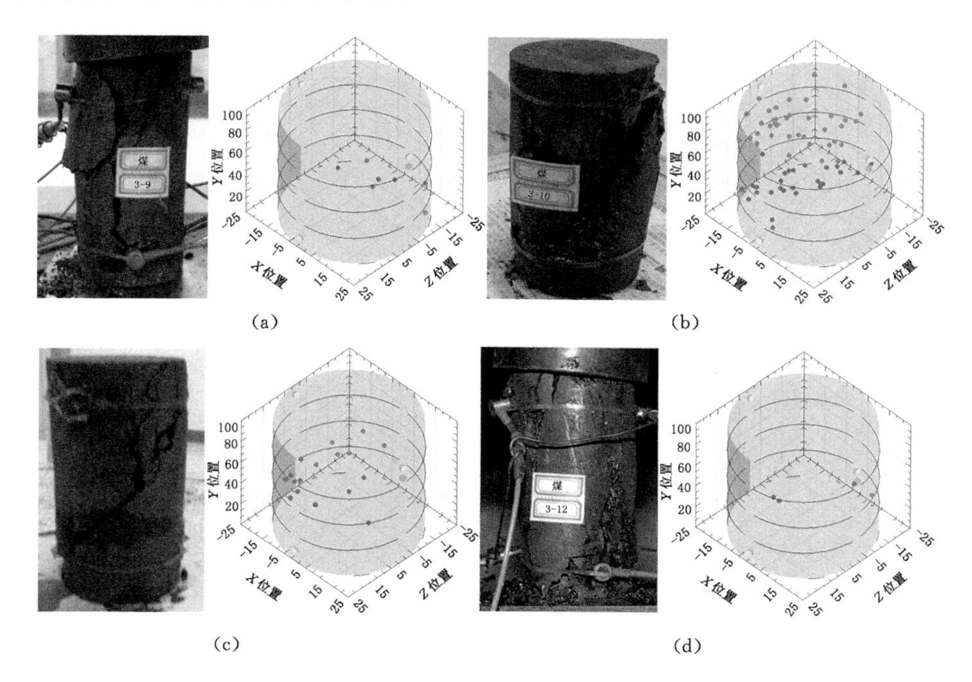

图 3-22　煤样破坏形态及声发射事件分布与动静组合(不同静载)的关系

(a) 煤样 3-9 破裂形态(静载:3 kN)；(b) 煤样 3-10 破裂形态(静载:6 kN)；
(c) 煤样 3-11 破裂形态(静载:9 kN)；(d) 煤样 3-12 破裂形态(静载:12 kN)

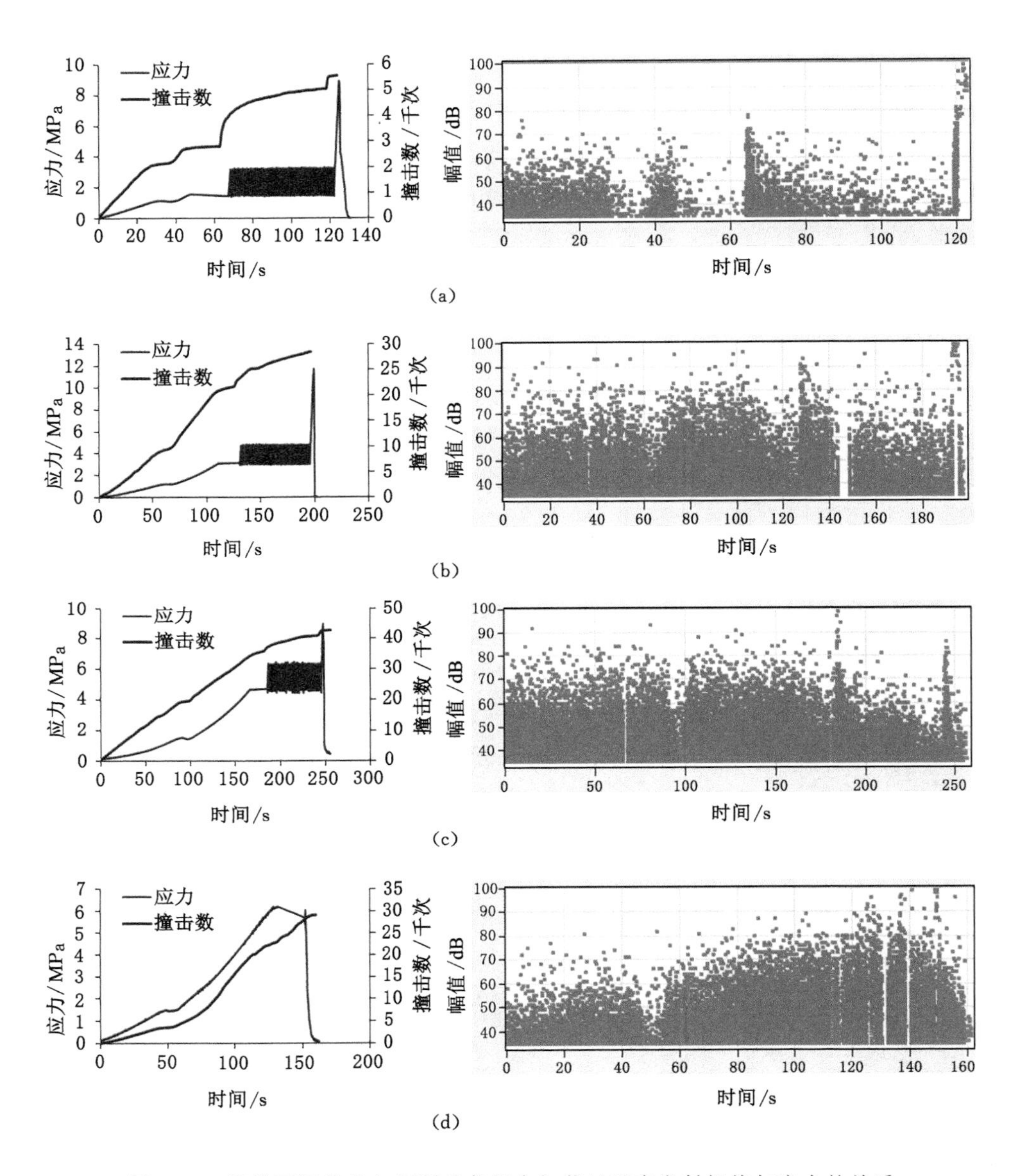

图 3-23 煤样不同静载与相同动载组合加载过程声发射规律与应力的关系

(a) 煤样 3-9 通道 4 声发射撞击数其幅值与应力的关系(静载:3 kN);

(b) 煤样 3-10 通道 4 声发射撞击数其幅值与应力的关系(静载:9 kN);

(c) 煤样 3-11 通道 4 声发射撞击数其幅值与应力的关系(静载:9 kN);

(d) 煤样 3-12 通道 4 声发射撞击数其幅值与应力的关系(静载:12 kN)

3.6 动静载作用下煤岩力学特性

通过试验研究煤岩试样在静载及动载作用下的力学特性及破坏规律、煤样在不同动静载组合形式下的动力学特性及破坏规律，得到煤岩力学特性如下：

(1) 煤岩强度及弹性模量与加载应变率呈指数关系，加载应变率越大，煤岩强度及弹性模量越大，煤岩静载作用下的强度、弹性模量值均小于动载作用下的值。

(2) 随着应变率增大，煤岩峰前、峰后压力机向煤岩样输入的能量均呈指数关系增大，尤其峰后能量输入随应变率增大而急剧增加。载荷状态从静载转变为动载过程中，煤岩储能特性增强，随应变率增大，煤岩动载破坏时间急剧减小，煤岩冲击倾向性增强，煤岩破坏形态由剪切破坏转变为劈裂破坏甚至爆裂破坏，碎块块度减小，破坏程度加大，破坏后块体动能增大，破坏变得猛烈。

(3) 煤岩加载变形破坏过程中，声发射撞击数与载荷存在较强的相关性。载荷增大，声发射撞击数增加；载荷保持，声发射撞击数基本保持；载荷减小，声发射撞击数基本不变；载荷突增，声发射撞击数也突然增大。声发射表现出明显的凯撒效应，煤岩体破裂过程中，声发射幅值急剧增大，声发射事件空间分布与煤岩样破坏面基本吻合，可采用声发射(微震)对煤岩体载荷状态及破裂形态进行监测。

(4) 动静载组合加载作用下，静载较小时，需要较大动载作用才能使煤岩产生破坏。如果动静载组合小于煤岩强度，当差值较大时，多轮动载作用虽然能使煤岩产生部分损伤，但很难导致煤岩破坏；当差值较小时，多轮动载反复作用，随着煤岩内部损伤累积，也可导致煤岩破坏。当动静组合载荷大于煤岩强度时，动载首次作用即可导致煤岩破坏。动静载共同作用导致煤岩破坏过程中，静载是煤岩破坏的应力基础，动载是损伤破坏的触发条件；静载较大时，煤岩破坏形态表现为静态破坏特性，主要表现为剪切破坏，动载较大时，煤岩破坏则表现为动态破坏特性，主要表现为劈裂破坏或爆裂破坏。

(5) 动载反复作用时，首次冲击导致的损伤较大，且随着动载反复作用，煤岩损伤速率逐渐减小；动载反复作用下，载荷在煤岩结构面集中，载荷状态发生改变，煤岩损伤主要发生在内部结构面附近，裂纹扩展范围及数量增加；动载反复作用使该局部区域消耗较多变形能量而产生较大的表面能增加，最终使该区域煤体破碎成较小的颗粒。

3.7 本章小结

本章主要采用电液伺服压力试验机及声发射系统，研究了煤岩力学特性与加载应变率之间的关系及动静组合加载作用下煤岩动力学特性及破坏形态，主要取得了如下结论：

(1) 获得了煤岩强度、弹性模量与加载应变率之间的关系。煤岩强度、弹性模量均与加载应变率呈指数函数关系。

(2) 获得了煤岩冲击特性随加载应变率的变化规律。随着应变率增大，煤岩样破坏前储存的弹性变形能呈指数增大，破坏后压力机能量输入也呈指数增大，煤岩动态破坏时间急剧减少，冲击倾向性增强，冲击破坏猛烈程度增大，原本不具有冲击倾向性的煤体在较高加载应变率时变得具有冲击倾向性，且冲击倾向性随应变率增大而增强。

(3) 获得了煤岩动静载组合下的动力学特性及变形破坏规律。当静载较小时，使煤样破坏所需的动载强度较大；当静载较大时，较小的动载即可使煤样破坏；当动静载较小时，反复多轮动载作用也很难使煤样破坏；当静载较大时，一定强度动载的多轮作用可使煤样破坏。

(4) 获得了煤岩样变形破坏过程中的声发射(微震)规律，借助声发射监测结果，获得了较多关于煤岩体内部损伤的相关信息，分析了煤岩样破坏的内部机制，为冲击矿压监测奠定了基础。

4　采动动载对煤岩体变形破坏的作用

4.1　引言

研究采动动载导致的煤岩体损伤破坏过程，有利于揭示采动动载诱发冲击矿压机理。从宏观角度看，煤岩体破坏是所受应力达到了强度极限而产生的破坏效应；微观角度看是其内部缺陷或裂纹尖端应力场达到了扩展应力条件而产生的扩展、贯通、成核，最终表现出的宏观破坏。“强度”是试图借助一些特征常数就可完整表征弹性极限范围内材料对外力的响应而提出的“临界应力”的概念。然而材料强度不能表现出可重复性，测试条件的变化，强度则表现出系统的变化，如测试温度、加载速率等不同时，煤岩体的强度明显不同。既然强度受到多因素影响为不确定值，那么从强度的角度分析煤岩体破坏而形成冲击矿压显现则存在局限性，尤其建立冲击矿压判别标准时，强度值须受条件限制，或为一概念值，不便于推广应用。

本章主要从损伤及断裂力学的角度研究采动动载作用下煤岩裂纹扩展直至损伤破坏，从断裂、损伤的角度研究煤岩微观裂纹扩展导致的整体力学特性变化以及破坏过程，并采用数值模拟方法对以上特征及过程进行研究，为探索采动动载对煤岩作用及诱发冲击矿压机理打下基础。

4.2　煤岩损伤破坏分析

煤岩材料为非均质的损伤材料，存在着不同程度的原始损伤，如节理裂隙、孔洞等。受载荷作用时，煤岩体内部的原始损伤将进一步发展，使煤岩损伤加剧，当损伤达到一定程度后，煤岩体将在某些方向上失去承载能力而破坏。损伤力学正是基于以上观点从 20 世纪 50 年代末发展起来的一门采用定量方法研究煤岩损伤的力学分支。损伤力学研究的是含损伤材料的力学性质，以及在变形过程中的损伤演化发展直至破坏的力学过程。

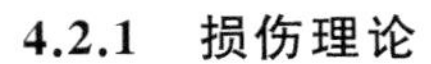

4.2.1 损伤理论

1963 年 Rabotnov 提出了损伤因子的概念，1977 年 Janson 与 Hult 提出了损伤力学的新名词，自此标志着损伤力学的诞生。损伤力学有两个分支：一是连续损伤力学，它利用连续介质热力学与连续介质力学的方法，研究损伤的力学过程。其重点考察损伤对材料宏观力学性质的影响以及材料结构损伤演化的过程和规律，而不细查其损伤演化的细观物理与力学过程，只求用连续损伤力学预计宏观力学行为与变形行为符合试验结果与实际情况。二是细观损伤力学，它对典型损伤基元（如微裂纹、微孔洞、剪切带等）以及各种基元的组合，根据损伤基元的变形与演化过程，通过某种力学均一化的方法，获得材料变形损伤过程与细观损伤参量之间的关联。近年发展起来的基于细观的损伤理论，则是介于上述两者之间的一种损伤力学理论，这些理论主要限定在确定性现象的范围内。

损伤力学研究的难点和重点在于含损伤材料的本构理论和演化方程。目前有三种研究途径：一是宏观本构理论；二是细观的本构理论；三是基于统计的非局部效应的本构理论。宏观本构理论注重研究损伤的宏观后果；细观的本构理论易于描述过程的物理与力学的本质。因为不同的材料和不同的损伤过程其细观机制十分复杂，且常常有多种机制交互并存，所以在力学模型上难以穷尽其机制的力学描述。

4.2.2 损伤变量

基于损伤力学理论，首先需要定义损伤变量，以便将岩体结构的几何特点和力学特性联系起来。基于损伤面积的损伤变量定义方法为，假定有效面积的减小是材料损伤的主要因素。在结晶体中具有代表性的基于微结构观测的二阶损伤张量：

$$\boldsymbol{\Omega}=\frac{3}{s_{\mathrm{g}}(\boldsymbol{v})}\sum_{K=1}^{N}\int_{v}\boldsymbol{v}^{(K)}\otimes\boldsymbol{v}^{(K)}\,\mathrm{d}s_{\mathrm{g}}^{(K)} \tag{4-1}$$

式中：$\mathrm{d}s_{\mathrm{g}}^{(K)}$ 表示第 K 个裂隙所占颗粒边界面积，$\boldsymbol{v}^{(K)}$ 表示垂直于颗粒边界的法相矢量，$s_{\mathrm{g}}(\boldsymbol{v})$ 体元中所有颗粒的总面积。式(4-1)定义的损伤张量 $\boldsymbol{\Omega}$ 具有特殊的物理意义，即 $\boldsymbol{\Omega}$ 与任意方向 $\boldsymbol{A}$ 的面积矢量点积所得矢量 $\boldsymbol{A}_{\Omega}=\boldsymbol{\Omega}\cdot\boldsymbol{A}$ 的模 $|\boldsymbol{A}_{\Omega}|$ 是该方向上的面积损伤率，亦即空隙面积密度。这样，可得到任意方向上损伤后所剩下的有效承载面积：

$$\boldsymbol{A}^{*}=\boldsymbol{A}-\boldsymbol{A}_{\Omega}=\boldsymbol{A}-\boldsymbol{\Omega}\cdot\boldsymbol{A}=(\boldsymbol{I}-\boldsymbol{\Omega})\cdot\boldsymbol{A} \tag{4-2}$$

若面积微元 $\boldsymbol{A}$ 上所受的力矢量是 $\boldsymbol{P}$，则根据柯西应力公式有：

$$\boldsymbol{P}=\boldsymbol{\sigma}\cdot\boldsymbol{A}=\boldsymbol{\sigma}^{*}\cdot\boldsymbol{A}^{*} \tag{4-3}$$

式中:$\boldsymbol{\sigma}$ 为表观应力张量,$\boldsymbol{\sigma}^*$ 为岩体材料实际承受的有效应力张量。将式(4-2)代入式(4-3),可得:

$$\boldsymbol{P}=\boldsymbol{\sigma}\cdot\boldsymbol{A}=\boldsymbol{\sigma}^*\cdot\boldsymbol{A}^*=\boldsymbol{\sigma}^*\cdot(\boldsymbol{I}-\boldsymbol{\Omega})\cdot\boldsymbol{A} \tag{4-4}$$

简单地,对于单向应力状态,若损伤因子为 D,载荷作用面积为 S,则载荷 F 表达式为:

$$F=\sigma\cdot S=\sigma^*\cdot S^*=\sigma^*\cdot(1-D)\cdot S \tag{4-5}$$

有效应力与表观应力的关系为:

$$\sigma^*=\frac{\sigma}{1-D} \tag{4-6}$$

4.2.3 损伤本质——裂纹扩展

在应力作用下,煤岩体内部的原始裂纹所受应力达到临界条件时,将产生裂纹扩展,使煤岩体进一步损伤。因此,裂纹扩展是煤岩体损伤的本质。

为了进行裂纹的研究,欧文将简单裂纹分为三种类型,如图 4-1 所示。Ⅰ型裂纹为张开型裂纹,裂纹表面位移垂直于裂纹面;Ⅱ型裂纹为滑开型裂纹,裂纹受剪应力作用且沿裂纹面滑开扩展;Ⅲ型裂纹为撕开型裂纹。

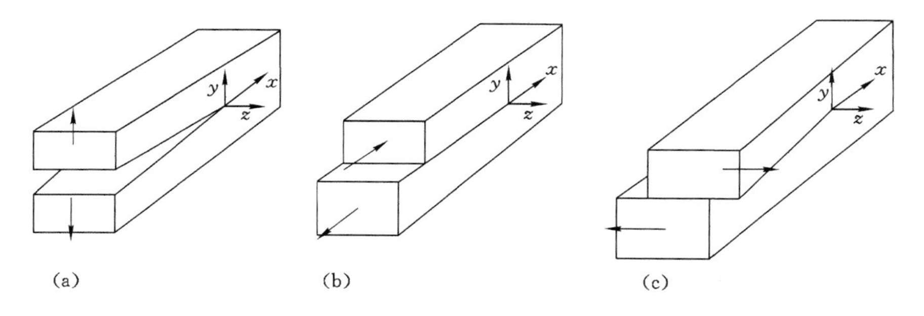

图 4-1　裂纹的三种基本类型

(a) Ⅰ型(张开型);(b) Ⅱ型(滑开型);(c) Ⅲ型(撕开型)

4.2.4 裂纹扩展条件

4.2.4.1 格里菲斯能量平衡理论

对于长轴为 $2a$ 的扁平椭圆裂纹,格里菲斯(Griffith)利用裂纹周围应变能密度做全场积分,设板厚为单位 1,并假定为平面应力的情况下,得到弹性势能为:

$$W_c=\pi\sigma^2a^2/E' \tag{4-7}$$

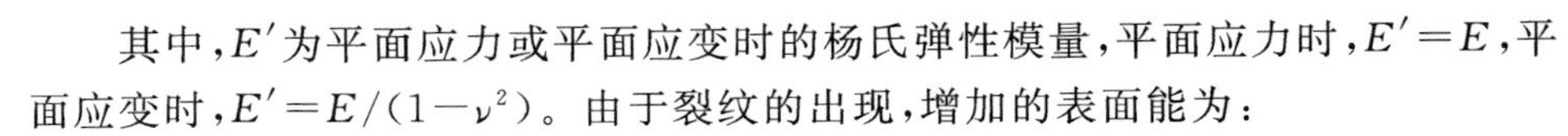

其中，E' 为平面应力或平面应变时的杨氏弹性模量，平面应力时，$E'=E$，平面应变时，$E'=E/(1-\nu^2)$。由于裂纹的出现，增加的表面能为：

$$S=4a\Gamma \tag{4-8}$$

其中，Γ 为单位面积表面能。当弹性势能的释放率大于或等于表面能增加率，则裂纹处于不稳定状态，将进一步扩展，则裂纹扩展的条件为：

$$\frac{\mathrm{d}W_c}{\mathrm{d}a}=\frac{\mathrm{d}S}{\mathrm{d}a} \tag{4-9}$$

将式(4-7)和式(4-8)代入式(4-9)，得到临界应力 σ_g 为：

$$\begin{cases}\sigma_g=\sqrt{2E\Gamma/\pi a} & (平面应力)\\ \sigma_g=\sqrt{2E\Gamma/\pi a(1-\nu^2)} & (平面应变)\end{cases} \tag{4-10}$$

其中，E，Γ 为材料参数，σ_g 不仅与材料性质有关而且与裂纹长度有关。可见，当材料一定时，裂纹越长其扩展所需临界应力越小。

4.2.4.2　裂纹应力场

如图 4-2 所示的裂纹，Ⅰ型裂纹端部应力场为：

$$\begin{cases}\sigma_{xx}=\dfrac{K_\mathrm{I}}{\sqrt{2\pi r}}\cos\dfrac{\theta}{2}\left(1-\sin\dfrac{\theta}{2}\sin\dfrac{3\theta}{2}\right)\\ \sigma_{yy}=\dfrac{K_\mathrm{I}}{\sqrt{2\pi r}}\cos\dfrac{\theta}{2}\left(1+\sin\dfrac{\theta}{2}\sin\dfrac{3\theta}{2}\right)\\ \tau_{xy}=\dfrac{K_\mathrm{I}}{\sqrt{2\pi r}}\cos\dfrac{\theta}{2}\sin\dfrac{\theta}{2}\cos\dfrac{3\theta}{2}\end{cases} \tag{4-11}$$

其中：

$$K_\mathrm{I}=\sigma_y^\infty\sqrt{\pi a} \tag{4-12}$$

K_I 为Ⅰ型裂纹的应力强度因子，即只要 K_I 确定，Ⅰ型裂纹端部应力场即可确定，σ_y^∞ 为远离裂纹处的 y 方向应力。

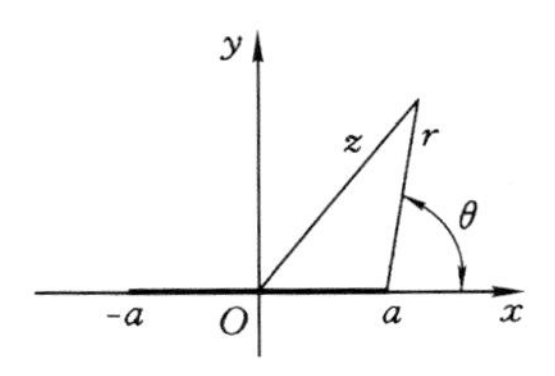

图 4-2　裂纹前沿坐标

Ⅱ型裂纹端部应力场为：

$$
\begin{cases}
\sigma_{xx} = -\dfrac{K_{\mathrm{II}}}{\sqrt{2\pi r}}\sin\dfrac{\theta}{2}\left(2+\cos\dfrac{\theta}{2}\cos\dfrac{3\theta}{2}\right) \\
\sigma_{yy} = \dfrac{K_{\mathrm{II}}}{\sqrt{2\pi r}}\cos\dfrac{\theta}{2}\sin\dfrac{\theta}{2}\cos\dfrac{3\theta}{2} \\
\tau_{xy} = \dfrac{K_{\mathrm{II}}}{\sqrt{2\pi r}}\cos\dfrac{\theta}{2}\left(1-\sin\dfrac{\theta}{2}\sin\dfrac{3\theta}{2}\right)
\end{cases}
\tag{4-13}
$$

其中

$$K_{\mathrm{II}} = \tau^{\infty}\sqrt{\pi a} \tag{4-14}$$

K_{II}为Ⅱ型裂纹应力强度因子，即只要K_{II}确定，Ⅱ型裂纹端部应力场即可确定，τ^{∞}为远离裂纹处裂纹方向的切应力。

Ⅲ型裂纹端部应力场为：

$$
\begin{cases}
\tau_{xz} = -\dfrac{K_{\mathrm{III}}}{\sqrt{2\pi r}}\sin\dfrac{\theta}{2} \\
\tau_{yz} = \dfrac{K_{\mathrm{III}}}{\sqrt{2\pi r}}\cos\dfrac{\theta}{2}
\end{cases}
\tag{4-15}
$$

其中

$$K_{\mathrm{III}} = \tau^{\infty}\sqrt{\pi a} \tag{4-16}$$

K_{III}为Ⅲ型裂纹应力强度因子。

4.2.4.3　断裂韧性及裂纹扩展的应力条件

裂纹开始扩展时K_J($J=\mathrm{I},\mathrm{II},\mathrm{III}$)的值，称为材料的断裂韧性，用符号$K_{JC}$($J=\mathrm{I},\mathrm{II},\mathrm{III}$)表示。它是反映材料抗脆断能力的参数。

因此，裂纹扩展的应力条件为：

$$K_J > K_{JC}(J=\mathrm{I},\mathrm{II},\mathrm{III}) \tag{4-17}$$

4.2.4.4　裂纹扩展的能量条件

由以上裂纹扩展应力条件得Ⅰ型裂纹扩展临界状态时：

$$K_{\mathrm{I}} = \sigma^{\infty}\sqrt{\pi a} = K_{\mathrm{IC}} \tag{4-18}$$

则：

$$\sigma^{\infty}\sqrt{a} = K_{\mathrm{IC}}/\sqrt{\pi} \tag{4-19}$$

与式(4-10)对比，可得：

$$K_{\mathrm{IC}} = \sqrt{2E\Gamma} \tag{4-20}$$

裂纹扩展将消耗能量使材料表面能增加。如式(4-20)所示，要使裂纹扩展不但应力要达到一定水平，而且需要一定的能量输入。裂纹扩展单位面积所需能量称为裂纹扩展阻力，记为R，若材料为理想脆性，则：

$$R = \Gamma \tag{4-21}$$

若材料非弹性效应扩展单位面积需要消耗能量为 Γ_P，则：

$$R = \Gamma + \Gamma_P \tag{4-22}$$

要使裂纹扩展则系统提供的能量 G 需满足以下能量准则（格里菲斯能量准则）：

$$G \geqslant R \tag{4-23}$$

则厚度为 B 的裂纹按Ⅰ型从长度为 0 扩展到 $2a$ 所需要的能量为：

$$U_{C\,\mathrm{I}} = 2B\int_0^a G\mathrm{d}a = 2B\int_0^a \frac{K_{\mathrm{I}}^2}{E'}\mathrm{d}a = \frac{2B}{E'}\int_0^a \sigma^2 \pi a\,\mathrm{d}a = \frac{B\pi}{E'}\sigma_0^2 a^2 \tag{4-24}$$

按Ⅱ型扩展需要的能量为：

$$U_{C\,\mathrm{II}} = \frac{B\pi}{E'}\tau_0^2 a^2 \tag{4-25}$$

按Ⅲ型扩展需要的能量为：

$$U_{C\,\mathrm{III}} = \frac{B\pi}{E'}(1+v)\tau_0^2 a^2 \tag{4-26}$$

4.2.5 裂纹扩展方向

煤岩材料中的裂纹处于随机分布状态，裂纹与主应力方向一般存在一定夹角。因此，实际裂纹一般为Ⅰ-Ⅱ复合型裂纹。由式(4-11)和式(4-13)，并将应力进行直角坐标与裂纹尖端极坐标变换，得Ⅰ-Ⅱ复合型裂纹端部应力场为：

$$\begin{cases} \sigma_{rr} = \dfrac{1}{2\sqrt{2\pi r}}\left[K_{\mathrm{I}}(3-\cos\theta)\cos\dfrac{\theta}{2} + K_{\mathrm{II}}(3\cos\theta - 1)\sin\dfrac{\theta}{2}\right] \\ \sigma_{\theta\theta} = \dfrac{1}{2\sqrt{2\pi r}}\cos\dfrac{\theta}{2}\left[K_{\mathrm{I}}(1+\cos\theta) - 3K_{\mathrm{II}}\sin\theta\right] \\ \tau_{r\theta} = \dfrac{1}{2\sqrt{2\pi r}}\cos\dfrac{\theta}{2}\left[K_{\mathrm{I}}\sin\theta + K_{\mathrm{II}}(3\cos\theta - 1)\right] \end{cases} \tag{4-27}$$

最大周向应力理论指出，复合型裂纹在垂直于最大周向拉应力方向的平面内扩展。则裂纹沿 $\sigma_{\theta\theta,\max}$ 所对应的 θ 方向扩展，此时应满足如下条件：

$$\frac{\partial\sigma_{\theta\theta}}{\partial\theta} = 0, \frac{\partial^2\sigma_{\theta\theta}}{\partial\theta^2} < 0 \tag{4-28}$$

则对式(4-27)第二式求微分后，令其等于零可得：

$$\cos\frac{\theta}{2}\left[K_{\mathrm{I}}\sin\theta + K_{\mathrm{II}}(3\cos\theta - 1)\right] = 0 \tag{4-29}$$

因 $\cos\dfrac{\theta}{2} = 0$ 时，不满足式(4-28)后一条件，则裂纹扩展方向 θ_0 取决于：

$$K_{\mathrm{I}} \sin\theta + K_{\mathrm{II}}(3\cos\theta - 1) = 0 \tag{4-30}$$

则 K_{I}，K_{II} 均不为零，即裂纹为Ⅰ-Ⅱ复合型时：

$$\theta_0 = 2\arctan\frac{1-\sqrt{1+8(K_{\mathrm{II}}/K_{\mathrm{I}})^2}}{4K_{\mathrm{II}}/K_{\mathrm{I}}} \tag{4-31}$$

裂纹扩展角与应力强度因子的比值关系如图 4-3 所示，可见裂纹初始扩展方向与裂纹延展方向夹角范围为 0～70°32′，具体角度与应力状态有关。

当 $K_{\mathrm{I}} \neq 0$，$K_{\mathrm{II}} = 0$，即纯Ⅰ型裂纹时：

$$\theta_0 = \arcsin 0 = 0^\circ \tag{4-32}$$

此时，裂纹沿自身平面扩展，称之为自相似扩展。

当 $K_{\mathrm{I}} = 0$，$K_{\mathrm{II}} \neq 0$，即纯Ⅱ型裂纹时：

$$\theta_0 = \arccos\frac{1}{3} = -70^\circ 32' \tag{4-33}$$

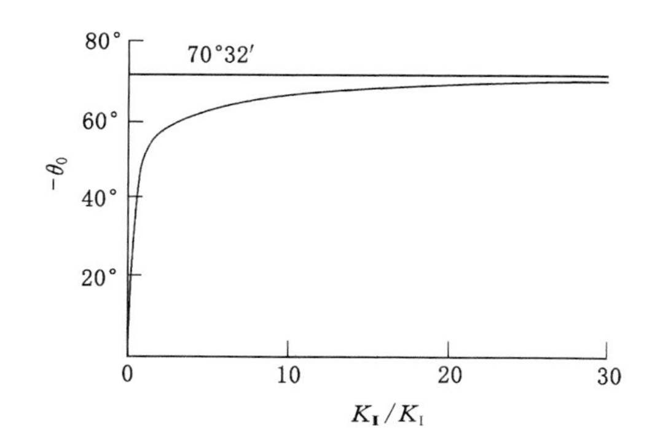

图 4-3　裂纹扩展角与应力强度因子的比值关系

注意到裂纹扩展方向上式(4-30)成立，式(4-27)第三式为零，即 $\tau_{r\theta} = 0$，则裂纹扩展方向为主平面。最大周应力方向也即最大张应力方向。

4.2.6　损伤破坏的重整化群

4.2.6.1　重整化群思想

以上基于裂纹扩展对损伤的探讨是从微观或细观尺度进行的。矿井实际开采煤岩体时刻经历着内部裂纹的扩展和材料损伤，但并不总是表现出宏观破坏。只有将微观尺度的局部损伤与宏观尺度的煤岩体破坏建立联系，以上探讨才具有实际意义。

重整化群理论是 Wilson 于 20 世纪 70 年代初，基于量子理论提出来的关于物质从量子微观到宏观不同标度下逐级整合的思想。Wilson 应有重整化群理论成功解释了液气相变、铁磁居里点临界点等经典问题，因此获得了1982年诺贝尔物理学奖。

重整化群是处理包含多种长度标度问题的一种方法。简单地说，重整化群就是在最小的标度上，研究一个比较简单的系统，然后将研究结果重整化到更大一级的标度上，应用相同的系统进行研究，依次在越来越大的尺度下进行研究，最终得到所关心的结果。若从小到大各尺度下，测得的物理量分别为 $p_1, p_2, p_3, \cdots, p_{n-1}, p_n$，尺度变换为 f_n，n 表示将尺度扩大 n 倍，则：

$$p_2 = f_n(p_1) \tag{4-34}$$

若尺度变换 f_n 对各个尺度均适用，则：

$$p_n = f_n(p_{n-1}) = f_n \cdot f_n(p_{n-2}) \tag{4-35}$$

且 f_n 具有如下性质：

$$f_a \cdot f_b = f_{ab} \tag{4-36}$$

则通过统一的尺度变换 f_n 即可建立 p_n 与 p_1 的关系，如果 p_1 为微观尺度的状态参数，p_n 为宏观尺度的状态参数，即建立了微观状态参数到宏观状态参数的联系。

4.2.6.2 煤岩损伤破裂的重整化群解释

煤岩从微观裂纹扩展到宏观整体破坏可采用重整化群方法进行研究。为了说明问题，本书以二维问题为例进行描述。如图4-4所示，将含微观裂纹的煤岩按重整化群思想由小尺度到大尺度进行重整化。对于煤岩微元，随着应力增大，损伤因子 D 逐渐增大，微元破坏的概率 p 增大，即破坏概率 p 与损伤因子 D 之间存在正相关关系，如式(4-37)所示：

$$p \propto D \tag{4-37}$$

对于尺度转换规则，本书采用细胞自动机理论建立细胞自动机模型。细胞自动机理论由美国数学家、计算机创始人 Von.Neu mann 于20世纪50年代提出，用于模拟离散动力系统内部单元之间的非线性作用导致的系统自组织演化过程。

在此简单结合重整化群思想，讨论元胞损坏与系统整体破坏之间的关系。假设单一元胞边长对应于最小尺度，四个相邻元胞重整化为元胞集团，对应于第2级尺度，重整化后尺度扩大2倍，以此重整化到更大的尺度。损坏的元胞采用黑单元表示，未损坏的元胞采用白单元表示。重整化后，元胞集团损坏与否的判断规则为：若受力为上下方向，上下边之间存在连通的白色元胞，则元胞集团未破坏，仍具备承载能力；反之，无连通的白色元胞，则元胞集团破坏。

若在某载荷作用下，元胞损坏的概率为 p_1，则按照以上判别规则，二级元胞集团损坏的概率 p_2 为：

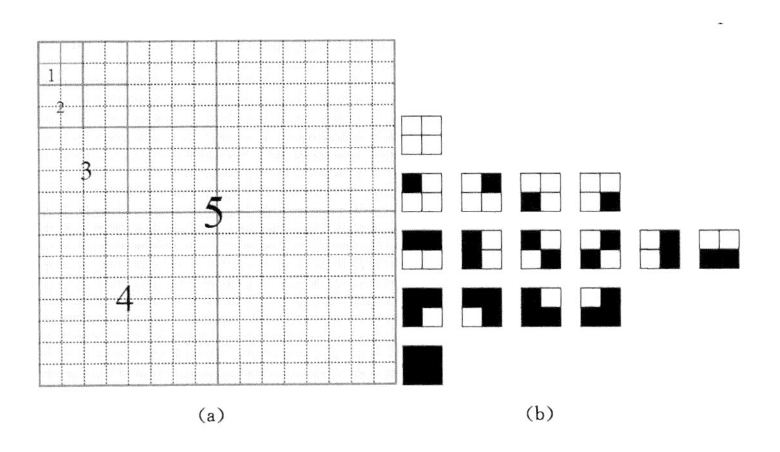

图 4-4　基于元胞的重整化模型

(a) 二维重整化群模型；(b) 元胞与元胞集团的损坏关系

$$p_2 = 4p_1^2(1-p_1)^2 + 4p_1^3(1-p_1) + p_1^4 \tag{4-38}$$

由此可得 p_n 与 p_{n-1} 之间的关系为：

$$p_n = 4p_{n-1}^2(1-p_{n-1})^2 + 4p_{n-1}^3(1-p_{n-1}) + p_{n-1}^4 \tag{4-39}$$

p_n 与 p_{n-1} 之间的关系曲线如图 4-5 所示。令 p_n 与 p_{n-1} 相等可得 $p_n = p_{n-1} = 0$ 或 0.382 或 1。当值为 0 时，元胞无损伤，重整化后，各个尺度上的集群均无损伤；当值为 1 时，元胞完全损伤且破坏，重整化后，各个尺度集群均绝对破坏；当值为 0.382 时，重整化后各个尺度集群破坏的概率均为 0.382，此点在各个尺度上破坏的概率一致，称为临界点或不动点。

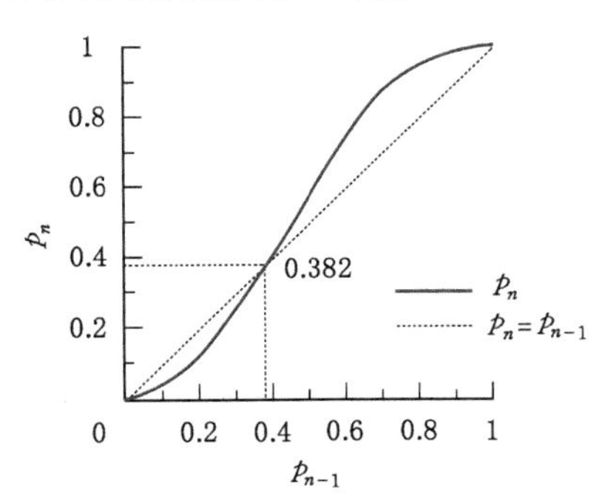

图 4-5　p_n 与 p_{n-1} 之间的关系

如图 4-6 所示，当元胞破坏的概率小于临界点 0.382 时，在重整化过程中，随尺度的增大，小尺度损伤破坏将被淹没在大尺度集群内部，成为大尺度集群的

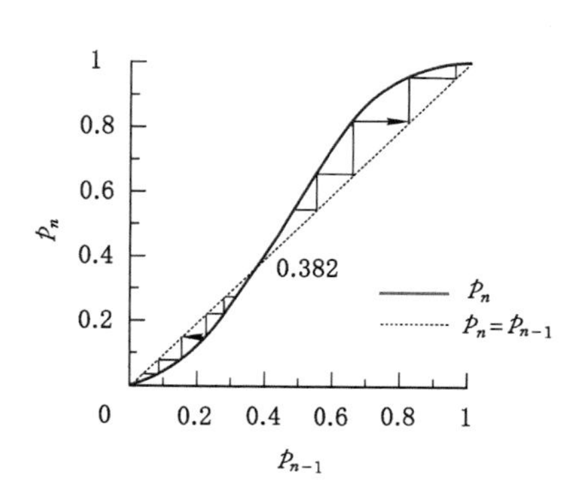

图 4-6　重整化过程元胞集群破坏的概率演变

损伤，大尺度集群破坏的概率逐渐减小，减小的程度取决于重整化的级数，若重整化级数足够大，则元胞集群最终表现为完整无破坏；当元胞破坏的概率等于临界点 0.382 时，在重整化过程中，各个尺度元胞集团破坏的概率不变；当元胞破坏的概念大于临界点 0.382 时，在重整化过程中，元胞集团破坏的概率将逐渐增大，当重整化级数足够大，则重整化后的元胞集群最终会表现为破坏。

以上临界点 $p^*=0.382$ 是在二维、尺度 2 倍增长模式下推导得出的，实际煤岩体重整化模式更为复杂。由式(4-37)可知，煤岩体元胞破坏概率临界点存在时，其损伤因子亦存在一个临界点或不动点，记为 D^*。当煤岩体损伤因子小于 D^* 时，煤岩体表现为内部损伤而非整体破坏；当煤岩体损伤因子大于 D^* 时，煤岩体表现为破坏。D^* 为煤岩体破坏的突变点，对于冲击矿压研究具有重要意义。

4.3　采动动载作用下的煤岩破坏

4.3.1　静载作用下煤岩破坏分析

煤矿实际开采过程中静载状态一般为图 4-7 所示的双向受压平面应变状态。根据坐标变换，裂纹远场应力状态为：

$$\begin{cases}\sigma_x^\infty=-(\sigma_1\cos^2\beta+\sigma_2\sin^2\beta)\\ \sigma_y^\infty=-(\sigma_1\sin^2\beta+\sigma_2\cos^2\beta)\\ \tau_{xy}^\infty=-(\sigma_1-\sigma_2)\sin\beta\cos\beta\end{cases}\tag{4-40}$$

对于受压煤体，其裂纹处于闭合状态，因此裂纹面应考虑摩擦力。裂纹为纯剪切裂纹，即为纯Ⅱ型裂纹。此时，等效剪应力为：

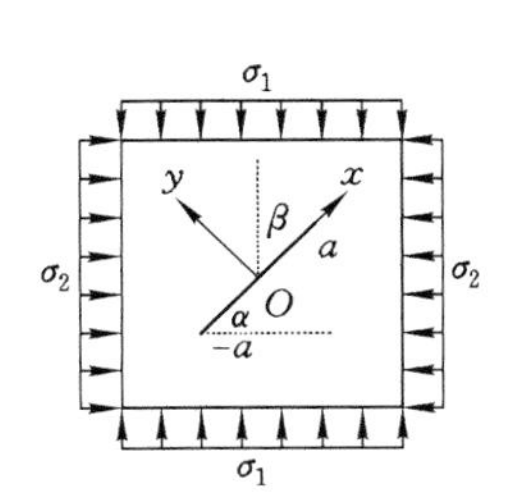

图 4-7　采掘空间附近煤岩体中斜裂纹受力状态

$$\tau_{e} = \tau_{xy} - f\sigma_{y}^{\infty} \tag{4-41}$$

此时，应力强度因子为：

$$K_{\mathrm{II}} = (\tau_{xy}^{\infty} - f\sigma_{y}^{\infty})\sqrt{\pi a} \tag{4-42}$$

由式(4-17)、式(4-40)和式(4-42)，考虑到应力方向为负，得到受压裂纹扩展临界应力条件为：

$$\sigma_{1} = 2\,\frac{K_{\mathrm{II}C}/\sqrt{\pi a} + f\sigma_{2}}{\sin 2\beta - f(1 - \cos 2\beta)} + \sigma_{2} \tag{4-43}$$

现在讨论在应力 σ_1、σ_2 作用下裂纹的扩展规律。将式(4-43)变形为：

$$\begin{cases}\sigma_{1} = 2\,\dfrac{K_{\mathrm{II}C}/\sqrt{\pi a} + f\sigma_{2}}{\sqrt{1+f^{2}}\sin(2\beta + \alpha_{f}) - f} + \sigma_{2} \\ \tan\alpha_{f} = f\end{cases} \tag{4-44}$$

当 $2\beta+\alpha_f=\pi/2$ 时，σ_1 具有极小值：

$$\sigma_{1,\min} = 2\,\frac{K_{\mathrm{II}C}/\sqrt{\pi a} + f\sigma_{2}}{\sqrt{1+f^{2}} - f} + \sigma_{2} \tag{4-45}$$

此时，$\beta=\beta_{C}=\dfrac{1}{2}\arctan\dfrac{1}{f}$。$\beta_C$ 称为裂纹扩展的临界角。

当式(4-44)第一式分母为 0 时，σ_1 取无穷大，此时，$\beta=\beta_{\infty 1}=0$ 或 $\beta=\beta_{\infty 2}=\arctan\dfrac{1}{f}$。

当 $\beta_{\infty 2}<\beta<90°$ 时，裂纹无法克服摩擦力产生裂纹扩展，此时裂纹处于锁闭状态。

垂直应力 σ_1 与裂纹方向角 β 之间的关系曲线如图 4-8 所示。分析可知，当裂纹长度 a、水平应力 σ_2 一定，σ_1 增大到 $\sigma_{1,\min}$ 时，首先处于 β_C 方向的裂纹开始扩展，即裂纹扩展具有优势方向，随着应力进一步增大，β_C 方向附近的裂纹开始扩展，裂纹扩展的角度范围扩大。

由式(4-45)可知，当其他条件一致时，裂纹扩展具有临界长度，临界长度为：

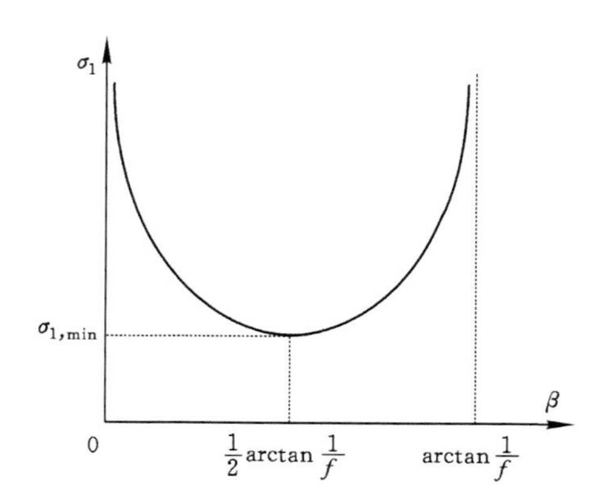

图 4-8　垂直应力 σ_1 与裂纹方向角 β 的关系

$$a_C=\frac{4K_{\text{Ⅱ}C}^2}{\pi\left[(\sigma_1-\sigma_2)(\sqrt{1+f^2}-f)-2f\sigma_2\right]^2} \tag{4-46}$$

由以上分析可知，载荷一定时，只有处于优势方向附近，长度大于临界长度的裂纹才能扩展，即在一定静载荷作用下，只有局部方向的长度超过临界长度的裂纹才能扩展。由式(4-46)可知，只有增大垂直方向与水平方向的差应力，才能使煤岩体裂纹扩展范围增大、裂纹扩展临界长度减小，使扩展裂纹数增多，增大煤岩体损伤程度，从而增大煤岩体破坏的概率。

静载状态下，应力变化缓慢，煤岩体损伤只在局部较小范围内发生。

4.3.2　震动波传播特性

煤岩体矿震将产生弹性应力波向煤岩空间传播。矿震产生的基本波有两类：一类为膨胀无旋扰动波，称为压缩波或纵波，也叫 P 波；另一类为旋度扰动波，称为剪切波或横波，也叫 S 波。纵波波速约为横波波速的$\sqrt{3}$倍，因此，矿震产生的纵波先于横波到达空间点，对该点产生动载作用。

介质密度 ρ_0 和弹性波波速 C_0 的乘积(ρ_0C_0)称为介质的波阻抗 Ω。震动波在传播过程中遇到结构面时将发生波反射、折射等现象。震动波在发生反射、折射过程中遵循如下守恒条件：界面两端质点震动速度连续、界面两端质点产生的作用力和反作用力相等。

4.3.2.1　震动纵波垂直界面入射

根据波阵面的守恒条件，对于震动波垂直界面入射有：

$$\begin{cases}v_T=v_I+v_R\\ \sigma_T=\sigma_I+\sigma_R\end{cases} \tag{4-47}$$

式中，下标 T，I，R 分别表示透射波、入射波和反射波的有关参数，由波阵面的守恒条件：

$$\begin{cases}\dfrac{\sigma_T}{\Omega_2}=\dfrac{\sigma_I}{\Omega_1}-\dfrac{\sigma_R}{\Omega_1}\\ \sigma_T=\sigma_I+\sigma_R\end{cases} \tag{4-48}$$

解式(4-47)和式(4-48)可得：

$$\begin{cases}\sigma_R=F\sigma_I\\ v_R=-Fv_I\end{cases} \tag{4-49}$$

$$\begin{cases}\sigma_T=T\sigma_I\\ v_T=nTv_I\end{cases} \tag{4-50}$$

$$\begin{cases}F=\dfrac{1-n}{1+n}\\ T=\dfrac{2}{1+n}\\ n=\dfrac{\Omega_1}{\Omega_2}\end{cases} \tag{4-51}$$

由式(4-49)～式(4-51)分析可知：

(1) 当 $\Omega_1<\Omega_2$，即 $n<1$ 时，$F>0$。此时反射波与入射波同号，透射波应力幅值大于入射波，称为应力波由“软”材料穿入“硬”材料。当 $\Omega_2\to\infty$，$n\to0$，则 $T=2$，$F=1$，此时相当于弹性波在固定端的反射。

(2) 当 $\Omega_1>\Omega_2$，即 $n>1$ 时，$F<0$。此时反射波与入射波异号，透射波应力幅值小于入射波，称为应力波由“硬”材料穿入“软”材料。当 $\Omega_2\to0$，$n\to\infty$，则 $T=0$，$F=-1$，此时相当于弹性波在自由面的反射。

4.3.2.2 震动纵波在界面斜入射

震动纵波在界面斜入射时将产生四种新的波，分别为反射纵波、反射横波、透射纵波、透射横波，如图 4-9 所示。界面上须满足的边界条件为：界面两边的法相位移、切向位移、法向应力、切向应力相等。

根据斯内尔定律，入射角、反射角、透射角须满足如下关系：

$$\frac{\sin\alpha_1}{C_{p1}}=\frac{\sin\alpha_2}{C_{p1}}=\frac{\sin\beta_2}{C_{s1}}=\frac{\sin\alpha_3}{C_{p2}}=\frac{\sin\beta_3}{C_{s2}} \tag{4-52}$$

同理，当横波斜入射到界面时，会在界面产生拉压应力，同样可激发纵波。可见，在传播界面上纵波和横波可相互诱导产生，从而使煤岩体受力条件变得复杂。

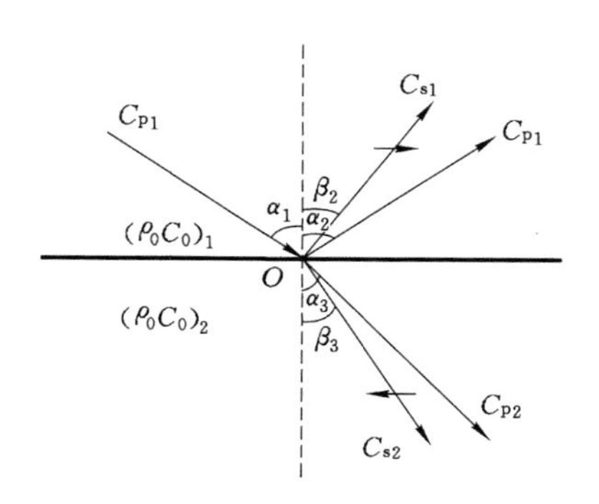

图 4-9　震动纵波斜入射的反射与透射

4.3.3　动载对煤岩体的破坏作用

矿震产生的纵波和横波两种基本波，在传播过程中将在结构面激发其他类型的面波。当传播距离较远时，纵波与横波由于传播速度的不同，逐渐分离[图 4-10(a)]，从而对传播介质产生依次加载；当传播距离较近时，纵波和横波将同时对传播介质进行加载[图 4-10(b)]，使得煤岩介质受力状态变得复杂。

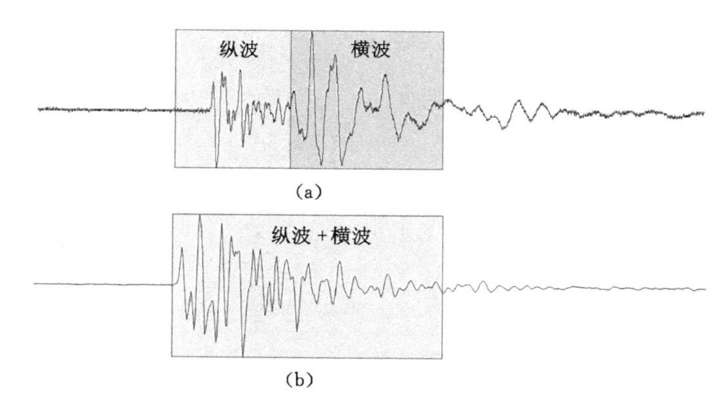

图 4-10　近远场纵横波关系

(a) 远场纵横波分离；(b) 近场耦合纵横波

4.3.3.1　纵波动载对传播介质的损伤破坏作用

纵波由震源所受应力的无旋扰动产生，在传播介质中起拉压作用。纵波作用下煤岩介质受力状态如图 4-11 所示。

纵波作用下煤岩介质受到反复的拉压应力作用，在此过程中，最大主应力轴在 y 轴和 x 轴之间反复切换。当 y 方向出现压应力时，与静载作用下煤岩体受

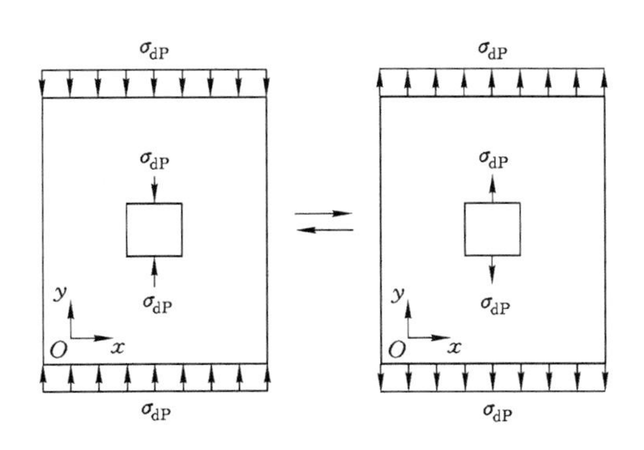

图 4-11　纵波作用下煤岩介质受力状态

力类似，随着动载强度增强，煤岩体内受压闭合裂纹扩展存在优势方向 β_C，裂纹扩展的临界动载荷为：

$$\sigma_{dP,\min}=2\frac{K_{\mathrm{II}C,d}/\sqrt{\pi d}}{\sqrt{1+f}-f} \tag{4-53}$$

式中，$K_{\mathrm{II}C,d}$ 为Ⅱ型裂纹动态断裂韧度。

当 y 方向出现主拉应力时，煤岩介质内平行 x 轴的裂纹为纯Ⅰ型裂纹，其他方向分布的裂纹为Ⅰ-Ⅱ复合型裂纹。由最大周向应力理论可知，单轴受拉条件下，裂纹优势方向角为 $\beta_m=68.089\ 3°$。因此，y 方向出现主拉应力时也存在裂纹优势扩展方向。

在纵波作用下，在优势扩展方向上，裂纹长度大于临界裂纹长度的裂纹优先扩展并使煤岩体产生损伤，其他方向上的裂纹扩展需要的应力和裂纹长度较优势方向上的大许多。然而，在纵波作用下，煤岩介质裂纹扩展至少存在 2 个优势方向，较静载对煤岩介质损伤范围加大。

4.3.3.2　横波动载对传播介质的损伤破坏作用

横波由震源所受应力的旋度扰动产生，在传播介质中引起剪切作用。横波作用下煤岩介质受力状态如图 4-12 所示。

横波作用下煤岩介质受到的剪应力大小及方向存在周期性变化，方向来回切换。在此过程中，煤岩介质所受最大主应力轴在与 y 轴和 x 轴成 45°角的两个方向之间反复旋转切换。与横波传播方向垂直分布的裂纹为纯Ⅱ型裂纹，裂纹面受到纯剪切作用，裂纹沿与裂纹成 70°32′角方向扩展，并最终弯折向最大主应力方向，与横波传播方向斜交的裂纹为Ⅰ-Ⅱ复合型裂纹，根据最大周向应力理论可知，其存在优势方向，且优势方向与主拉应力方向夹角为 68.089 3°。

在横波作用下，在优势破裂方向上，裂纹长度大于临界裂纹长度的裂纹优先

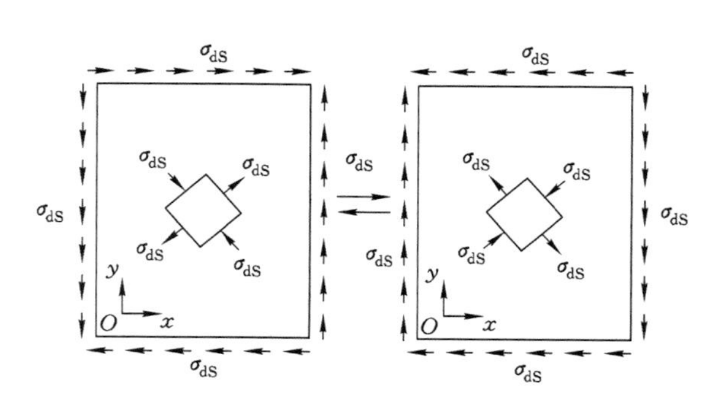

图 4-12　横波作用下煤岩介质受力状态

扩展并使煤岩体产生损伤累积，其他方向上的裂纹扩展需要的应力和裂纹长度则较优势方向上的大许多。在横波作用下，随横波经过传播介质引起震动方向的改变，质点受力方向及大小也随之改变，裂纹扩展的优势方向也反复旋转变化，较静载对煤岩介质损伤范围加大。

4.3.3.3　纵横波组合动载对传播介质的损伤破坏作用

当煤岩介质离震源较近时，将受到纵波和横波的组合作用，由于纵横波震动周期及峰值不同，煤岩介质受力状态极为复杂。若按二维受力分析，煤岩介质所受主应力为：

$$\sigma_{p1,p2}=\frac{\sigma_{dP}(t)}{2}\pm\sqrt{\frac{\sigma_{dP}(t)^2}{4}+\sigma_{dS}(t)^2} \tag{4-54}$$

式中，$\sigma_{dP}(t)$为纵波产生的拉压动载，$\sigma_{dS}(t)$为横波产生的剪切动载。最大主应力方向与震动波传播方向的夹角为：

$$\theta_p=\frac{1}{2}\arctan\frac{2\sigma_{dS}(t)}{\sigma_{dP}(t)} \tag{4-55}$$

由式(4-55)可知，由于纵波与横波的组合方式不同，在纵横波组合作用下，主应力轴可在任意方向上变化，从而使处于任何方位的裂纹均可在某时刻与裂纹优势扩展方向重合，从而使裂纹产生扩展，进而增大煤岩体损伤。

4.3.3.4　震动波参数对动载诱发煤岩损伤破坏的影响

煤岩体所受动载强度越大，应力越容易达到煤岩断裂韧度而引起裂纹扩展，同时裂纹及缺陷扩展方向变宽，煤岩体损伤范围加大，容易形成破坏。然而煤岩体在动载作用下的损伤及破坏除与动载强度有关外，还与震动波其他参数存在相关关系。根据阿累尼乌斯方程和过渡理论，当材料受外力 F 作用时，裂纹扩展速度为：

$$v_N = A\exp\left(\frac{\gamma F - \Delta\varepsilon_1}{kT}\right) \tag{4-56}$$

式中，A 为频率因子，γ 为与结构或受力方式有关的参数，$\Delta\varepsilon_1$ 为活化能，k 为波尔兹曼常数，T 为绝对温度。

由式(4-56)可知，裂纹扩展速度与受力大小呈指数关系，受力越大裂纹扩展越快。研究表明，当受力足够大时，裂纹扩展可达到瑞雷波速度甚至P波速度。因为裂纹扩展存在一定速度，所以，裂纹扩展长度与时间有关，受力时间越长裂纹扩展长度越大。另外，由式(2-12)可知，动载的加载应变率与震动波频率 f 和质点峰值震动速度 v_0 有关，震动波频率越大、质点峰值震动速度越大时，加载应变率越大。由第3章试验研究可知，加载速率越大，煤岩体强度越高，动态断裂韧度越大，越不容易引起裂纹扩展，而质点震动速度越快，动载越强，越容易诱发裂纹扩展。综上分析，震动波引起的质点峰值震动速度越大、震动频率越低、震动持续时间越长的震动波，越容易诱发煤岩体裂纹扩展以及损伤破坏。由于裂纹扩展存在临界载荷强度，如图4-13(a)所示，震动波峰值震动速度越大，一个周期中，动载荷大于临界载荷的时段占整个周期的比例越高，裂纹扩展的时间越长，且峰值震动速度越大，裂纹扩展速度越快，煤岩体损伤越大，越容易达到煤岩体破坏的损伤临界值；如图4-13(b)所示，震动波震动周期越大，频率越小，震动波加载应变率越小，裂纹动态断裂韧度越小，裂纹越容易扩展。

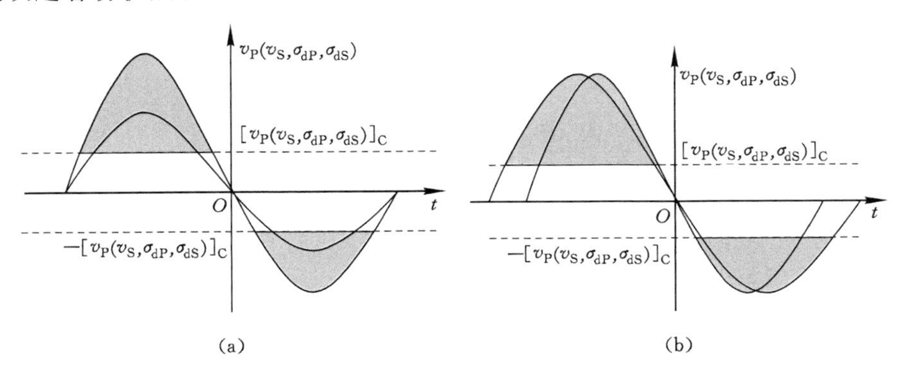

图4-13 震动波参数与煤岩损伤的关系

(a) 震动波峰值震动速度与动载的关系；(b) 震动波震动周期(频率)与动载的关系

质点离震源越近，质点峰值震动速度越大，纵波和横波重叠部分比例越高；震源能量越高，矿震主频越低，频谱越丰富，相同距离质点峰值震动速度相应越高。因此，近距离强矿震更容易引起煤岩体损伤破坏。

4.4 动静载组合作用下的煤岩破坏失稳

以上分别就静载、动载在煤岩损伤破坏中的作用进行了探讨。实际矿井开采中，煤岩体本身受到较高的集中静载作用，采动动载作用时，煤岩体受到动静组合作用。动静组合作用下，煤岩体损伤破坏、失稳情况更为复杂。静载作用下煤岩体受力大小及方向相对稳定，动载大小和动载主应力方向处于不断变化之中。本节主要就采动动载与静载组合作用下煤岩损伤破坏及失稳情况进行探讨。

4.4.1 动静载组合作用导致的煤岩损伤

动静载组合作用下煤岩损伤破坏主要与动静载组合下应力状态有关。设某质点处静载主应力为 $\boldsymbol{\sigma}_{\mathrm{s}}$，随时间变化的动载为 $\boldsymbol{\sigma}_{\mathrm{d}}$，表达式分别如式(4-57)和式(4-58)所示。

$$\boldsymbol{\sigma}_{\mathrm{s}}=\begin{bmatrix}\sigma_{\mathrm{s1}} & 0\\ 0 & \sigma_{\mathrm{s2}}\end{bmatrix}\tag{4-57}$$

$$\boldsymbol{\sigma}_{\mathrm{d}}=\begin{bmatrix}\sigma_{\mathrm{d1}}(t) & \tau_{\mathrm{d}}(t)\\ \tau_{\mathrm{d}}(t) & \sigma_{\mathrm{d2}}(t)\end{bmatrix}\tag{4-58}$$

则动静载组合作用下，该点的应力场为：

$$\boldsymbol{\sigma}_{\mathrm{d}}=\begin{bmatrix}\sigma_{\mathrm{s1}}+\sigma_{\mathrm{d1}}(t) & \tau_{\mathrm{d}}(t)\\ \tau_{\mathrm{d}}(t) & \sigma_{\mathrm{s2}}+\sigma_{\mathrm{d2}}(t)\end{bmatrix}\tag{4-59}$$

动静载组合下该点的主应力变为：

$$\sigma_{p1,p2}=\frac{\sigma_{\mathrm{s1}}+\sigma_{\mathrm{s2}}+\sigma_{\mathrm{d1}}(t)+\sigma_{\mathrm{d2}}(t)}{2}\pm\sqrt{\frac{[\sigma_{\mathrm{s1}}-\sigma_{\mathrm{s2}}+\sigma_{\mathrm{d1}}(t)-\sigma_{\mathrm{d2}}(t)]^2}{4}+\tau_{\mathrm{d}}(t)^2}\tag{4-60}$$

动静载组合作用下，主应力轴相对于静载旋转的角度为：

$$\theta_p=\frac{1}{2}\arctan\frac{2\tau_{\mathrm{d}}(t)}{\sigma_{\mathrm{s1}}-\sigma_{\mathrm{s2}}+\sigma_{\mathrm{d1}}(t)-\sigma_{\mathrm{d2}}(t)}\tag{4-61}$$

式(4-60)表明，组合应力状态为时间 t 的函数，处于不断的变化过程中。式(4-61)表明，动载作用下，主应力方向随时间不断旋转变化，且变化的幅度主要与静载主差应力以及动载强度相关，动载强度且变化范围越大，应力主轴旋转的范围也越大。因此，动静载组合作用下，动载起到了改变应力大小及方向的作用。由图 4-8 可知，应力大小改变时，可使更大角度范围的裂纹达到临界应力而扩展，随着应力主轴的旋转，可使优势扩展方向随之旋转，从而使更多方向上的

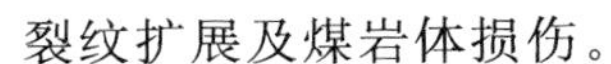
裂纹扩展及煤岩体损伤。

由以上分析可知，在动静载组合作用下，静载为应力基础，动载起触发裂纹扩展的作用。由于煤岩体中存在大量原生和次生裂隙，裂纹长度服从概率分布，在静载作用下，裂纹长度大于该方向上当前静载裂纹扩展临界长度的裂纹将扩展，从而使煤岩体产生损伤。在动载作用下，一方面使应力大小提高，使裂纹扩展临界长度减小，使更多的裂纹扩展，另一方面使相同裂纹长度可扩展的方位角变宽。如没有静载作为应力基础，单纯动载作用要使应力达到裂纹扩展的临界应力则较为困难。

动载作用之后，由于煤岩体中大量裂纹长度已增长，使得扩展临界应力减小，同时由于裂纹扩展使损伤因子 D 增大，由式(4-6)可知，有效应力提高，从而使裂纹扩展临界长度减小。因此，动载过后，在单纯静载作用下，煤岩体内裂纹将进一步扩展而使煤岩体进一步损伤。裂纹扩展将消耗煤岩体存储的弹性变形能，煤岩体应力将减小，若系统无外在能量输入或应力向系统转移，煤岩系统将达到新的平衡状态。若系统达到平衡状态之前，煤岩损伤因子达到临界损伤因子 D^*，则煤岩体将产生破坏。

4.4.2 动静载组合作用产生的结构面滑移失稳

如图 4-8 所示，当裂纹角 β 趋近于 $\arctan(1/f)$ 时，定长裂纹扩展所需的应力趋于无穷大。如图 4-7 所示，裂纹方向角 β 与裂纹倾斜角 α 互为余角。当裂纹角 β 趋近于 $\arctan(1/f)$ 时，α 趋近于 $\arctan f$（摩擦角 φ），此时，裂纹面上剪切应力增量与摩擦力增量相等，即无论静载如何增大，裂纹面剪切应力无法克服摩擦力，裂纹不能扩展。裂纹面处于应力“闭锁”状态。

当动载作用于裂纹时，动载将改变裂纹面的受力状态，使原本的应力“闭锁”结构产生“解锁”滑移，如图 4-14 所示。

4.4.3 震动波自由面反射产生的煤体失稳

煤矿开采围岩及煤体破坏主要发生在采掘空间附近，采掘空间形成的自由面对震动波将产生反射作用。如式(4-51)所列，当震动波在自由面反射时，反射波与入射波引起的质点震动速度相等，但应力方向相反，在自由面附近由于震动波叠加最大动载将变为原来的 2 倍。当震动波在自由面产生反射时，容易在自由面附近产生拉伸应力而使煤壁产生拉伸破坏。当煤壁表面破坏后，煤壁附近产生新的自由面，如果震动波持续时间足够长，将引起煤壁连续破坏而导致大面积煤体破坏失稳。

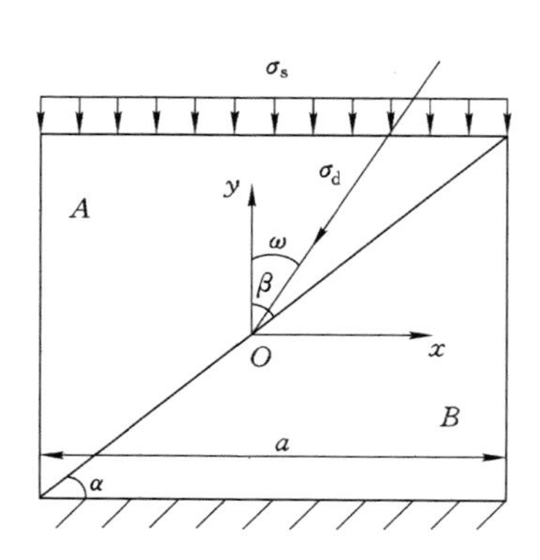

图 4-14　动静载组合作用诱发结构面滑移模型

4.5　采动动载作用的数值模拟分析

采动动载属动态载荷，对煤岩体作用时间短，且涉及的地层范围大，不宜采用实验室相似模拟研究，而适合采用数值模拟方法进行研究。数值模拟法通过采用合适的煤岩本构模型，通过模拟可获得丰富的信息，形象、直观地展现应力、应变等参数与研究参量之间的关系。

采动动载诱发冲击矿压现象以及冲击点围岩变形破坏程度与震源能量、震源传播距离、震源模式、传播介质等的关系，高明仕、陆菜平、曹安业、卢爱红等学者已做过相关的数值模拟研究，得到了许多有益的结论，在此本书不再详述。本书主要采用二维快速拉格朗日差分分析法（$FLAC^{2D}$）模拟研究采动动载对工作面前方及巷道实体煤帮冲击矿压多发区煤体的破坏作用，确定采动动载诱发煤岩冲击破坏的内在机制。

4.5.1　模拟背景及方案

模型背景参照桃山煤矿 93 右三片工作面地质条件。为减少其他因素对结果的影响，且使模型具有代表性，根据研究的主要目的，对地质条件稍作简化，不考虑煤层倾角，煤厚取 3 m，采深为 600 m，主要研究采空区侧巷道实体煤帮煤体在采动动载作用下的动力学响应。模型右侧为 93 右二片工作面采空区，左侧为 93 右三片工作面实体煤。模型尺寸为 200 m（长）×150 m（高），93 右三片工作面实体煤留设 80 m，回采巷道宽 4 m，巷旁留设 4 m 小煤柱，93 右三片采空区开挖 112 m。模型共划分成 200×150 共计 30 000 个基本单元。模型几何结构如图 4-15 所示。

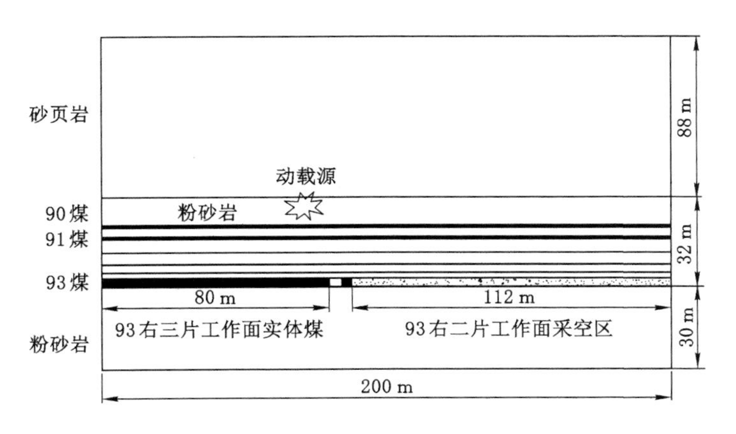

图 4-15 模型几何结构

根据岩层强度关系以及开采过程中的来压关系，反演得到的合理岩层属性见表 4-1。

表 4-1 **岩层属性**

岩性	厚度/m	密度/(kg/m³)	体积模量/GPa	剪切模量/GPa	黏聚力/MPa	内摩擦角/(°)	抗拉强度/MPa
粉砂岩	30	2 700	4.58	4.01	2.40	37	4.00
93 煤	3	1 300	1.51	1.00	0.81	30	2.00
细砂岩	2	2 700	5.07	3.43	4.10	37	6.00
粉砂岩	3	2 700	4.58	4.01	2.40	37	4.00
细砂岩	4	2 700	5.07	3.43	4.10	37	6.00
粉砂岩	5	2 700	4.58	4.01	2.40	37	4.00
91 煤	3	1 300	1.51	1.00	0.81	30	2.00
粉砂岩	3	2 700	4.58	4.01	2.40	37	4.00
90 煤	1	1 300	1.51	1.00	0.81	30	2.00
粉砂岩	10	2 700	4.58	4.01	2.40	37	4.00
砂页岩	88	2 610	3.62	3.00	2.55	33	2.00

模拟步骤为：建立模型→原岩应力平衡→开挖 93 右二片工作面及回采巷道→静态应力场平衡→施加动载荷→研究动载对煤岩体的作用。

模拟方案如下：

(1) 采用 FLAC^{2D}的图形输出功能，再现动载产生的质点震动速度云图的演

化过程，直观显示动载的传播过程及特点；

(2) 采用 $FLAC^{2D}$ 历史记录功能，研究煤壁表面及深部煤体的动静载组合应力特征，分析采动动载对煤体的作用；

(3) 分析煤体位移、速度演化特征及破坏过程，研究煤体破坏与采动动载的关系。

按照以上参数及步骤模拟得到的静载条件下垂直应力分布云图如图 4-16 所示，图中显示采空区边沿上方拉剪破坏区域受力状态较为复杂，与采矿实际情况一致。

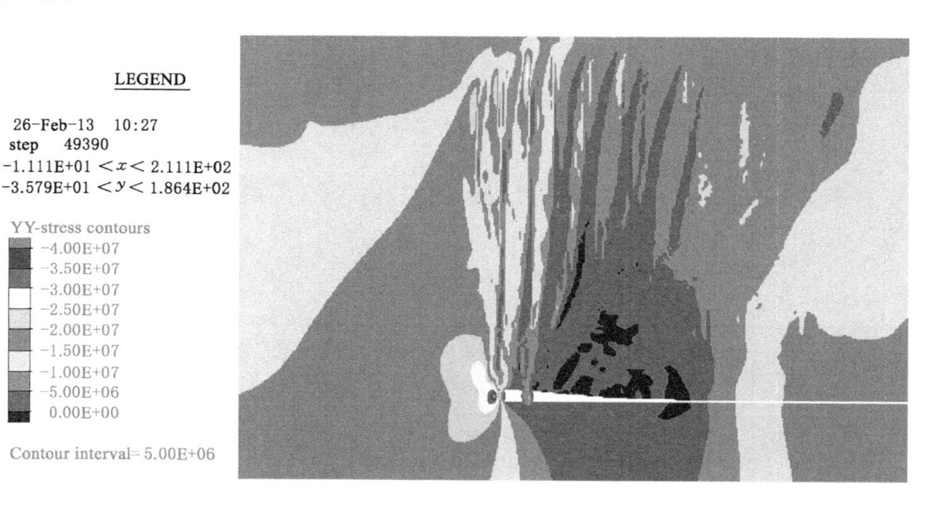

图 4-16　静载条件下垂直应力分布云图

由第 2 章矿震能量与震源处质点震动速度的统计，能量为 106 J 级的矿震震源处质点震动速度为 8～12 m/s，同时根据表 4-1 岩体属性算得 P 波波速约为 3 000 m/s，由震动波动载计算公式求得震源处动载约为 60 MPa，因此，模拟过程中动载强度采用 60 MPa，同时施加水平动载分量及垂直动载分量，模拟顶板拉剪破坏产生的动载作用。动载施加于巷道实体煤帮上方 20 m 处粉砂岩顶板中。震源为水平 10 m 长的线震源模拟矿井实际开采的面震源，震动频率为 50 Hz，动载形式为正弦波，动载作用 2 个周期。

4.5.2　采动动载对煤岩体作用的模拟结果

4.5.2.1　采动动载传播过程及特性

因工作面开采后形成的应力重新分布，与动载叠加时，模拟显示的应力分布

是动静载叠加的结果，不能体现动载的传播特点。由动载与质点震动速度的线性关系，质点速度云图可直观显示动载的传播过程。图 4-17 为动载作用过程质点垂直速度云图的演化过程，代表了 Y 方向的动载应力演化过程。

如图 4-17 所示，动载传播具有以下特点：① 采动诱发的岩体破断等面震源，近震源处动载波阵面形似椭球状，随着传播距离增大，动载趋向于球形扩散，近震源处动载作用不能简单地将震源视为点震源；② 纵波和横波能量具有优势传播方向；③ 采空区对动载产生了隔离作用，波从疏松介质向致密介质传播时将产生反射，波传播减少，透射波主要在疏松介质中耗散，设置塑性区弱结构可减弱动载的传播。

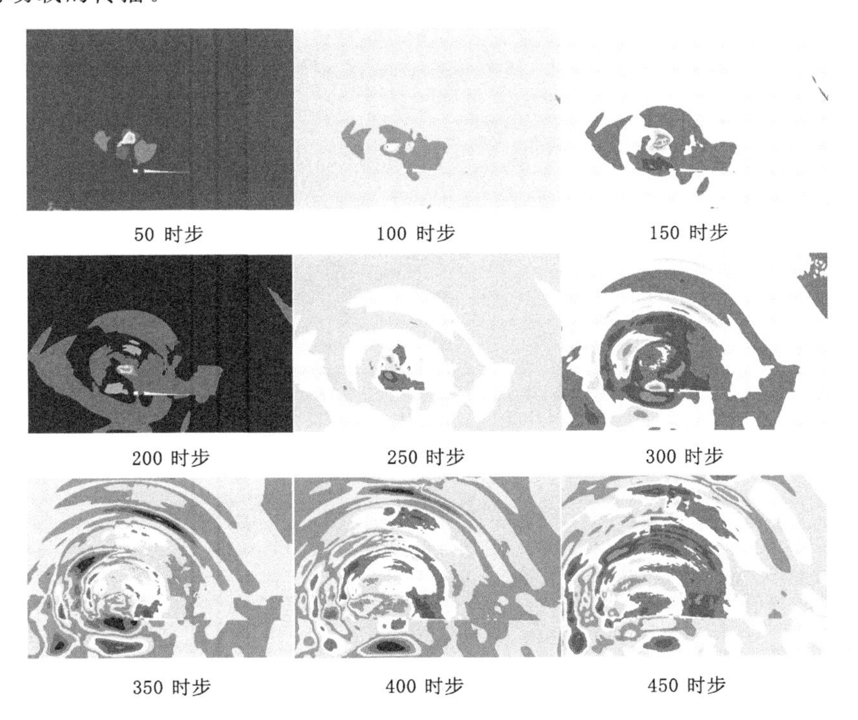

图 4-17　动载作用过程质点垂直速度云图演化过程

图 4-18 为震源处施加的动载时程曲线，同时在 X 和 Y 方向施加 2 个周期的正弦波动载。巷道煤壁表面和距煤壁 5 m 深处质点震动速度时程曲线如图 4-19所示，分析可见震动波在传播过程中经过界面反射等作用，振幅较大的震动周期达到 4 个以上，震动波变异得较为复杂，与煤矿实际监测到的矿震震动波类似，即震源简单的破裂形式形成的震动波传播到开采空间附近对煤岩体也将形成复杂的动载加载过程。

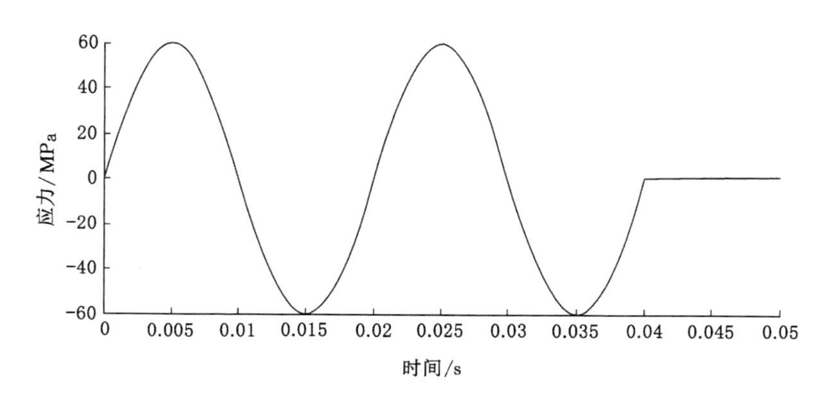

图 4-18　震源处施加的动载时程曲线

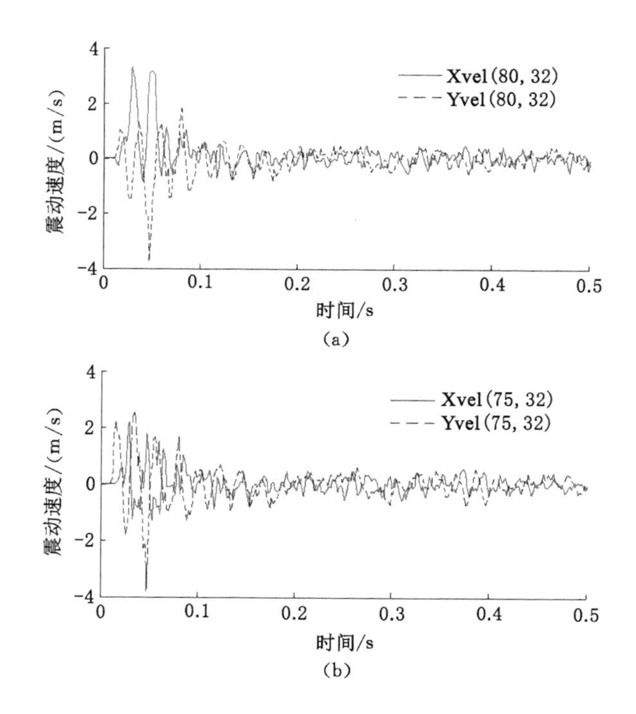

图 4-19　监测点质点震动速度时程曲线

(a) 巷道煤壁表面;(b) 距煤壁 5 m

动静载叠加的垂直应力分布演化过程如图 4-20 所示,分析可得动载传播过程与静载叠加具有如下特征:① 弹性高应力区动载传播效果较好,衰减较慢,与

巷道实体煤帮叠加产生高应力集中，冲击矿压易发生在巷道具有弹性核区的一帮，与实际冲击显现相符；② 动载可绕过巷道及采空区边沿向底板弹性高应力区传播，如 300 时步、350 时步、450 时步应力云图所示，对于底板具有高应力集中区的情况，顶板采动动载可诱发底板型冲击显现；③ 动载诱发巷道边界等区域煤岩体震荡将持续一段时间，在应力重新获得平衡过程中，动静载叠加将持续进行，在此过程中可诱发滞后冲击显现。④ 采空区塑性区对采动动载起到很好的吸收作用，采动动载未引起采空区顶板应力出现显著变化。

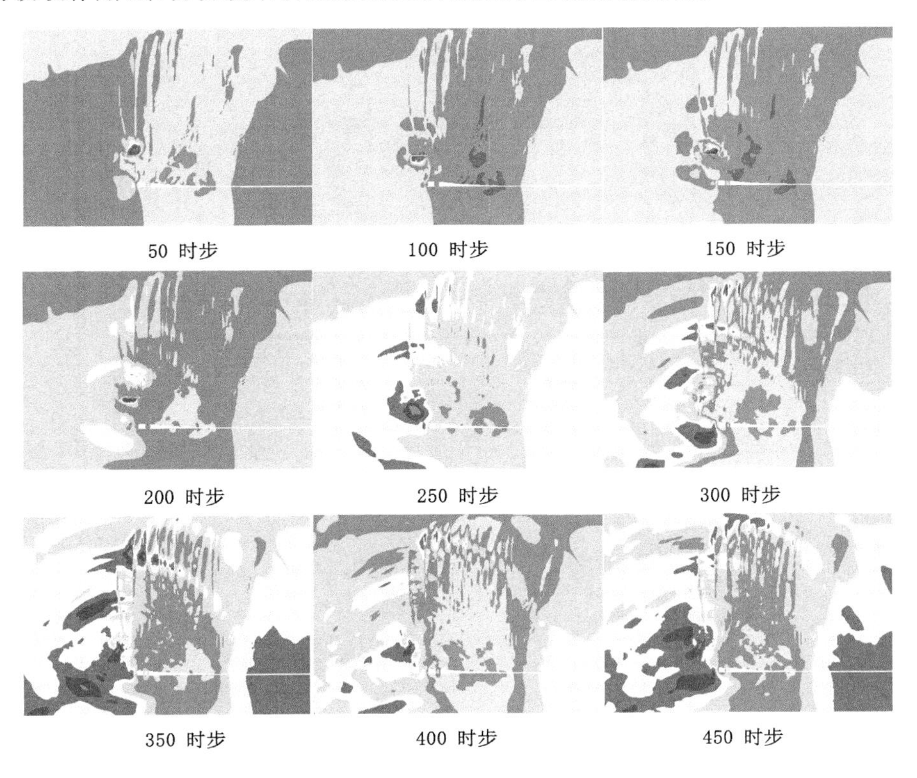

图 4-20　动静载叠加的垂直应力分布演化过程

4.5.2.2　采动动载在自由面的反射

震动波传播至自由面将发生波反射，入射波与反射波叠加可使质点震动幅值增大，当波峰与波峰相遇时，振幅可增大为入射波的 2 倍。图 4-21 为煤壁表面及 5 m 深处质点震动速度时程曲线。图中所示煤壁表面处质点水平震动速度较 5 m 处大，为 1.52 倍，而垂直震动速度幅值则为 0.73 倍，反而较小。若无巷道自由空间影响，两质点与震源距离一致，相对位置亦相差不大，其水平及垂

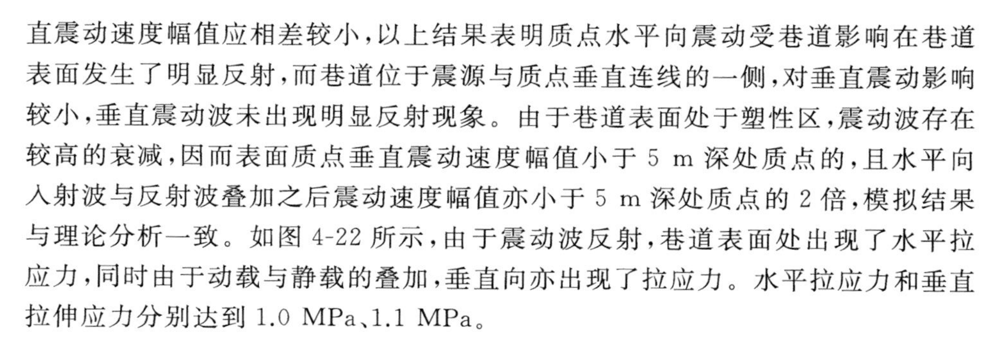

直震动速度幅值应相差较小，以上结果表明质点水平向震动受巷道影响在巷道表面发生了明显反射，而巷道位于震源与质点垂直连线的一侧，对垂直震动影响较小，垂直震动波未出现明显反射现象。由于巷道表面处于塑性区，震动波存在较高的衰减，因而表面质点垂直震动速度幅值小于 5 m 深处质点的，且水平向入射波与反射波叠加之后震动速度幅值亦小于 5 m 深处质点的 2 倍，模拟结果与理论分析一致。如图 4-22 所示，由于震动波反射，巷道表面处出现了水平拉应力，同时由于动载与静载的叠加，垂直向亦出现了拉应力。水平拉应力和垂直拉伸应力分别达到 1.0 MPa、1.1 MPa。

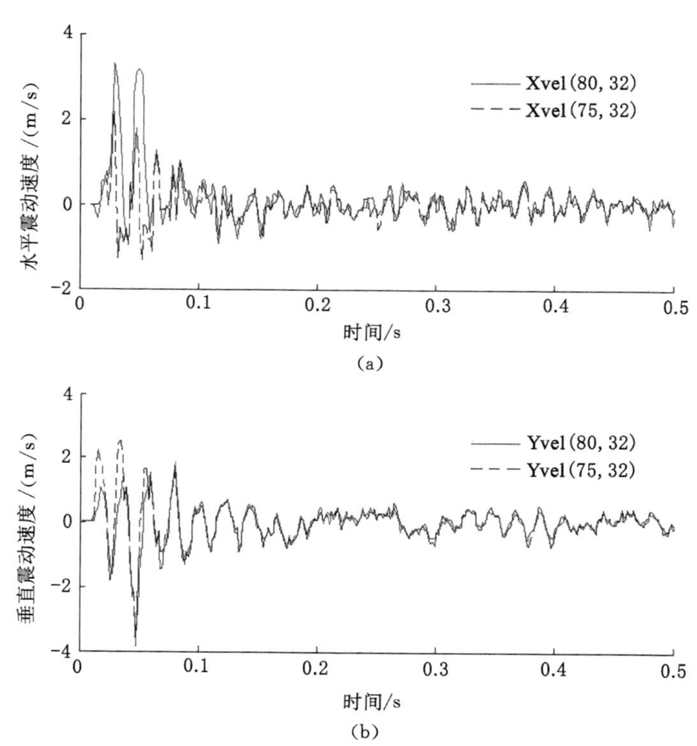

图 4-21　煤壁表面及 5 m 深处质点震动速度时程曲线

(a) 煤壁表面及 5 m 深处质点水平震动速度；(b) 煤壁表面及 5 m 深处质点垂直震动速度

4.5.2.3　采动动载引起的煤体主应力变化

理论分析表明动载作用下煤体主应力大小及方向的改变是煤岩体裂纹扩展损伤的主要原因。图 4-23 和 4-24 分别为煤壁及 5 m 深处垂直和水平应力与主应力的关系图，可见垂直应力与第一主应力以及水平应力与第二主应力在动载

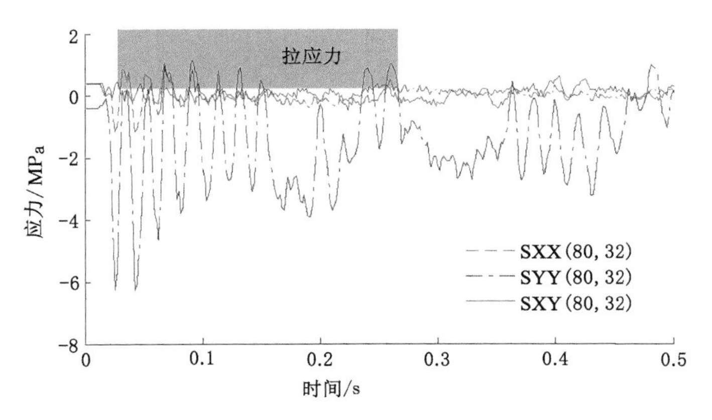

图 4-22 煤壁处震动波反射拉应力

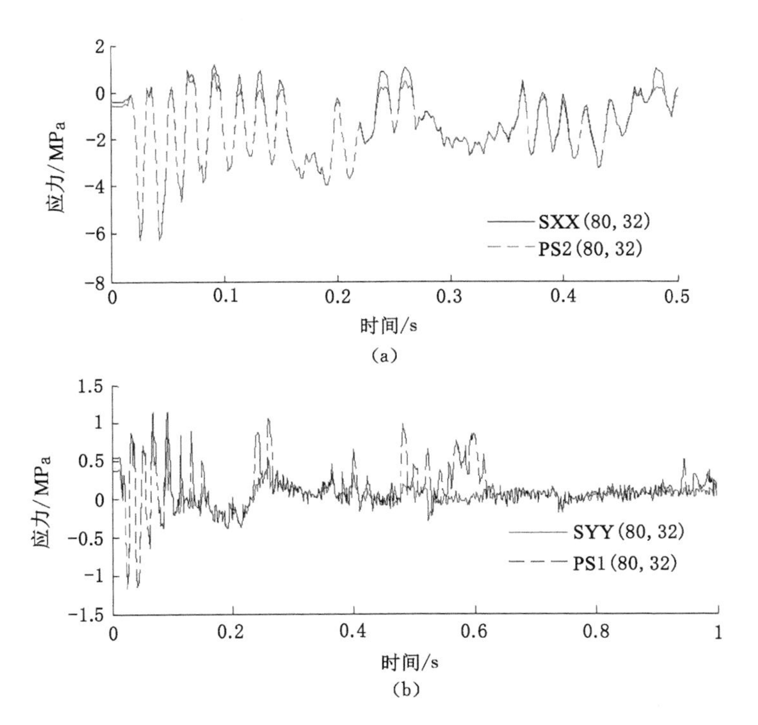

图 4-23 煤壁处垂直及水平应力与主应力的关系

(a) 煤壁处垂直应力与主应力关系;(b) 煤壁处水平应力与主应力关系

作用过程中均存在较大差异,且其大小处于不断的变化过程中。如图 4-23 所示,动载作用过程中煤壁处主应力显著增大,从不到 1 MPa 最大增大到 6 MPa。

如图 4-24 所示，煤壁 5 m 处由于处于弹塑性交界处，动载作用下煤体产生破坏，应力很快得到释放，应力显著减小。图 4-25 表明，动载作用过程中煤体主应力轴旋转角度可达到近 90°，即最大主应力与最小主应力方向可发生交换。在此过程中，处于任何方位的裂纹均可在某时刻与裂纹扩展优势方向重合，裂纹扩展机会增加，即在静载作用下不易扩展的裂纹，动载作用下存在扩展的可能，同时动载作用过程短暂，在极短的时间内大量裂纹扩展将导致煤岩体瞬间急剧损伤，使损伤因子在动载作用时达到临界损伤因子的概率急剧升高，从而诱发煤岩体产生不可避免的破坏。

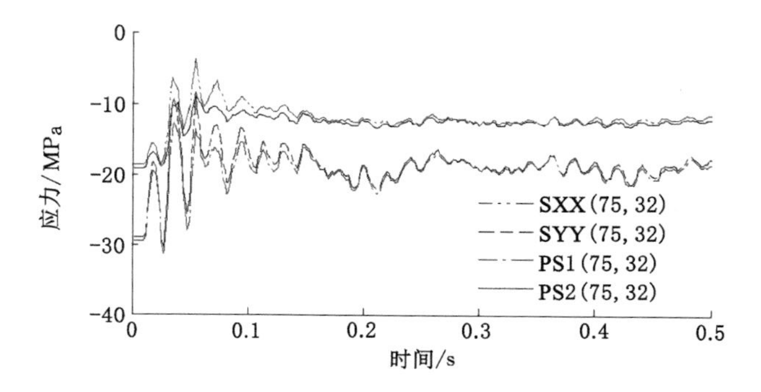

图 4-24　煤壁 5 m 深处垂直及水平应力与主应力的关系

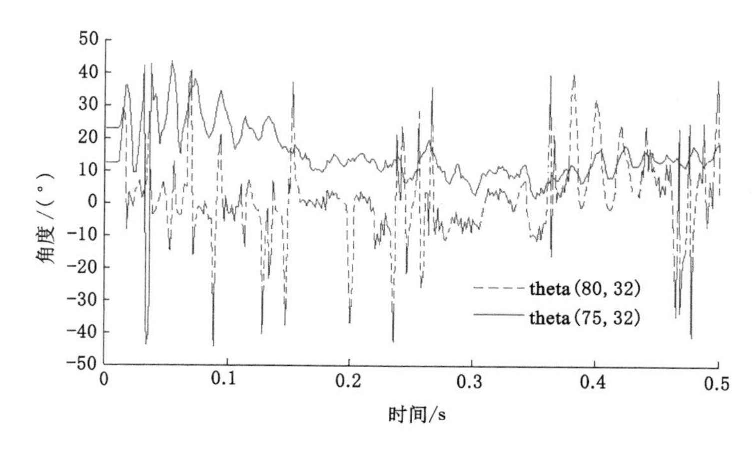

图 4-25　煤壁及 5 m 深处主应力轴与坐标轴的关系

图 4-26 表明，在动载作用过程中煤体主应力的差应力处于波动状态，且在波动过程中某些时刻的差应力较静载时成倍增大，由裂纹扩展的应力条件可知，增大主应力的差应力可减小裂纹扩展的最大主应力，从而使裂纹扩展变得容易，

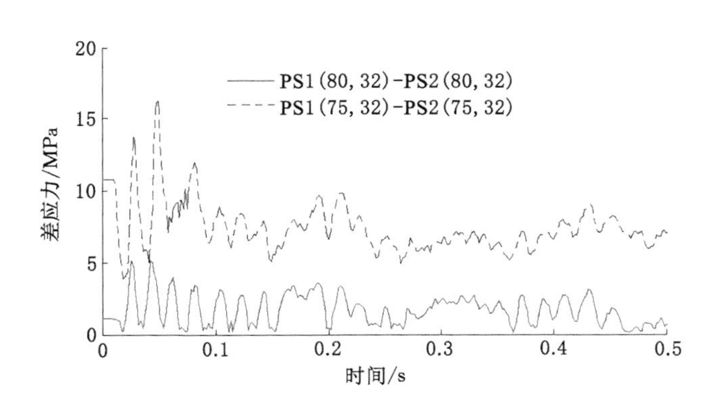

图 4-26　主应力的差值演变过程

进而使煤体损伤加剧，进一步增大了煤体破坏的概率，即动载作用下，煤体的局部强度减弱。这也是实际生活中采用低于材料强度的冲击动载多轮作用下使材料疲劳破坏的主要原因。

4.5.2.4　采动动载诱发煤体弹性变形能释放

理论和模拟研究表明，动载作用时煤岩体损伤加剧，在静载条件下不能破坏的煤岩区域也可发生破坏，从而释放静载储存的弹性变形能。如图 4-27 所示，煤壁及 5 m 深处煤体在动载作用之后其水平应力、垂直应力均减小。煤壁表面静载较小，表现不及煤壁 5 m 深处明显。5 m 深处动载作用后，静载水平应力降低了 6.7 MPa，垂直应力降低了 10.6 MPa。单位煤体释放弹性变形能约 1.1×10^5 J/m^3，而不考虑衰减只考虑几何扩散条件下动载通过单位面积的能量为 2.0×10^2 J/m^2，可见对于高静载条件下的冲击破坏，静载是煤岩破坏的主要能量来源，动载主要起到触发煤体损伤破坏的作用，当然对于低静载条件下的动载诱发冲击破坏，动载输入的能量在诱发煤体冲击破坏过程中也起到重要作用，如浅部工作面的冲击矿压显现多为强烈动载诱发。模拟结果与第 3 章动静载组合加载试验结果一致，当静载较高时，煤岩体表现为静载破坏形态，当静载较低、动载较高时，煤岩则表现为动载破坏形态。图 4-28 为煤壁附近动载作用前后煤体应力对比图，很明显动载作用后煤体静载出现了大幅降低，释放了所存储的大部分弹性变形能。

4.5.2.5　采动动载诱发煤体破坏及变形失稳

数值模拟结果表明，动载诱发煤体破坏及失稳表现为以下几个方面：

（1）动静载组合作用下主应力方向及大小发生变化，使裂纹扩展范围增大，从而使煤体损伤加剧；

（2）主应力的差应力增大，使裂纹扩展临界最大主应力减小，从而使煤岩体损伤变得容易；

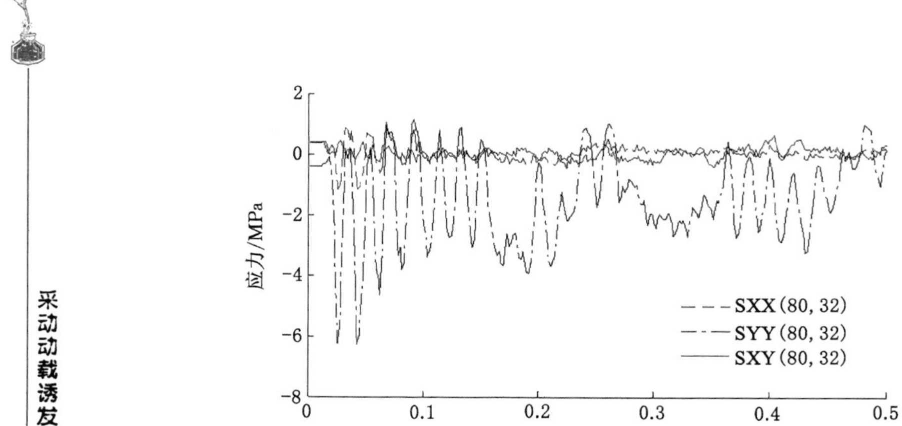

(a)

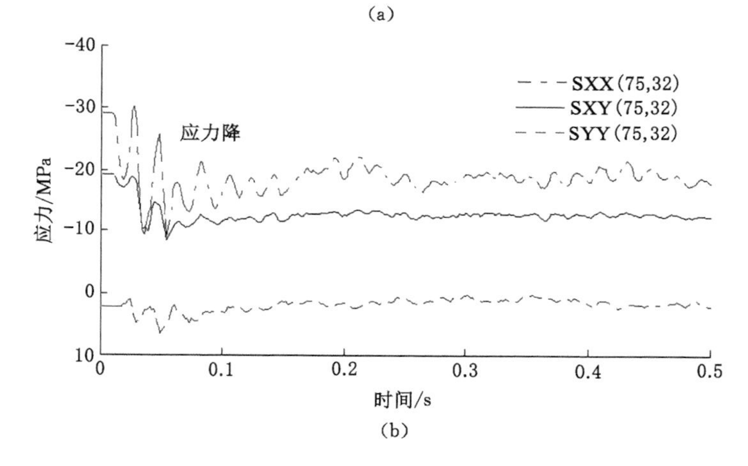

(b)

图 4-27　动载作用过程煤体产生的应力降

(a) 煤壁处应力降；(b) 煤壁 5 m 深处应力降

(3) 动载使煤体损伤加剧、有效应力增大、宏观强度降低，当煤体强度低于静载时会诱发煤体持续破坏；

(4) 自由面附近应力波反射出现拉应力改变煤体受力状态，使煤体从受压到受拉，强度显著减小而破坏；

(5) 动静载叠加使某些时刻煤体水平应力大于垂直应力，使煤体水平低强度方向承载，从而使煤体在水平方向上出现大变形，最终导致煤体失稳破坏。

图 4-29 表明，动载作用时，煤壁表面瞬间水平位移从 72 mm 增加到 140 mm，此过程仅用时 0.09 s，之后在残余动载扰动下煤壁表面水平位移并未明显增大，同时巷道变形的两次突增与图 4-26 两次主差应力强脉冲相对应，说明主震产生的高主差应力在诱发为煤体变形失稳中起主要作用。巷道表面瞬间移近 68 mm，如果

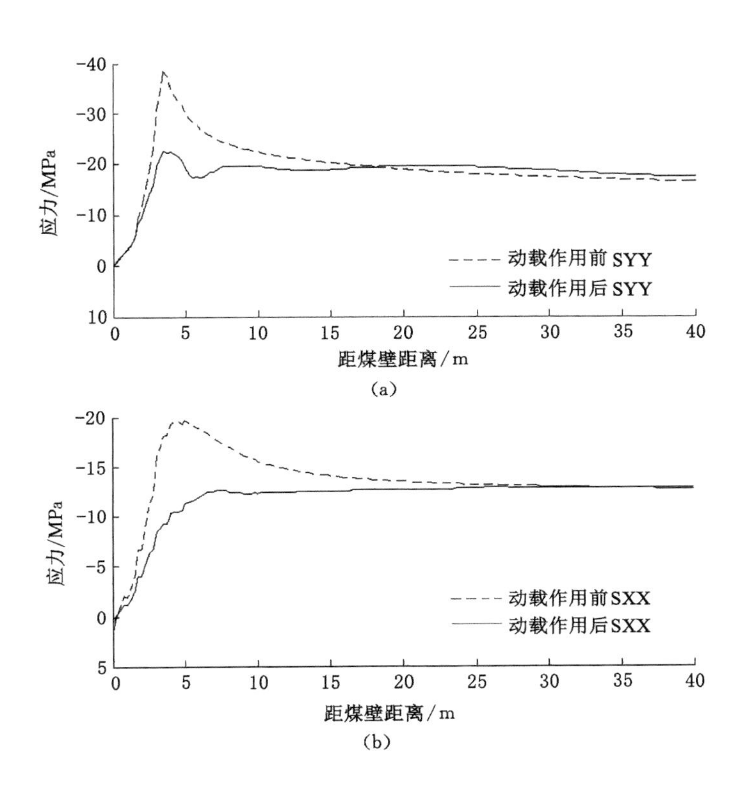

图 4-28　动载作用前后煤体应力对比

(a) 垂直应力比较；(b) 水平应力比较

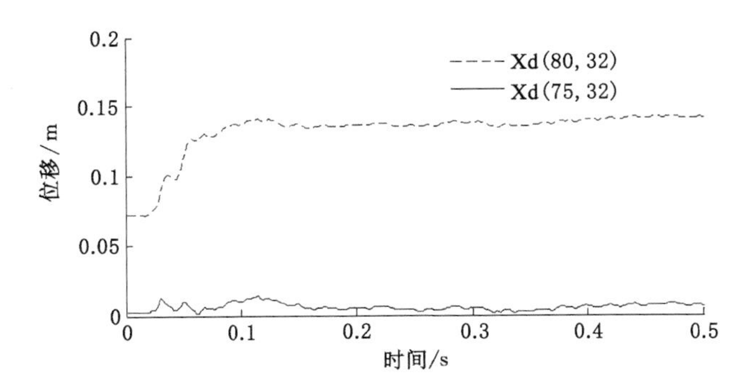

图 4-29　动载作用过程煤壁水平位移时程曲线

巷道未采用合理而有效的支护形式，极有可能诱发冲击矿压显现。

图 4-30 表明，动载作用过程中震动波促使煤壁深处 5～7 m 范围产生塑性破坏。如果巷道采用了较好的支护形式，则此次矿震动载作用产生的结果是巷

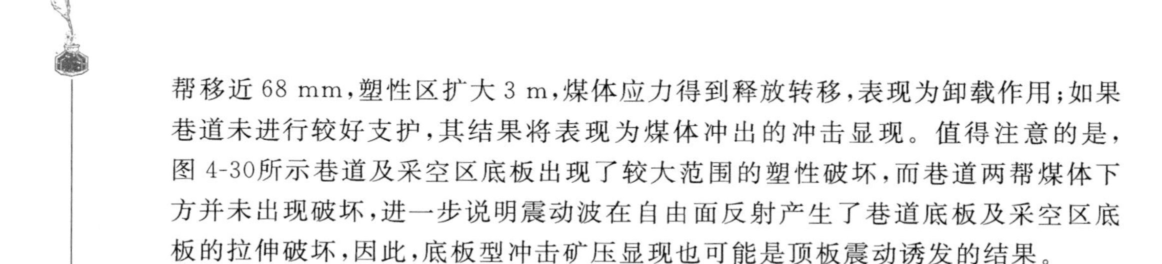

帮移近 68 mm，塑性区扩大 3 m，煤体应力得到释放转移，表现为卸载作用；如果巷道未进行较好支护，其结果将表现为煤体冲出的冲击显现。值得注意的是，图 4-30所示巷道及采空区底板出现了较大范围的塑性破坏，而巷道两帮煤体下方并未出现破坏，进一步说明震动波在自由面反射产生了巷道底板及采空区底板的拉伸破坏，因此，底板型冲击矿压显现也可能是顶板震动诱发的结果。

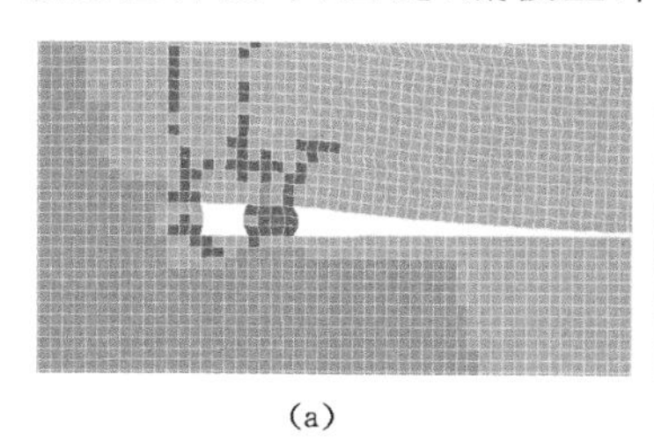

(a)

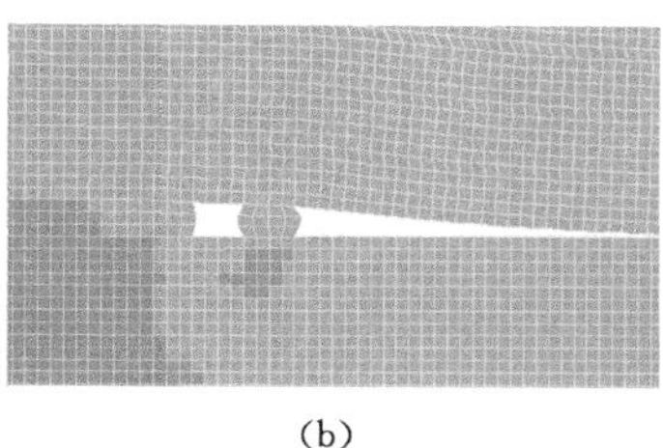

(b)

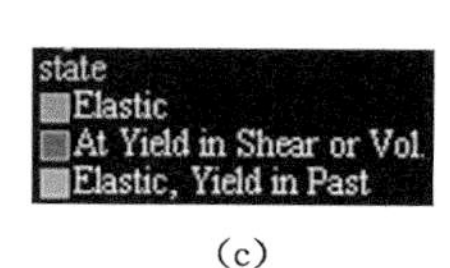

(c)

图 4-30　动载作用前后煤岩塑性区对比

(a) 动载作用前；(b) 动载作用后；(c) 图例

4.6　本章小结

(1) 基于断裂力学、损伤力学研究了煤岩体裂纹扩展导致的损伤破坏过程，当应力达到裂纹的断裂韧度并有足够的能量输入时，裂纹才能扩展而导致煤岩体损伤加剧，应力是裂纹扩展的力学条件，能量用于增加表面能。

(2) 基于元胞自动机及重整化群理论探讨了煤岩损伤导致的煤岩瞬间破坏，煤岩具有损伤破坏的临界损伤因子，当损伤因子达到临界损伤因子时，表现为整体破坏。

(3) 在静载作用下，煤岩具有裂纹扩展的优势方向，损伤只在局部较小范围内发生。在静载作用下，只有局部方向长度超过临界长度的裂纹才能扩展使煤岩体产生损伤。增大垂直方向与水平方向的差应力，可以增大裂纹扩展范围。

(4) 在动载作用下，应力大小及方向随时间改变，裂纹扩展优势方向也随时间改变，增大了煤岩损伤范围，动载幅值越大、频率越低、持续时间越长，煤岩损伤越大；在动静载组合作用时，高静载条件下，静载主要提供冲击破坏的能量，动载主要起触发损伤的作用，低静载条件下，动载既触发损伤破坏，又提供破坏所需的大部分能量。

(5) 在动载作用下，煤岩体表现为损伤加剧，结构面产生解锁滑移，自由面附近产生反射拉应力等破坏失稳现象。

5 煤矿采动动载的诱发冲击矿压机理

5.1 引言

冲击矿压机理是冲击矿压发生的本质原因，是对冲击矿压作出的根本性解释，对冲击矿压监测、治理具有重要指导意义。

随着冲击矿压研究的不断深入，各国学者从不同角度提出了一系列冲击矿压理论，主要有强度理论、刚度理论、能量理论、冲击倾向理论、三准则理论和变形失稳理论等。强度理论给出了煤岩体破坏的强度条件，从理论上判断了煤岩体是否会破坏，但不能评判破坏的动静态特性，亦不能确定是否为冲击显现。刚度理论从加载系统与煤体刚度角度评价煤体破坏快慢来确定冲击条件，然而煤体破坏阶段刚度较大只能说明煤体产生了一定程度的脆性破坏，煤体破坏过程刚度受加载条件影响，且围岩系统刚度难以确定，因此限制了该理论的应用。能量理论从能量转化角度解释冲击矿压成因，但能量理论没有说明煤岩体系统平衡状态的性质及破坏条件，因此该判据缺乏必要条件。冲击倾向性理论从煤岩本身的物性条件出发解释冲击矿压，却忽略了外部条件，测定结果只是在特定加载条件的结果，不能代表各种条件下的煤岩性质。三准则理论融合了以上理论的优点，具有一定完备性，但它是从静止角度讨论煤岩体的强度和能量以及煤体冲击倾向因素在冲击矿压发生中的作用的，不能解释冲击矿压孕育过程以及结构因素对冲击矿压的影响。变形失稳理论从煤岩体稳定状态的非连续性角度解释冲击矿压的形成机制，但如何构建平衡状态势函数则为其应用过程中的一大难题。以上理论虽然在应用过程中存在一定局限性，但在冲击矿压机理研究方面作出了积极而有意义的探索，为冲击矿压防治提供了诸多有益指导，为后续研究奠定了基础。

前面章节研究了采动动载与静载组合产生的煤岩破坏机制及规律，但煤岩破坏是冲击矿压发生的必要条件而非充分条件。本章则从冲击矿压孕育角度探

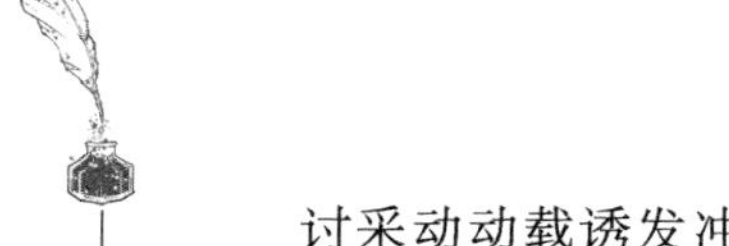

讨采动动载诱发冲击矿压的机理。

5.2 煤矿冲击矿压基本影响因素

5.2.1 因素分析

冲击矿压是煤岩瞬间破坏释放强大能量的过程。冲击矿压孕育需要煤岩体具有存储能量和瞬间释放能量的特性，因此冲击矿压形成需要煤岩体具备一定的物性条件（冲击倾向性），在破坏的瞬间煤岩受力必须达到其破坏的临界应力，同时有足够的能量使煤岩破坏，增加煤岩表面能和冲击动能。冲击矿压动力显现过程，除以上条件外，时间因素不可或缺。第 3 章试验研究表明，当载荷加载速率提高时，原本不具有冲击倾向的煤样也出现强冲击倾向性，表现为爆炸式破坏。另外煤岩体结构尤为重要，正因为开采活动改变了围岩空间结构，才使得围岩应力重新分布，产生较大的应力梯度，使采掘空间附近煤岩从高应力区向低应力区移动形成冲击显现。

综上所述，冲击矿压孕育过程需要具备以下五个必要因素：结构、物性、应力、能量、时间。五个因素相互作用、相互制约，最终形成冲击显现。五个因素需满足一定条件以达到诱发冲击矿压的基本条件，此时五个因素满足的条件称为冲击矿压决定性条件或判别准则。

5.2.1.1 结构因素

煤矿开采是从人为改变矿井空间结构开始的，井巷掘进、工作面回采等使井下完整煤岩体内形成工作空间。该空间原本存在的煤岩体被采出后，这部分煤岩体承载的应力将由毗邻未采出的煤岩体承担，从而引起应力的转移。应力转移将进一步迫使井下空间结构发生改变，如断层滑移、煤体塑性破坏、顶板破断等。不同的空间结构对煤岩体应力状态的适应性有所不同，如：圆形巷道抵抗围岩变形的能力强于方形巷道；巷道中心线平行于最大主应力时比垂直于最大主应力时变形破坏小；宽煤柱容易形成弹性核区，从而积聚能量，易诱发冲击灾害；“孤岛”工作面由于开采空间结构的特殊性，应力集中程度较高，冲击危险性较高。以上事例表明，结构条件是冲击矿压产生的决定性条件之一，若矿井不开采，无人为改变井下空间结构，冲击矿压将永不发生。

5.2.1.2 物性因素

冲击矿压若无煤岩体的参与，则无从谈起。实践表明，不是任何煤层均易发

生冲击矿压，冲击矿压煤层须满足冲击倾向性条件。若煤体松软，开采过程中，煤体表现为流变破坏，不能形成瞬间破坏，则无冲击矿压显现。

煤岩体的物性从微观角度表现为构成物质的原子结构排列的不同，亦可称为结构特性。煤岩体物质层面表现出来的力学特性对冲击矿压显现的影响，在此单独称为“物性因素”。

试验研究表明，煤的冲击临界应力与其单轴抗压强度具有密切的关系。当煤的单向抗压强度大于 20 MPa 时，若要发生冲击矿压，煤体所受应力应在 50 MPa 以上；而当煤的单向抗压强度小于 16 MPa 时，若要发生冲击矿压，煤体上所受的应力至少要达到 70 MPa 以上；而当单向抗压强度介于 16～20 MPa 之间时，发生冲击矿压的临界应力为 50～70 MPa。因此，《冲击地压测定、监测与防治方法 第 2 部分：煤的冲击倾向性分类及指数的测定方法》(GB/T 25217.2—2010)中将煤的单轴抗压强度作为一个指标参数对煤的冲击倾向性进行判定。

煤岩破坏是从内部损伤开始的，主要表现为裂纹扩展。第 3 章试验研究表明，表征煤岩破裂形态的声发射分布与煤岩破裂面分布状态基本吻合。第 4 章理论研究表明，煤岩材料裂纹扩展的条件为其所受应力达到其断裂韧度，而断裂韧度是材料的特性参数，与材料组成密切相关，取决于材料的物性。煤岩材料的断裂韧度越大，则裂纹开始扩展的临界应力越高，煤岩宏观强度较高。由断裂力学可知，只有裂纹尖端应力状态一直保持大于其断裂韧度，裂纹才能连续扩展直至破坏，因此，煤岩物性决定了其破坏时的最小应力值，且该最小应力是在保证裂纹不断扩展之下的应力，煤岩破坏后的块体未脱离母体之前，其应力状态应不小于该值，该应力状态下煤岩块存储的弹性变形能除去克服冲击过程块体之间相互摩擦耗能，剩余能量将转化为煤岩块的动能。冲击过程块体之间相互摩擦耗能属较小值或占一定比例，因此，煤岩体物性决定了冲击破坏时煤岩块动能的大小，即是冲击的猛烈程度。而冲击能指数、弹性能指数、动态破坏时间均为表征煤样破坏猛烈程度的特征参数，即煤岩物性决定了煤岩的冲击倾向特性。

5.2.1.3 应力因素

从冲击矿压“物性因素”分析可知，煤岩破坏过程中应力因素不可或缺，即煤岩体所处应力状态必须达到其内部微裂纹扩展的临界应力——断裂韧度，煤岩损伤才能开始，冲击破坏才有形成。

冲击矿压动力学过程中飞出的煤岩块所具有的动能，必须通过力与相应位移的积累来产生，任何外界能量输入必须通过力转化为煤岩块所具有的机械能。

因此，应力因素不但是煤岩冲击形成的破碎煤岩的基本因素，同时也是破碎煤岩具有破坏性机械能的驱动因素。

5.2.1.4　能量因素

冲击矿压发生瞬间，煤岩体集中释放大量能量，导致开采空间设备损坏及人员伤亡。20 世纪 50 年代末苏联学者阿维尔申，以及 20 世纪 60 年代中期英国学者 Cook 等总结提出了冲击矿压的能量理论，即矿体与围岩系统平衡打破后，释放的能量大于系统消耗的能量时，则发生冲击矿压灾害。

冲击矿压现象不能瞬间产生，需要经历较长时间的孕育。该孕育过程即为能量的积累过程。在此过程中，应力不断增大，在应力增大过程中，不断有裂纹达到其断裂韧性并产生扩展，从而使煤岩体产生损伤。煤岩体损伤是在应力增大驱动下产生的，虽然煤岩损伤过程需要消耗弹性变形能，使应力有减弱的趋势，但应力增加是主动因素，煤岩损伤只能减弱该趋势而不能使应力增长消除，因而应力将进一步增大。应力增大过程中，煤岩体储存的变形能不断增加，此即能量的积累过程。要使煤岩体进一步损伤，则需要保证力的持续存在，必须具有足够的能量储备或源源不断的能量输入。如果没有能量的持续输入，裂纹扩展消耗一部分弹性变形能之后，煤岩应力将降低并小于裂纹扩展的断裂韧性，从而使裂纹扩展终止，煤岩体不再损伤，冲击矿压也就不会发生。因此，能量一方面使煤岩体损伤加剧，增大其表面能，另一方面在煤岩损伤达到临界点产生失稳破坏时，可以有足够的能量转化为破碎煤岩的动能。

5.2.1.5　时间因素

冲击矿压动态过程与时间密切相关。时间对冲击矿压孕育的影响主要表现在以下三个方面：

(1) 煤岩材料宏观力学特性表现出应变率相关性，应变率与时间相关，时间影响煤岩宏观动力学特性；

(2) 冲击矿压是多因素综合作用的结果，时间影响多因素叠加程度，若冲击矿压各影响因素作用时间改变，则结果相应改变；

(3) 冲击矿压是煤岩系统时变的结果，时间直接影响时变过程是否中断、减缓或加快，以上各种效应直接影响时变结果。

煤岩加载应变率增大，其宏观动力学强度表现为增强。第 3 章试验研究结果表明，煤岩强度、弹性模量均与加载应变率呈指数关系，冲击倾向性随加载应变率增大而增强，煤岩样加载过程中，峰值应力前的能量输入、峰值应力后的能量输入及总能量输入均随应变率呈指数增大趋势。这是时间因素改变了煤岩样

力学特性导致的结果。

时间对多因素叠加的影响表现在，煤矿开采过程中冲击矿压受到众多因素影响，如开采和掘进相互影响、巷道修复和工作面相互影响等。多个因素同时作用时，提高了高应力区应力条件。实践表明，冲击矿压常在多个因素同时作用下产生。如果适当地对各影响因素进行控制，则一定程度上可降低冲击危险。

冲击矿压显现状态，是一系列变化过程的时间积累。下一个变化过程的初始量为上一个变化过程的结果，时变序列中任何一个变化过程的改变，都将引起最终结果的改变。如冲击矿压危险工作面持续开采可导致冲击矿压显现，若在时间上终止开采过程，则冲击矿压将不再发生，工作面推进速度越快，覆岩重力势能释放越剧烈，单次矿震能量增大，诱发冲击矿压的可能性增加，在时间上增大工作面服务时间，减缓工作面推进速度，则可在一定程度上降低冲击危险性。图 5-1 为峻德煤矿某掘进工作面推进度与矿震的关系图，由图可知，推进速度加快矿震活动增加，当推进度增大到一定程度之后，诱发了冲击矿压显现。

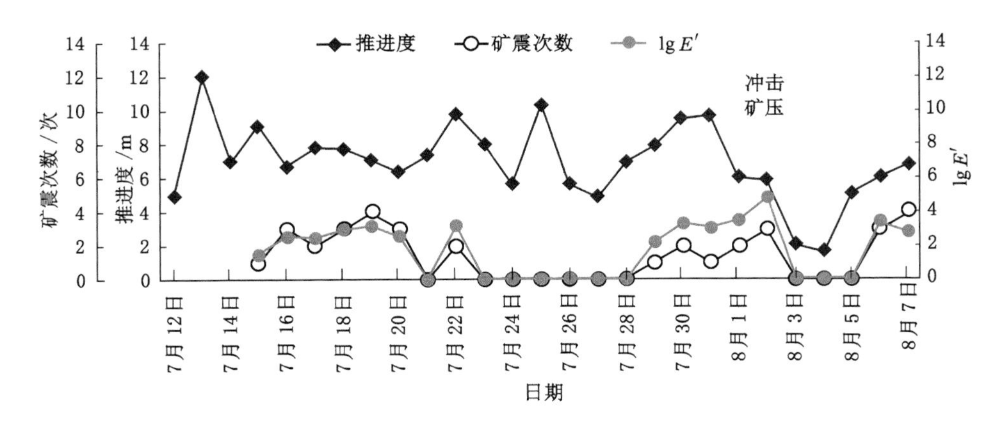

图 5-1　峻德煤矿某掘进面推进度与矿震的关系

注：lg E' 中 E' 为能量。

综上所述，时间因素在多个层面上影响冲击矿压孕育的结果。

5.2.2　条件转换

如果将冲击矿压显现区域煤岩体视为一个系统（冲击系统），则该系统的五

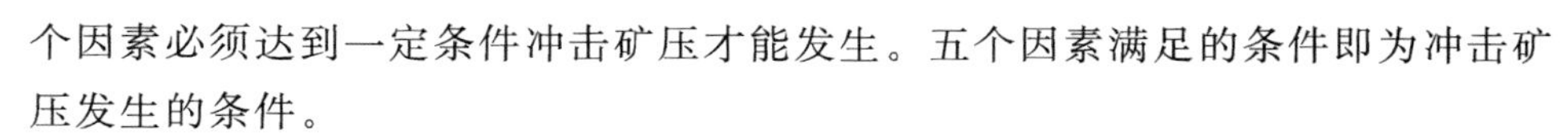

个因素必须达到一定条件冲击矿压才能发生。五个因素满足的条件即为冲击矿压发生的条件。

在此首先分析冲击系统内的条件转换。冲击系统五个因素之间相互联系、相互影响、相互制约。任意因素的改变都将引起系统其他因素发生相应变化。五个因素之间的联系通过以下几个基本关系式进行表达：

$$\sigma = E\varepsilon \tag{5-1}$$

$$U = \frac{1}{2E}[\sigma_1^2 + \sigma_2^2 + \sigma_3^2 - 2\nu(\sigma_1\sigma_2 + \sigma_2\sigma_3 + \sigma_1\sigma_3)] \tag{5-2}$$

$$PP = f(\dot{\varepsilon}) = f(\frac{\mathrm{d}\varepsilon}{\mathrm{d}t}) \tag{5-3}$$

$$\boldsymbol{X}(t) = \boldsymbol{X}(t_0) + \int_0^t \dot{\boldsymbol{X}}(t)\mathrm{d}t \tag{5-4}$$

式中 PP——煤岩物性参数，可代表弹性模量、强度、内摩擦角等参数；

E——弹性模量；

U——弹性变形能；

ν——泊松比；

σ——应力；

$\sigma_1,\sigma_2,\sigma_3$——三个主应力；

$\boldsymbol{X}(t)$——系统状态向量，包含应力、能量、结构状态、物性等。

式(5-1)为煤岩弹性阶段应力应变关系式，反映了弹性阶段煤岩体物性、系统结构变形与应力三者之间的关系。三者中任意因素发生变化，系统必定产生相应改变。如应力变化时，若煤岩物性没有明显改变，则煤岩变形将发生改变；若煤岩变形未发生变化，则物性必定产生一定变化来弥补应力的改变。

式(5-2)为系统弹性变形能与物性、应力之间的制约关系，三者中任意因素发生变化，相应将引起其他两个因素发生改变。

式(5-3)为物性参数与应变率之间的关系，结构随时间产生不同速度的变形，系统物性参数也将发生不同的变化。

式(5-4)为系统的时变函数表达式，表明系统处于非绝对稳定状态。系统各参量总是随着时间发生或快或慢的变化。由式(5-1)～式(5-3)可知，系统的时变过程引起的系统参量改变最终会表现为五个因素的综合变化。

因此，对于冲击系统需要从动态变化的视角进行分析研究。五个因素之间的关系如图 5-2 所示。

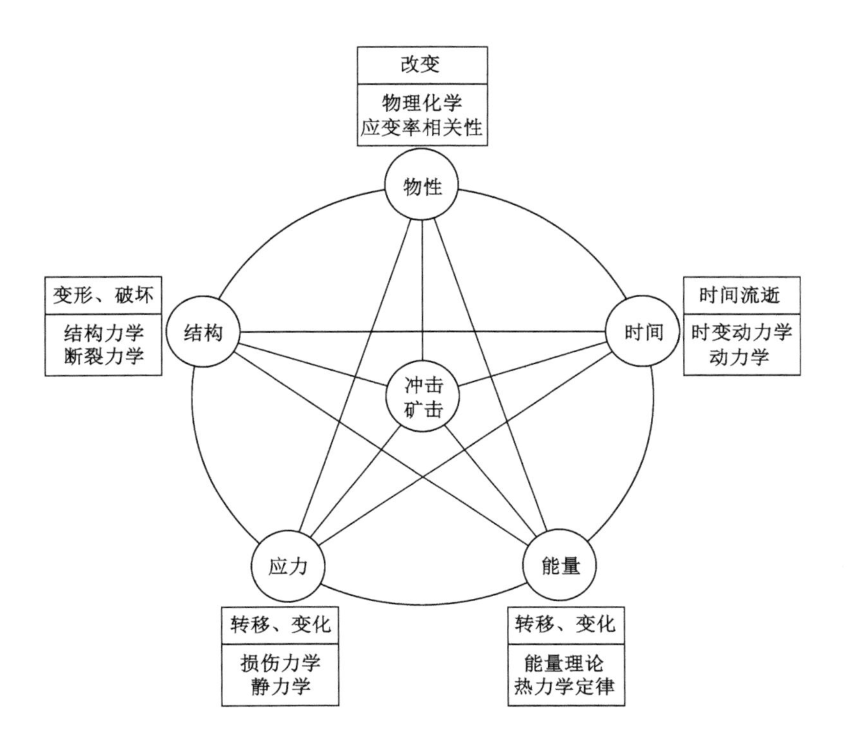

图 5-2　五因素之间的关系

5.3　动静组合的力能解锁冲击矿压机理

5.3.1　力能解锁冲击矿压机理

冲击矿压现象是动静载组合作用下应力、能量与煤岩系统相互作用而表现出来的一种动力学状态。“力”与“能量”在弹性或弹塑性煤岩体中难以区分。“力”使结构产生破坏，而“能量”使破碎煤岩具有破坏性；“力”在破坏结构的过程中消耗“能量”，“能量”在增加破碎煤岩破坏性时通过“力”起作用；“力”与“能量”通过煤岩体弹性属性建立联系，而“力”与“能量”又分别具有不同的属性。“力”是矢量，具有方向性，并且具有对结构的破坏性；“能量”是标量，具有多种形式，各种形式之间可以相互转化，而只有以弹性能或动能存在的能量对煤岩体才具有相当的破坏性。正因为能量的这种特殊性，当大量能量向弹性能或动能转化时，能量才具有对结构的巨大破坏性。炸药爆炸则属于典型的例子。

冲击系统煤岩结构具有储存弹性变形能的特性，同时其储能特性具有一定极限，在达到其储能极限时，结构破坏过程中自身所消耗的能量占储能的一部分，剩余的大量能量随着结构的破坏而被“解锁”释放出来，绝大部分剩余能量通过“力”转化为破碎煤岩的动能而具有冲击破坏性。冲击系统煤岩结构具有的储能（锁闭）和解锁能量的特性是冲击矿压发生的根本原因，此即冲击矿压的力能解锁机理。

在煤矿中，采掘空间附近煤岩结构强度具有方向性。在某些方向上，煤岩结构具有较高的强度，且具有很高的承载能力；而在其他方向上，其则强度较小，容易破坏。这使得结构可以在某些方向上承载而储存并“锁闭”大量能量，当强度较小方向受载时，煤岩结构破坏，而能量不具有方向性，不管哪个方向储存和锁闭的能量，在结构破坏时其都将“解锁”释放出来，因此，采掘空间附近煤岩具有较强的力能解锁特性。一个简单的例子如图 5-3 所示，存在一结构面的柱状煤体，结构面倾角 α 与结构面摩擦角 φ 相等，柱状煤体上、下端面应力大小为 σ，柱状煤体厚度为 b、宽度为 a、高度为 h，则柱状煤体存储的弹性变形能为：

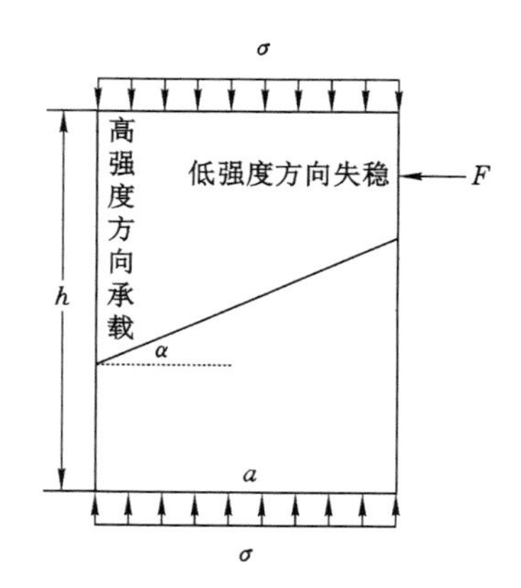

图 5-3　结构煤体受力分析

$$U=\frac{\sigma^2}{2E}abh \tag{5-5}$$

结构面受到的合力为：

$$F_\alpha=\sigma ab\sin\alpha-\sigma ab\cos\alpha\tan\varphi \tag{5-6}$$

由于 $\alpha=\varphi$ 则 F_α 恒为 0，即无论柱状煤体多高，应力多大，结构面恒处于稳定状态。而柱状煤体高度越高，应力越大则存储锁闭的能量越多。当柱状煤体右侧受一向左很小的力 F 作用时，无论该力多小，结构面均将产生解锁滑移，柱

状煤体沿结构面产生破坏。因而，微小力 F 起到了“解锁”能量的作用。该例子说明煤岩体由于强度的各向异性使其在不同方向上具有不同的承载能力，当在强度较强的方向上承载而积聚闭锁能量，在承载能力较小的方向上可较为容易地实现力能解锁。

采掘空间典型围岩结构如图 5-4 所示，不管巷帮还是工作面前方煤体，在垂直方向上由于受到顶底板的夹持和力的传递作用，承载能力较强，而在水平方向上，由于支护强度较小，其承载能力相对较弱，当垂直方向承载集中应力时，煤岩体将储存大量弹性变形能，动载作用时，若在水平方向突然受力，则煤体极易产生力能解锁效应，产生冲击显现。采动动载则扮演着触发冲击显现的重要角色。

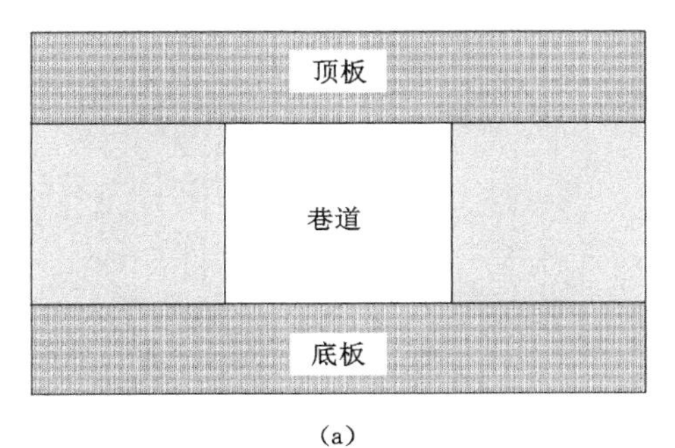

(a)

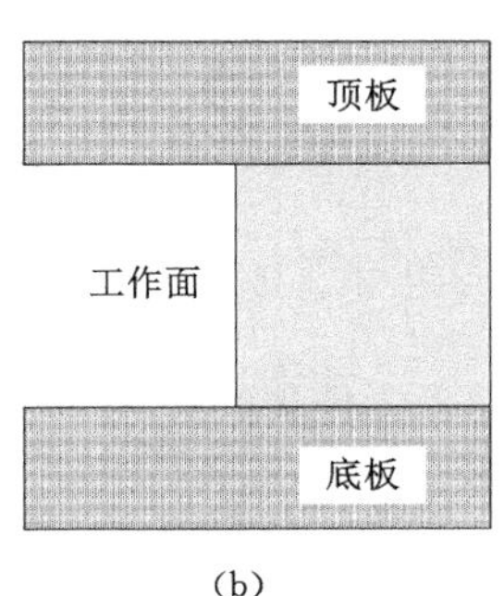

(b)

图 5-4　采掘空间典型围岩结构

(a) 巷道附近围岩结构；(b) 工作面附近围岩结构

综上所述，煤矿动静载组合的力能解锁诱发冲击矿压主要有以下几种类型：

(1) 煤岩结构具有一定强度，当载荷逐渐增大到临界载荷过程中，煤岩体储存能量，当载荷达到临界载荷时，结构破坏并消耗部分能量，剩余大部分能量解锁并释放出来形成冲击显现；

(2) 煤岩结构主要在高强度方向承载并存储能量，在低强度方向突然受到应力作用，结构破坏，能量解锁，形成冲击显现；

(3) 煤岩结构受到强烈动载扰动，动载产生大量能量输入并破坏煤岩结构，解锁能量，动静载能量共同作用而形成冲击显现。

在煤矿采掘空间结构下，第(2)类或第(2)类和第(3)类复合型能量解锁较为常见。

5.3.2　判别准则

冲击矿压五个因素满足的条件是冲击矿压发生时煤岩系统必须具备的条

件，也是冲击矿压的充要条件，即冲击矿压判别准则。冲击矿压判别准则的确立对于冲击矿压防治具有重要意义。

冲击矿压判别准则可从动静载组合和冲击系统条件转换诱发冲击矿压的时变动力学角度两个方面进行确立。

5.3.2.1　动静载组合冲击矿压判别准则

从应力角度分析，冲击矿压是冲击系统各参数达到了冲击临界状态而发生的动力显现。该思想实际是垂直于时间轴对系统进行切片分析，研究系统各参数是否达到了冲击破坏的临界值，以判断冲击显现是否发生。经典的强度理论、能量理论、三准则理论和变形失稳理论等均属于该范畴。基于该思想，建立在动静载组合作用下的冲击矿压判别准则表达式为：

$$\begin{cases}\sigma_{s,l}+\rho C v_{0,\max,l}L^{-\lambda}\geqslant[\sigma_{C,l}+\Delta\sigma_{C,l}(1-\dfrac{D}{D^{*}})]e^{m\dot{\varepsilon}}\\ \iiint_V(U_b-U_a)dV+SU_0L^{-2\lambda}\geqslant\iiint_V U_H dV+\iiint_V U_{kC}dV\end{cases}\tag{5-7}$$

式中　$\sigma_{s,l}$——冲击系统在 l 方向所受的静载应力；

$v_{0,\max,l}$——动载源在 l 方向质点峰值震动速度；

$\sigma_{C,l}$——煤岩结构临界损伤时在 l 方向的静载强度；

$\Delta\sigma_{C,l}$——煤岩结构临界损伤静载强度相比无损伤时的降低值；

m——应变率系数，与煤岩物性相关；

U_b,U_a——冲击系统冲击破坏前后弹性变形能密度；

U_H——煤岩体耗散能密度；

U_0——弹塑性交界面震源能量的球面密度；

S——冲击系统在震动波波阵面的球面投影面积；

U_{kC}——煤岩体冲击破坏的临界动能密度，单位体积煤岩的最小动能；

L——传播距离；

λ——动载衰减系数；

V——冲击矿压显现区域的体积。

式(5-7)中第一式表示在某时刻冲击系统在方向 l 上的动静载组合大于结构在该方向上的动载强度；第二式表示在该时刻围岩系统及煤体能量释放大于该时刻的能量消耗，且破碎煤岩体具备足以产生冲击显现的动能。

以上动静载组合冲击矿压判别准则构建了冲击系统应力、强度、能量、物性及时间发生冲击的充要条件。虽然该思想考察的是某时刻系统的参量关系，但仍然体现了各参量的时间特性以及应力、物性及结构力学特性的方向性。

5.3.2.2 时变动力学冲击矿压判别准则

从时变动力学的动态角度分析，冲击矿压是冲击是在系统残余扰动与外界对冲击系统扰动的综合作用下，在给定的有限时间内，系统时变过程产生的煤岩结构破坏，破碎煤岩获得了足以产生灾害显现的动能的状态。即 t 时刻式(5-8)使得式(5-9)成立：

$$\boldsymbol{X}(t)=\boldsymbol{X}(t_0)+\int_0^t \dot{\boldsymbol{X}}_{\mathrm{C}}(t)\mathrm{d}t+\int_0^t \dot{\boldsymbol{X}}_{\mathrm{Rd}}(t)\mathrm{d}t \tag{5-8}$$

$$\begin{cases} D(t)\geqslant D^* \\ \sum U_{\mathrm{k}}(t)\geqslant U_{\mathrm{kC}} \end{cases} \tag{5-9}$$

式中 $\dot{\boldsymbol{X}}_{\mathrm{C}}(t)$——冲击系统残余扰动引起的状态变化率；

$\dot{\boldsymbol{X}}_{\mathrm{Rd}}(t)$——外界扰动引起的冲击状态变化率；

D,D^*——系统结构的损伤因子及其不动点(见第 4 章)；

$U_{\mathrm{k}},U_{\mathrm{kC}}$——煤岩块体动能及冲击临界动能。

从动态的角度分析，冲击矿压具有以下特点：

(1) 冲击系统处于时变过程中，如果系统因受历史扰动而未取得最终相对平衡，则在考察时段内未受扰动时，仍可能发生冲击矿压显现；

(2) 冲击系统受扰动影响后，可出现滞后冲击矿压显现；

(3) 外界扰动形式可为结构改变、应力变化、能量输入、物性改变、时间效应等一种或若干种因素的组合。

(4) 从外界扰动的角度来看，对于一种扰动形式，冲击系统某时刻具有抗击该扰动的临界能力 Rd^*，当扰动强度大于该临界值时，在给定的有限时间内，系统经时变可产生冲击显现，给定的时间不同，该临界值 Rd^* 也不相同，时间越长，Rd^* 越小。

5.3.2.3 关于判别准则的讨论

以上分析分别从动静载组合角度和时变动力学角度构建了冲击矿压的判别准则。虽然上述判别准则在形式上表现为定量，但在实际应用中要做到定量则存在很大的困难。这主要源于煤岩系统的复杂性、各向异性以及不均匀性，不但参量表现为时空的差异性，而且目前乃至今后很长时间均无法实现对煤岩参数的准确测量，目前所有测试技术的测试结果只是相对值或表观值。

以上判别准则的意义在于构建了影响冲击的主要参数的内在联系，确定了各相关参数的动态变化对系统的潜在影响及冲击危险的变化趋势，以及在该趋势变化中可能存在的信息形式及规律，为冲击危险监测及控制提供有意义的指导。

5.4 采动动载诱发冲击矿压机制分析

5.4.1 采动动载作用下煤岩的冲击条件

5.4.1.1 物性条件

第 3 章煤岩样试验研究表明,动载作用下煤岩强度与加载应变率呈指数关系,应变率越高,煤岩强度越强。同时随着加载应变率增大,煤岩冲击倾向性提高,动态破坏时间变短,破坏变得猛烈,加载系统在峰值载荷前后向煤岩样输入的能量随加载速率增大而增多。即原本不具有冲击倾向性或冲击倾向性较小的煤岩体,在动载作用下,也可能变得具有冲击倾向性或冲击倾向性更强,从而为冲击矿压发生提供物性条件。

5.4.1.2 能量条件

弹性震动波传播过程存在能量的衰减,衰减的能量被煤岩介质吸收,煤岩介质裂隙越发育,则弹性震动波衰减得越快,反之衰减得越慢。其中主要原因为震动波传播过程引起煤岩介质应力扰动,使部分裂纹达到断裂韧度而产生扩展,震动波衰减的部分能量用于增加裂纹面的表面能。即弹性震动波引起的动载增大了煤岩损伤,其能量输入使煤岩体损伤加剧,更接近冲击的损伤临界,动载荷提供了冲击孕育过程所需的部分能量。另外,由第 3 章试验可知,煤岩动态破坏过程中,如果围岩系统位移及载荷能够跟进煤体的变形破坏,则在煤体破坏过程中围岩系统将通过动载进一步向冲击系统输入能量,围岩系统对煤体的动态作用过程中煤体储能特性提高。实际上在冲击过程中,以上条件是普遍存在的,只需在冲击破坏过程中煤体破坏过程的刚度大于围岩系统的刚度即可,而煤体破坏过程的刚度远大于围岩系统的刚度已在弹塑脆性模型中得到论证,同时该条件也是煤体具有较大冲击能指数和较小动态破坏时间的前提,即只要在加载系统中煤体表现为冲击破坏,以上条件则得以满足。

式(5-10)和式(5-11)分别为煤岩在单轴和三轴条件下的弹性应变能表达式。煤岩存储的弹性变形能与应力大小呈二次方关系,煤岩体所受应力条件越高,其积蓄的弹性变形能越大。

$$U=\frac{\sigma^2}{2E} \tag{5-10}$$

$$U=\frac{\sigma_1^2+\sigma_2^2+\sigma_3^2-2\nu(\sigma_1\sigma_2+\sigma_1\sigma_3+\sigma_2\sigma_3)}{2E} \tag{5-11}$$

由煤岩体动力破坏的最小能量原理可知,动力破坏启动后,煤岩破裂面的应

力状态迅速从三向应力状态转变为双向应力状态，最终转变为单向应力状态。动态破裂启动后，煤岩破裂消耗的能量为单向应力状态破坏的能量，即 $U_{\mathrm{fmin}}=\sigma_{\mathrm{c}}^{2}/2E$ 或 $U_{\mathrm{fmin}}=\tau_{\mathrm{c}}^{2}/2G$。因此，煤岩剩余能量可表示为：

$$U_{\mathrm{C}}=U-U_{\mathrm{fmin}} \tag{5-12}$$

U_{fmin}一定时，煤岩存储的能量 U 越大，煤岩破坏后剩余的能量越多。

由冲击矿压动静载组合判别准则式(5-7)可知，围岩和煤体储存的能量越多，系统越容易满足冲击矿压的能量条件。若煤体存在冲击倾向性，则冲击矿压发生时，参与冲击的能量越多，冲击矿压越猛烈。

对于静载作用下，冲击倾向性较小或无冲击倾向性的煤体，在加载速率较低时，煤体强度较小，低应力条件下，煤体裂隙开始扩展破坏并消耗煤体弹性变形能。在低加载速率下，载荷对煤体的能量输入较为缓慢，煤体能量输入和消耗处于自组织平衡状态，则煤体破坏形态为稳定流变破坏。当受到强烈动载作用时，加载速率急剧增大，煤体强度也急剧增大，而煤体破坏并未增快，表现为高能量输入低能量消耗，动载输入的能量在煤体中驻留，动载引起的应力不能快速降低，煤体破坏形式表现为高应力作用下的动态破坏，剩余能量转变为破碎煤块的动能，从而形成冲击显现。

5.4.1.3　应力条件

第 2 章研究了煤矿三类动载及其表达形式。无论哪种形式的动载，均为波动载荷，均存在若干载荷的增长段和降低段，在增长和降低过程中载荷将达到最大值或局部最大值。动载在达到最大值时，动载的变化率为零，即载荷表现为瞬间静载。动载最大值与静载之和大于静载作用下煤体的强度时，则动静载组合作用下必将存在一定时段组合载荷达到煤体的瞬时强度，而使煤体产生损伤，如果该时段足够长，则将引起煤体整体破坏。动静载组合作用时，某些时刻应力条件比静载单独作用下更易达到煤体强度，因而煤矿大部分冲击矿压显现均为动静载组合诱发。

另外，静载的大小和方向基本保持稳定。由力能解锁机理可知，对于冲击煤体，其主要承载方向的强度较高，在采掘空间自由面方向强度较低。由第 4 章研究可知，动静载组合作用下，煤体主应力不但大小将发生波动，其方向也会发生旋转，若动载足够强，则主应力轴旋转角度范围也较大，如果主应力轴瞬间靠近或指向煤体强度较小方向，则煤体损伤将不可避免甚至出现冲击破坏。

5.4.1.4　结构条件

采掘空间附近煤体在开采空间一侧为自由面或处于一定支护状态。相对于原岩应力状态，其支护强度小许多，一般情况下，煤矿巷道支护强度在 0.5 MPa 以下。而在垂直方向上，煤体受到开采集中应力作用，应力集中系数高达 5 倍以

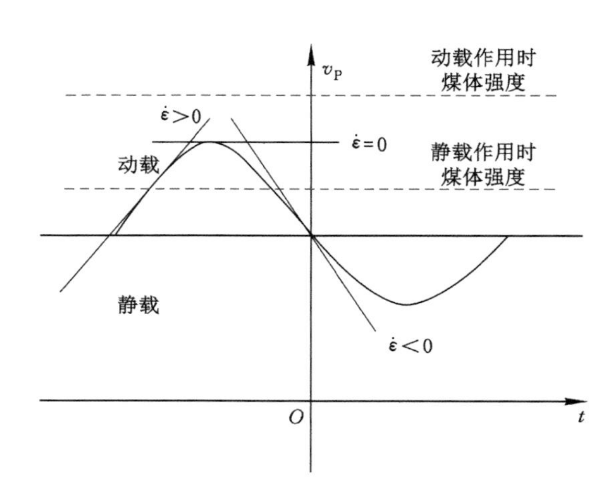

图 5-5　动静组合破煤岩机制

上。因此，在水平与垂直两个方向上应力一增一减，应力差极大，煤体稳定性较差。采掘空间为冲击矿压显现提供了结构条件。

5.4.1.5　时间条件

时间条件在冲击矿压孕育过程中尤为关键。煤矿矿震产生的动载持续时间较短，一般在数秒以内，并且矿震能级越低其持续时间越短。当矿震能级较低时，采动动载作用下，载荷强度不易达到煤体强度；而当矿震能级较高时，动静载组合载荷超过煤体强度临界值越多，煤体损伤破坏越快，在有限的时间内，越容易产生冲击显现。因此，要满足冲击矿压的时间条件，煤矿矿震能级需要达到一定条件。矿震能级提高后，一方面增加了动载作用时间，另一方面加快了煤体破坏速率。

5.4.2　采动动载诱发冲击矿压判别准则

采动动载作用下煤岩体五个因素更易达到冲击矿压的临界条件，因此建立采动动载诱发冲击矿压的判别准则对于冲击矿压防治具有指导意义。由已有的震动波传播规律及式(2-14)可知，震动波强度随传播距离呈幂率关系衰减，由冲击矿压判别准则式(5-7)可知，冲击系统对动载的扰动具有临界抗扰动能力，因此建立的采动动载诱发冲击矿压判别准则如下：

$$Rd_0(t) \cdot L^{-\lambda} \geqslant Rd^*(t) \tag{5-13}$$

式中　$Rd_0(t)$——t 时刻采动动载源产生的对煤岩体的扰动，表现形式可为震动速度、震动能量等多种形式；

L——动载源与冲击系统的中心距离；

λ——煤岩动载传播介质的衰减系数；

$Rd^*(t)$——t 时刻临界抗扰动能力，满足冲击矿压判别准则[式(5-7)]的临界值。

5.4.3 采动动载作用下的力能积聚

第 4 章研究表明，煤岩体冲击显现过程中，高静载条件下静载储存了大量能量，同时强烈动载也可向冲击系统输入大量能量，同时触发煤体破坏。在静载未达到煤体屈服载荷时，煤体处于弹性变形段，随着煤岩体静载增大，煤岩体存储的弹性变形能呈二次函数关系增加。动载输入能量的大小一方面与震源释放能量多少有关，另一方面与震源与冲击点间距离有关，震源释放的能量越多且距离冲击点越近，则动载输入冲击系统的能量越多。

由冲击矿压判别准则[式(5-7)]可知，冲击系统积聚能量的多少主要取决于承载结构的强度，冲击显现猛烈程度取决于系统储能、结构破坏前后围岩系统对冲击系统输入能量的多少，以及冲击系统冲击过程中的能量消耗。结构强度越大，系统储能越多，围岩系统向冲击系统输入的能量越多，冲击系统冲击破坏过程中消耗的能量越少，则转化为破碎煤岩的动能越多，冲击越猛烈。对于具有冲击倾向性的煤体，在达到冲击临界条件时将表现出能量的盈余，即破坏时有大量能量转化为破碎煤岩的动能，当采动动载作用时，加载应变率增大，煤体强度进一步增大，围岩系统动载向冲击系统输入的能量急剧增加，此时煤体破坏时破碎程度增大，破碎块体更为细小，用于增加表面能的能量增大，但破碎块体变小是强度增大的被动结果，只能减弱强度增大产生的能量积聚，但不能消除能量增加的趋势，因此在煤体冲击破坏过程中转化为破碎煤块的动能仍然增多，冲击显现更为猛烈。

综上所述，在动静载组合作用下，煤体瞬间强度增大，煤体储能特性增强，煤体冲击破坏过程中转化为煤体的表面能和动能均增多。

5.4.4 采动动载作用下的力能解锁

采动动载作用下，冲击系统的五个因素更容易满足冲击矿压发生的判别准则而发生冲击显现。对于动静载组合作用下采掘空间附近煤岩体的力能解锁模式的认识，有利于进一步认识冲击矿压的显现过程，同时对冲击矿压防治具有指导意义。

图 5-6(a)所示为采掘空间附近煤体静载应力强度分布曲线示意图。邻近自由面处，在高应力作用下煤体存在较大损伤甚至破坏，处于塑性状态，应力较小，

在一定深度存在应力集中分布，再往深处应力逐渐减小为原岩应力状态。同时邻近自由面处，煤体处于破坏状态，在表面支护作用下，存在一定残余强度，往煤体深部其损伤程度较小，同时应力状态逐渐由单向转变为双向甚至三向应力状态，强度逐渐增强，到原岩应力区煤体强度趋于稳定。从应力曲线及强度曲线相互关系看，在峰值应力附近两者垂直间距最小，即在该区域煤体应力容易达到煤体强度而产生局部破坏。这与实际情况是一致的，在峰值应力区存在着塑性区与弹性区的过渡段，应力条件略有升高则弹塑性边界将向弹性区移动，表现为塑性区扩大、弹性区减小。

采动动载作用下，煤体有如下几种受力状态和力能解锁形式：

(1) 如图 5-6(b)所示，在静载作用或者较小动静载组合作用下，应力超过煤体强度的区域(超强度区)较小，虽然超强度区煤体破坏产生的应力降释放的能量大于煤体破坏耗能，但由于煤体表现为自组织临界特性，缓慢的能量输入及超强度区煤体破坏产生的能量释放，将与煤体破坏产生的能量消耗以及塑性区煤体产生的内能消耗相互平衡，煤体表现为应力转移而非冲击动力显现。该过程产生的结果是煤体应力向深部转移，同时煤体强度也一定程度地减小，即超强度破坏产生的二次动力扰动(AB 区域煤体破坏产生的局部矿震或煤炮)不足以克服 BO 段的阻碍而形成冲击显现，即 $Rd < Rd^*$。

(2) 如图 5-6(c)所示，随着动载进一步增强，超强度区 AB 扩大，同时阻碍区 BO 减小，当动载增大到某种程度，使得 AB 区破坏过程产生的局部动载与静载叠加足以克服 BO 段的阻碍而使 AO 区甚至更大区域产生失稳而形成冲击显现，此时 $Rd > Rd^*$。

(3) 如图 5-6(d)所示，当动载强度较高时，在动静载组合作用下，可使自由面至煤体内一定深度范围 AO 整体超过煤体强度，而形成冲击破坏，冲击过程形成的二次扰动可使冲击范围进一步扩大而大于 AO 范围，此时 $Rd \gg Rd^*$。

(4) 如图 5-6(e)所示，震动波在自由面反射而在煤体中形成拉应力，当拉应力与煤体水平应力叠加后形成的残余应力超过自由面附近煤体的抗拉强度时，自由面附近局部区域将产生拉破坏冲击显现，同时随着冲击破坏进行，深部煤体将产生卸载而释放能量，此时可产生冲击破坏的连锁反应而使冲击范围扩大。

以上根据典型的煤体应力分布，分析了几类较为常见的力能解锁过程及形式。煤矿实际生产过程中，可能遇到各种特殊的开采空间结构，应根据实际情况进行分析，以确定具体的力能解锁过程及形式。

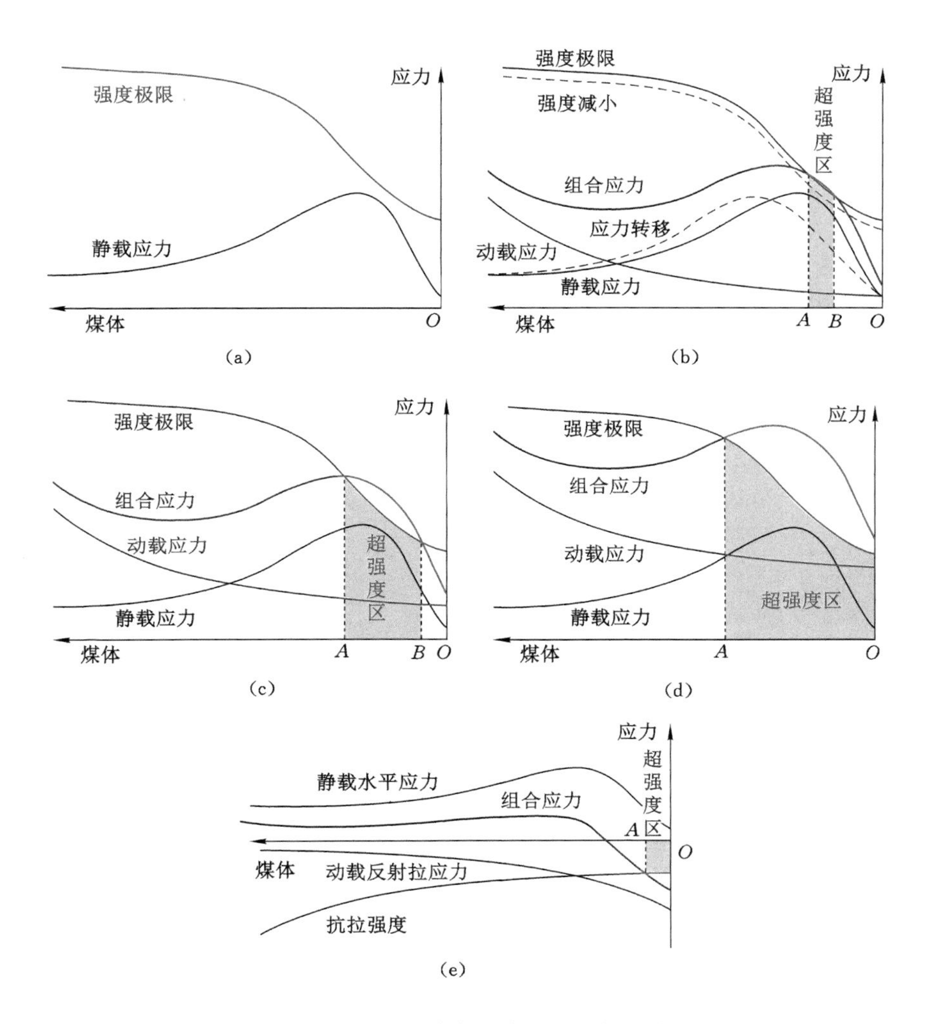

图 5-6　动静组合作用产生的力能解锁

(a) 采掘空间附近煤体静载应力及强度分布；(b) 低应力扰动下产生的应力转移及强度变化；(c) 动载扰动产生的滞后冲击；(d) 动静载组合直接诱发冲击；(e) 震动波反射产生的拉破坏冲击

5.5　本章小结

(1) 分析研究了冲击矿压孕育过程需要具备的五个必要因素：结构、物性、应力、能量、时间，并分析研究了五个因素之间的条件转换关系，指出五个因素之

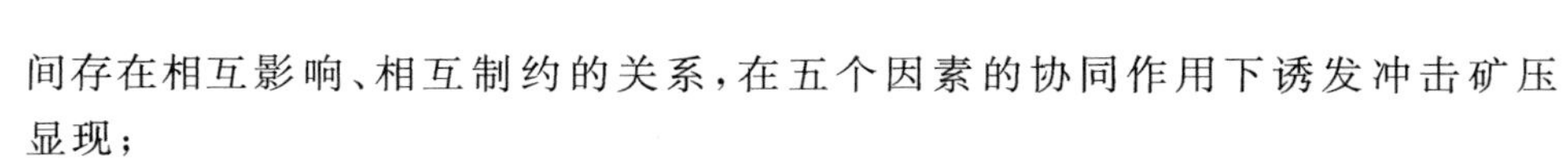

间存在相互影响、相互制约的关系，在五个因素的协同作用下诱发冲击矿压显现；

（2）提出了动静载组合的力能解锁冲击矿压机理，分析研究了“力”“能”的共性及特征，分别从动静载组合角度和时变动力学角度建立了冲击矿压判别准则，阐述了煤岩体结构强度的各向异性对力能解锁提供的条件，分析了力能解锁类型；

（3）基于力能解锁冲击矿压机理，从动静载组合的角度以及时变力学的角度构建了冲击矿压判别准则，解释了冲击矿压的滞后显现，分析了动载的扰动形式，阐明了煤岩体具有临界抗扰动能力；

（4）分析研究了采动动载作用下冲击矿压的五个因素变化规律以及力能积聚特征，建立了采动动载诱发冲击矿压的判别准则，重点分析了采动动载作用下的几类典型的力能解锁过程及模式。

6　降低动载作用的冲击矿压防治原理

6.1　引言

冲击矿压机理研究是为更好地指导冲击矿压防治理论构建及技术开发和参数优化，为冲击矿压防治奠定理论基础。冲击矿压防治主要分为采前预防、采中监测预警，以及发现危险时进行解危控制三个方面。冲击矿压防治主要是基于冲击矿压理论实施的，如基于强度理论的加强巷道支护预防冲击矿压技术，开采解放层、强制放顶等降低应力程度，基于能量理论采用卸压爆破转移或释放煤岩体弹性变形能等。近年来，以窦林名为首的科研团队提出了冲击矿压分级分区监测预警以及强度弱化减冲理论等，构建了冲击矿压防治的理论体系，使冲击矿压防治思路更加清晰。

本章基于采动动载诱发冲击矿压机理，提出降低动载作用的冲击矿压防治原理，分析研究冲击矿压监测及解危控制思路和方法，分析研究降低动载作用的冲击矿压防治关键技术。

6.2　冲击危险的动载监测预警

冲击矿压监测预警是通过各种监测技术方法，对与冲击矿压有关的状态量进行监测，判断其达到冲击临界的可能性而进行冲击危险预警。现有监测技术主要通过直接或间接地监测煤体应力来判断冲击危险性，如应力监测、钻屑法、微震法、电磁辐射法、声发射法等。

根据冲击矿压采动动载诱发冲击矿压理论，冲击矿压是在采动动载作用下诱发的高应力区力能解锁过程，因此冲击矿压监测应从动载和静载两个方面进行。基于静载的监测目前已研究得较为深入，技术方法也较多，主要有钻屑法、电磁辐射法、声发射法、应力在线监测法等，且静载处于相对稳定的状态，监测较为容易。本书主要着眼于采动动载的监测预警分析。

6.2.1 基于动载诱发冲击矿压的冲击矿压监测思路

基于动载诱发冲击矿压的冲击矿压监测主要是监测采动动载的变化规律，分析和评判诱发冲击矿压的可能性。根据采动动载诱发冲击矿压的判别准则[式(5-7)和式(5-13)]，动载诱发冲击矿压主要与动载强度 Rd_0、传播距离 L、动载衰减系数 λ、冲击系统临界抗扰动能力 Rd^* 等有关，因此基于动载的冲击矿压监测也主要从以上参量进行考虑，找出动载诱发冲击矿压的敏感参量进行监测。

参量 Rd_0，L 体现了动载源的性质，分别表明动载扰动的强度和动载源与冲击系统的位置关系，故需要监测动载源(矿震)的强度和空间位置。

参量 λ 为动载传播过程中煤岩介质对震动波的衰减特性，与岩层结构、断层等地质构造、采空区分布、巷道塑性区范围等有关。在特定开采条件下的特定时段，该参数保持相对稳定，对于特定工作面可根据开采地质条件分析动载(矿震)多发区域与高静载应力集中区(冲击系统)之间煤岩介质的传播特性，判断动载衰减的相对大小。

参量 Rd^* 与煤岩体的物性、采掘空间结构、支护条件、煤岩体损伤程度相关。Rd^* 越大，相同动载作用下，煤岩体对动载作出的反应越小，即动载作用时煤岩体损伤越小，反之煤岩体损伤越大。因此，可通过监测动载作用过程煤岩体的损伤情况判断冲击系统的冲击危险状态。

综上所述，基于动载的监测，可从动载源和煤岩体对动载的响应两个方面监测冲击危险状态。

6.2.2 采动动载监测预警关键技术

6.2.2.1 动载源监测

煤矿采动动载源(矿震)发生的时间、空间位置与围岩弹性能突然释放相关，存在随机性，且空间范围分布广，常采用矿井级或采区级的微震监测台网来进行监测，即微震监测技术。

微震监测技术的监测原理与地震台网监测天然地震类似，不同之处在于矿井微震监测台网监测范围小，定位及能量分析精度更高。经优化布置的矿井微震监测台网定位精度可达到水平方向误差小于 20 m，垂直方向误差小于 30 m，能量监测范围最小 100 J，局部区域监测的能量可达到更小值。微震监测系统一般可分析震源发生的时间、空间位置、能量、震源频率分布、震源机制等相关信息，分析结果可建立震源信息数据库，便于后续分析评价冲击危险程度。

基于微震监测的冲击危险性评价主要采用定量判断与定性评价相结合的方

法进行。定量判断是根据大量的监测数据以及实际矿压显现情况，将冲击危险与矿震的能量、频次等参数建立耦合关系，从而建立评价指标进行冲击危险评判。定性评价是基于冲击矿压显现前矿震能量、频次、空间位置等参数的变化规律，总结出冲击危险的前兆模式，作为冲击危险的评价指标。

微震监测范围大，属区域监测方法，可用于监测并判定矿井、采区乃至工作面较大范围的冲击危险程度。微震监测技术监测的一般是能量大于 100 J 的煤岩体震动，因此抗干扰能力强，并且冲击强矿震显现前，一般有矿震能量发展变化的过程，具有前兆规律较为明确的特点。实践表明，微震监测技术是冲击矿压监测中效果较好的监测技术之一。

6.2.2.2　*动载响应监测*

在动载作用下，具有冲击危险性的煤岩对动载响应表现为损伤加剧，而损伤则表现为裂纹扩展等微破裂的产生，与此同时，将会产生声发射现象、电磁辐射现象等，相应的对于冲击系统的动载响应监测的关键技术主要为声发射监测技术与电磁辐射监测技术。

(1) 声发射监测技术

声发射又称地音，是材料微破裂损伤过程中伴随的高频、低能量微震动现象，其震动频率高，达 150～3 000 Hz，能量低于 100 J，震动范围从几米到约 200 m。声发射监测技术是指采用声发射监测仪记录煤岩体损伤破裂过程中的声发射现象，判断冲击危险程度进而进行预警的一种监测方法。

从监测范围上看，声发射监测技术属于局部监测。声发射监测分为连续声发射监测系统监测和流动激发声发射监测。连续声发射系统监测在监测过程中，将声发射监测探头布置在工作面前方冲击危险潜在区域，连续接收声发射脉冲数及单位时间内声发射能量释放。基于声发射的冲击危险评价：根据当前周期（一般为 8 h）监测到的声发射脉冲数及总能量与邻近若干周期（一般 8 个周期）监测到的声发射脉冲数及总能量的平均值的比值，确定声发射趋势，并根据比值大小确定危险等级。当前煤岩体损伤加剧，则声发射活动增强，相应危险等级高，反之，危险等级低或无危险。经过长期监测，可以在已有数据的基础上，对下一时段内监测区域危险等级进行预测，从而实现对监测区域的危险性评价和预警。流动激发声发射监测采用便携式声发射监测仪将监测探头布置在一定深度的钻孔中，在相距一定距离（3 m）的钻孔中装上标准炸药量进行爆破激发动载，通过声发射监测仪记录爆破前若干监测循环（2 min）与动载作用后若干监测循环的声发射脉冲数和能量的变化规律，分析煤岩体对动载的扰动响应，评价冲击危险程度。

(2) 电磁辐射监测技术

煤岩材料的破裂一般呈张拉或剪切形式。微裂纹扩展时，裂纹尖端表面区域在应力诱导极化作用下积聚大量正负电荷，裂纹尖端区域的扩展运动、电荷的迁移过程以及破坏停止后正负电荷快速综合过程均会伴随电磁辐射效应。因此，承载煤岩在非均匀动静载作用下的变形破裂过程必然伴随着电磁辐射效应。煤岩变形及破裂过程中的电磁辐射是在煤体各部分非均匀变速变形引起的电荷迁移和裂纹扩展过程中形成的，煤体中应力越高，动载扰动越强，电磁辐射信号越强。

基于煤岩体在动静载作用下的电磁辐射原理，采用电磁辐射监测仪器，接收和记录煤岩体裂纹扩展损伤过程中电磁辐射强度(脉冲数、能量强度)可评价冲击危险程度。

电磁辐射监测探头可监测煤岩体约 20 m 范围电磁辐射信息，因此电磁辐射监测方法亦属于区域监测方法。电磁辐射监测分为连续在线监测和便携式监测。连续在线监测是在冲击危险高发区布置电磁辐射探头，对局部区域电磁辐射信号进行监测，并在线实时传输到井上记录分析仪进行在线监测预警。便携式监测是在潜在危险区域按一定间距设置监测点，按一定监测时间间隔采用便携式监测仪依次对各点进行监测并记录监测信息，监测信息带到井上之后，采用分析软件分析监测区域电磁辐射强度及变化区域冲击危险程度。

6.2.3 监测动载预警冲击危险前兆规律

峻德煤矿冲击矿压较为严重，在该矿引进了 SOS 微震监测系统、ARES-5/E 地音监测系统、KBD5/KBD7 电磁辐射仪对采掘过程中的矿震动载源及动载响应进行监测。

6.2.3.1 动载源微震监测前兆规律

前兆规律较为典型的一次冲击矿压于 2009 年 8 月 2 日 21 时 27 分发生在掘进一区 104 掘进工作面。冲击释放能量为 7.3×10^4 J，造成掘进机尾部上移0.8 m至上帮，自移刮板输送机尾上移 1.0 m，距上帮 0.6 m。造成掘进工作面向后 36 m 范围巷道高度由 3 m 变为 2.2 m，最矮处高度为 2.0 m，底鼓量为 0.6～1.0 m，平均底鼓量为 0.8 m。巷道宽度由 4.7 m 变为 2.93～4.2 m，下帮移近量为 0.8～1.8 m，平均移近量为 1.35 m。冲击矿压导致一名工人大腿骨折。

图 6-1 为 104 掘进工作面矿震能量、震动次数前兆规律，由图可知，冲击矿压发生前矿震能量和震动次数都有所增加，尤其能量变化持续增长。7 月 15 日前掘进工作面几乎没有矿震出现，而从 7 月 15 日起，矿震次数和能量明显增加，矿震活动进入活跃期。矿震从 7 月 15 日至 7 月 22 日经历了一个能

量的释放周期，经过一段时间的平静之后，从 7 月 29 日开始又进入一个能量释放周期，冲击矿压的发生具有能量释放的前兆和规律。当矿震活动增强后，动载产生的煤岩体扰动增强，传播至巷道周边的动载扰动也相应增强，冲击矿压危险性增大。

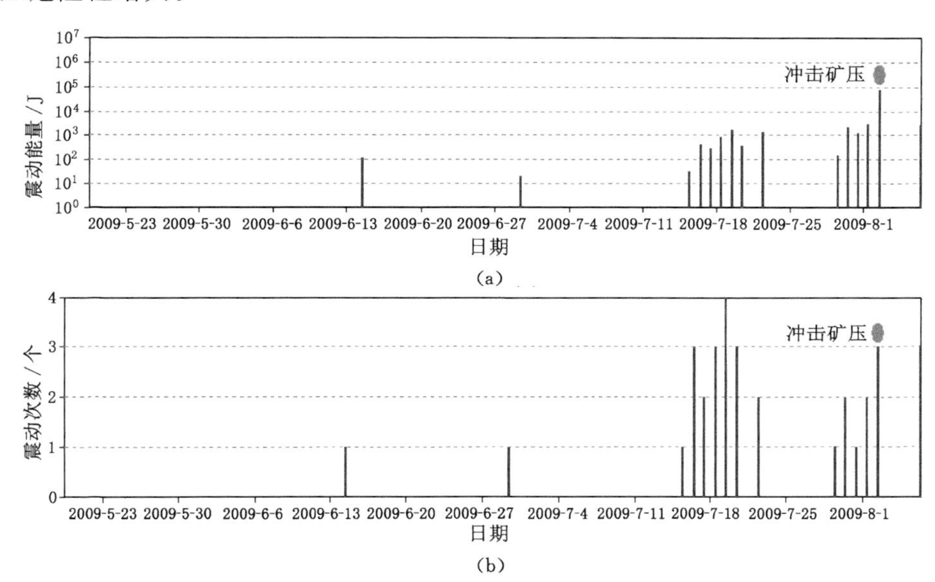

图 6-1 矿震能量、震动次数前兆规律

(a) 矿震能量前兆规律；(b) 震动次数前兆规律

震源能量越强、距离越近，越容易诱发冲击显现。图 6-2 为震源空间累积分布前兆规律的三视图。由震源空间分布可知，矿震能量由小逐渐增大，矿震空间分布逐渐趋近于冲击矿压发生地点，震源能量释放中心与巷道距离越来越近，且冲击发生前有多个大能量(3 次方级)矿震分布于冲击矿压显现区域附近。矿震从无序到有序，能量由低到高，空间分布从分散逐渐集中于一点，直至冲击矿压发生。

以上监测实例表明：震源能量增强，震动次数从无到有、由少到多，空间分布趋于集中，与开采区域距离减小等是震源诱发冲击的典型前兆规律。以上前兆规律在其他矿井微震监测中也常出现，符合动载诱发冲击矿压机理。

6.2.3.2 动载响应监测前兆规律

峻德煤矿北 17 层三四区一段综一工作面回风巷在掘进过程中曾经发生了 15 次冲击矿压显现，冲击危险性较高。为此在工作面回采过程中采取了微震监测、声发射监测、电磁辐射监测相结合的动载监测技术。该工作面回风巷

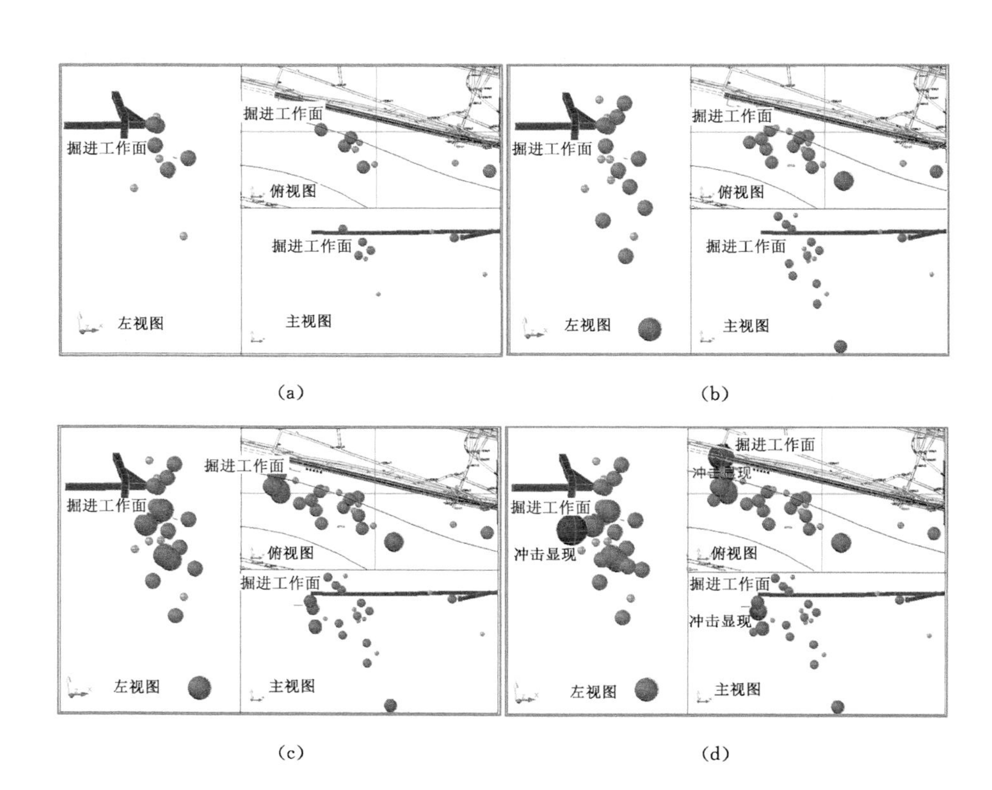

图 6-2 矿震空间累积分布前兆规律三视图

(a) 6 月 14 日至 7 月 18 日矿震分布；(b) 6 月 14 日至 7 月 29 日矿震分布；
(c) 6 月 14 日至 8 月 1 日矿震分布；(d) 6 月 14 日至 8 月 1 日矿震分布

一侧冲击危险主要受距煤层 6～20 m 处平均厚度为 26 m 的粗砂岩顶板影响，同时还与上段之间留设有宽度为 8～31 m 不等的弹性煤柱，顶板破断来压过程将产生强烈的动载扰动，与煤柱高静载叠加易诱发强烈矿压显现乃至冲击矿压。

2013 年 1 月 26 日至 2 月 21 日，工作面在过上段遗留煤柱高应力区域时，风道出现了 3 次强矿压显现。图 6-3～图 6-5 为该时段微震、声发射、电磁辐射监测情况。可见，随着矿震活动增强，动载对煤岩体扰动增强，煤岩体损伤加剧，声发射能量及脉冲数均呈增长趋势，电磁辐射也出现异常活跃前兆。实际监测的动载响应前兆规律与理论分析一致，可将声发射、电磁辐射增长趋势作为冲击危险前兆。

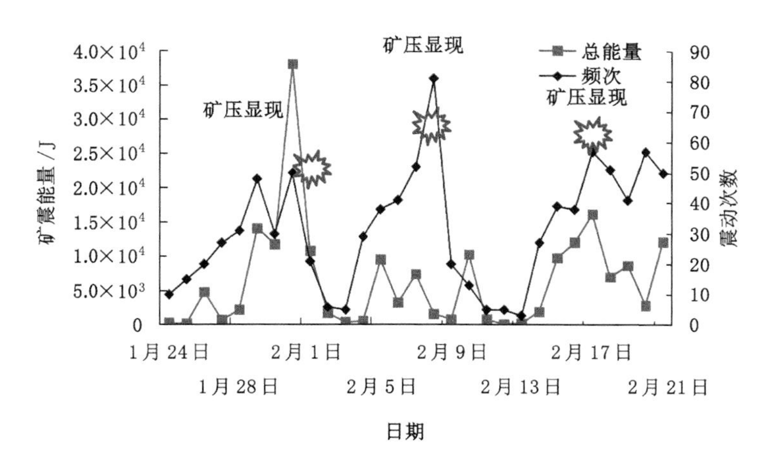

图 6-3　强矿压显现时段微震活动规律

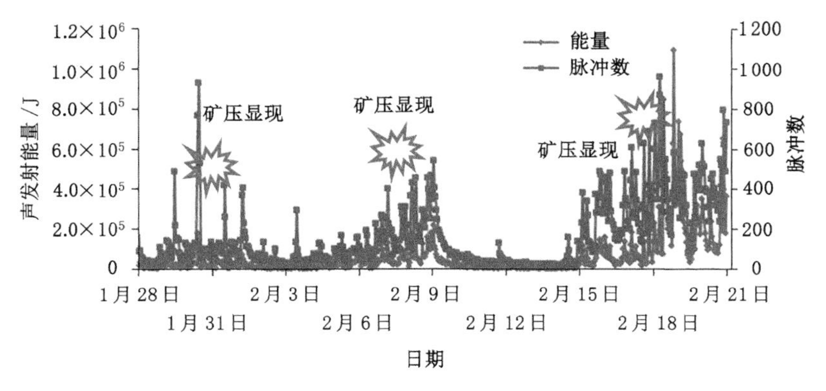

图 6-4　强矿压显现时段声发射前兆规律

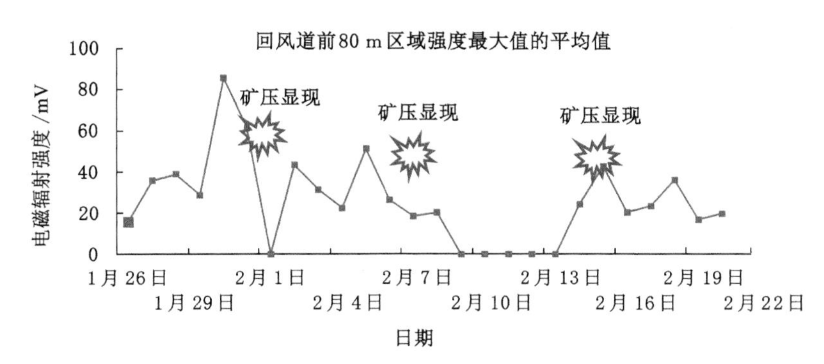

图 6-5　强矿压显现时段电磁辐射前兆规律

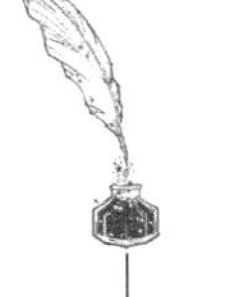

6.3 降低动载作用控制冲击危险程度

6.3.1 动载作用下煤岩体冲击破坏的应力分析

煤岩体冲击破坏存在损伤孕育发展的过程。在应力作用下，裂纹扩展存在一定速度，微裂纹从微观扩展到贯通、成核形成宏观断裂面需要一定时间，因此在动载作用下，煤体破坏前，应力可在这段时间内增加到较高值，表现为高强度。

相反在煤体内部，伴随动载震动波作用，当动载与最小主应力叠加使最小主应力减小，或动载与最大主应力叠加使最大主应力增加，或两者同时出现时，最大主应力与最小主应力的差应力将增大，如式(6-1)所示，此时煤岩体破坏的临界应力减小，表现为损伤加剧；当煤壁附近出现反射拉伸应力，与此处最小主应力叠加后仍表现为拉伸时，裂纹从压剪受力状态变为拉伸受力状态，煤岩体损伤临界应力成倍减小；当动载与静载叠加使主应力轴发生旋转时，可使静载处于不易扩展方向的裂纹产生扩展，加剧煤岩体损伤；损伤的煤岩体形成堆砌的块体结构，其强度存在各向异性，动载作用下主应力轴发生旋转时，加大了块体结构的失稳概率。

$$\sigma_1 = R_C + \frac{1+\sin\varphi}{1-\sin\varphi}\sigma_3 \tag{6-1}$$

式中 σ_1——最大主应力；

σ_3——最小主应力；

R_C——单轴抗压强度；

φ——内摩擦角。

动载作用下，煤岩体表现为微观损伤临界静载应力减小、宏观破坏强度增大的特点。当动载呈增大—减小—增大—减小……波动状态时，微观损伤持续进行，宏观应力并未增大到极大值，煤岩体表现为损伤疲劳破坏。因此，动载作用下煤岩体更易损伤破坏，具备冲击显现的应力条件。

6.3.2 动载作用下煤岩体冲击破坏的能量分析

冲击显现过程表现为大量能量瞬间解锁释放。动载诱发冲击矿压应力分析表明，动载作用下煤岩体具备了应力解锁条件。从能量守恒的角度看，冲击显现必然有强大的能量来源及其瞬间的解锁过程；根据冲击矿压判别准则[式(5-7)]，冲击矿压显现前后能量的转移转化关系见式(6-2)：

$$\iiint_V (U_b - U_a)\mathrm{d}V + SU_0L^{-2\lambda} = \iiint_V U_H\mathrm{d}V + \iiint_V U_k\mathrm{d}V \tag{6-2}$$

式中：U_k——冲击动能密度；

则表征冲击猛烈程度的破碎煤岩平均冲击速度为：

$$\bar{V}=\sqrt{\frac{2}{M}[\iiint_V(U_b-U_a)dV+SU_0L^{-2\lambda}-\iiint_V U_H dV]} \tag{6-3}$$

式(6-3)表明冲击猛烈程度取决于煤岩系统存储并释放的弹性变形能、矿震传递到冲击点的能量，以及煤岩冲击破碎的能量耗散。

煤岩体存储并释放的弹性变形能取决于煤岩体弹性模量及应力。对于特定煤岩，其弹性模量相对稳定，能量主要取决于应力。煤壁深部煤岩处于三向应力状态，式(6-1)表明此处煤岩具有较高的强度，具有较高的应力，因此能量密度较大，总能量较高。

矿震释放的能量存在空间扩散以及在传播过程中会因介质作用而产生极大衰减，极小的传播距离就将使能量极大衰减，作用于冲击系统的能量属极小值，矿震主要起触发煤岩体能量释放的作用。

在静载一定以及动载能量输入条件下，煤岩体之所以显现出强烈的冲击能量释放，是因为动载作用下改变了煤岩体受力破坏形式。动载作用使煤岩体在强度较小的方向上承载而破坏失稳，煤岩体耗散能 U_H 较静载作用下沿高承载强度方向破坏耗散能显著偏低，进而残余较大的冲击能，形成强烈冲击。

6.3.3 基于动静载组合的冲击危险控制思路

动载作用下煤岩体易表现出弱承载方向损伤破坏，破坏失稳概率增加，并且释放静载作用下储存的弹性变形能。冲击矿压发生的力源基础是静载，动载主要起触发破坏的作用。因此，冲击矿压孕育过程中，动静载均起重要作用。冲击危险控制应从动载与静载两个方面进行综合实施。

基于静载弱化控制原理，以窦林名为首的研究团队提出了强度弱化减冲原理，较好地阐述了基于松散煤岩体的强度弱化控制理念及方法。本书主要从动载的角度提出冲击矿压控制原理及关键技术。

6.3.4 降低动载作用控制冲击危险原理

矿震动载以弹性震动波向煤岩空间呈几何扩散，当传递到冲击点处与静载组合作用时，改变煤岩体受力状态而诱发冲击。动载对静载的扰动强度决定了冲击发生的可能性及冲击范围，动载越强可诱发的临界静载越弱，冲击显现范围越大，动载越弱则可诱发的临界静载越强，冲击范围越小，更弱的动载则不能诱发冲击显现。因此，降低动载强度可控制冲击危险程度。降低动载强度控制冲击危险原理如图 6-6 所示。

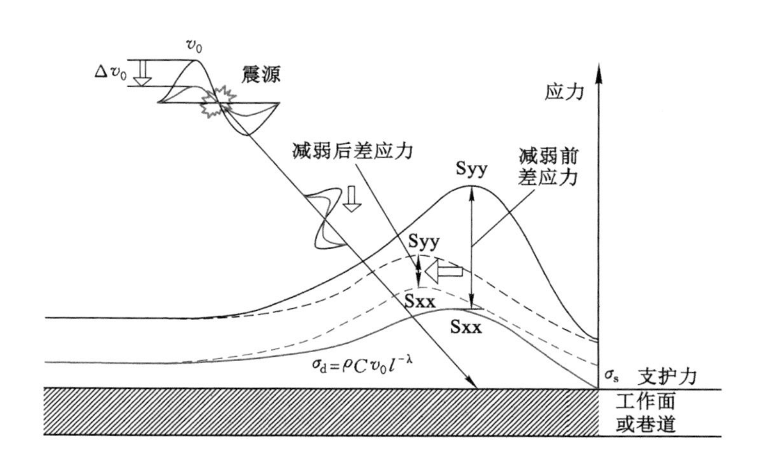

图 6-6　降低动载强度控制冲击危险原理

降低动载强度控制冲击危险原理：通过降低动载源强度、动载传播特性和扰动效应，避免或降低灾害显现以及灾害后果。

基于降低动载控制冲击危险原理，降低动载思路有以下几个方面：

(1) 降低震源强度，主要是降低震动最大速度振幅 v_0，速度振幅越小，动载越弱，动载应变率越低，与静载的组合效应越弱；

(2) 降低动载传播特性，主要是增大衰减指数 λ，加大震动传播距离，削弱动载传播到冲击点处的动载强度；

(3) 降低动载扰动效应，减小冲击危险区最大主应力与最小主应力差应力，一般情况下，采掘空间附近水平应力得到释放，垂直应力为最大主应力，垂直煤壁的水平应力为最小主应力，可采用卸压措施降低垂直应力，增大支护强度增大水平应力，达到降低差应力的目的，进而加大动静载组合应力与临界应力的距离。

6.3.5 降低动载作用的关键技术

6.3.5.1 降低动载源技术

矿井诱发冲击矿压动载源可分为远距离强烈动载扰动与近距离开采扰动。远距离强烈动载扰动主要为开采导致的厚层坚硬基本顶破断，或由基本顶悬顶导致的底板高应力卸载震动以及开采活动诱发的断层活动等，此类动载源与采掘空间存在一定距离，但由于动载强度大，传播到开采空间附近仍有较强的扰动效应，因而有较多的诱发冲击矿压案例，例如：峻德煤矿三水平北 3 层三四区一段工作面，顶板周期来压阶段诱发了 3 次强烈的冲击矿压显现；2011 年 11 月 3

日义马千秋煤矿开采诱发的F16断层活动诱发的掘进面冲击等。近距离开采扰动则主要为开采活动，诸如机组割煤、爆破、巷道扩帮拉底等。此类动载虽然强度较小，但由于传播距离短，也常诱发冲击显现，如：兴安煤矿四水平南17-1层二四区一段一分层综采工作面巷道扩帮拉底过程中的近源动载扰动诱发5次冲击显现；桃山矿机组割煤、卸压爆破诱发冲击矿压55次等。

对于断层活化等构造产生的强烈动载，主要从调整开采布局或采取充填开采等方法，避免形成构造区域的大范围卸载诱发震动。

矿井开采中面临最多的是坚硬顶板引起的强烈动载，对其控制的思路是减少一次震动能量释放。顶板来压步距越大，顶板悬顶面积越大，顶板破断释放的能量也就越大，同时在采空区边沿形成的悬顶面积也越大，对下段工作面上巷产生的影响也就越大。

(1) 顶板深孔爆破技术

对顶板的控制关键技术是沿倾向对难垮落顶板采取预裂爆破，使顶板在工作面推进过程中按预裂步距进行垮落。另外沿工作面走向对上段采空区悬顶进行切顶爆破，避免采空区悬顶突然活动释放强大能量对本工作面上巷产生影响；在下巷同样对难垮落顶板采取沿走向切顶爆破措施，一方面辅助倾向预裂爆破使顶板易于垮落，另一方面减小工作面悬顶面积，减弱对下区段工作面回采的影响。顶板深孔爆破钻孔布置如图6-7所示。

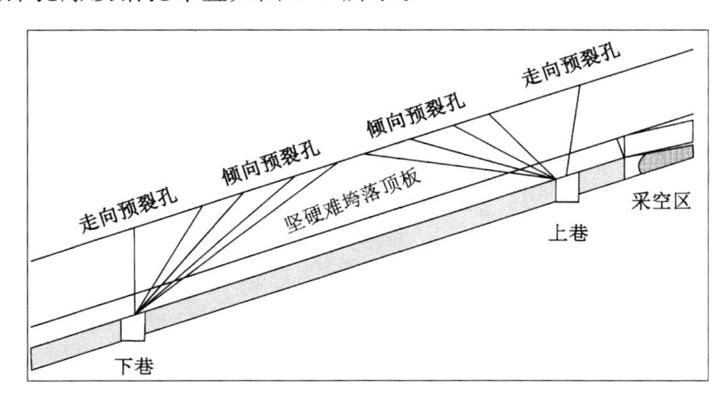

图6-7　顶板深孔爆破钻孔布置

预裂步距的确定：

自然开采条件下，顶板来压步距 l 可根据式(6-4)估算或采用相邻工作面顶板来压步距。

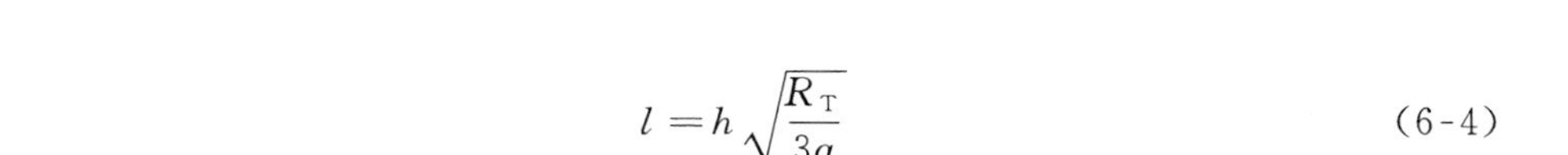

$$l = h\sqrt{\frac{R_{\mathrm{T}}}{3q}} \tag{6-4}$$

式中　h——坚硬难垮落顶板厚度；

R_{T}——顶板岩层抗拉强度；

q——顶板承受的均布载荷。

对于坚硬顶板，可采用如图 6-8 所示的顶板悬臂梁模型计算顶板周期破断时顶板储存和释放的弹性变形能。

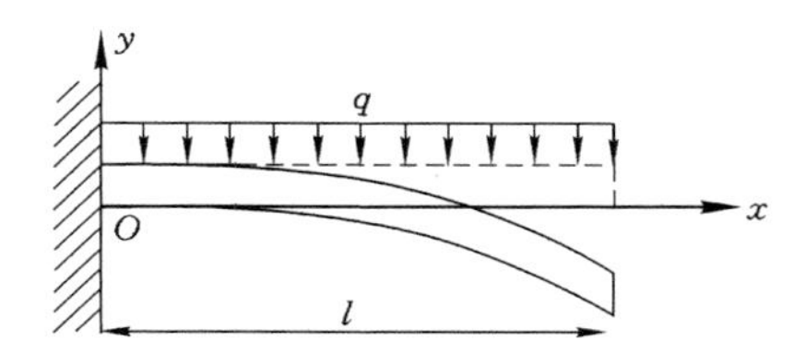

图 6-8　顶板悬臂梁模型

悬臂梁挠曲线方程为：

$$\omega = -\frac{qx^2}{24EI}(x^2 - 4lx + 6l^2) \tag{6-5}$$

式中，I 为悬臂梁横截面惯性矩，由能量守恒定律可知，均布载荷做功转化为悬臂梁的弹性变形能为：

$$E_{\mathrm{k}} = \left|\int_0^l \omega q \,\mathrm{d}x\right| = \frac{q^2 l^5}{20EI} \tag{6-6}$$

代入惯性矩及顶板应力状态得：

$$E_{\mathrm{k}} = \frac{3\sigma_y^2 b l^5}{5Eh^3} \tag{6-7}$$

式中：h 为岩层厚度；b 为沿工作面方向顶板垮落宽度，由顶板“O—X”破断规律，其可取为 1/3～1/2 工作面长度。计算所得能量中的 0.1%～1%将以震动波形式释放。根据传播到冲击危险区矿震能量以及冲击临界动载能量即可评价基本顶来压步距是否偏大而需要预裂处理。

应用实例：

峻德煤矿北 17 层三四区一段综一工作面采高为 3.5 m，工作面长度平均为 168 m。在垮落带内，距煤层 6～20 m 处有一层平均厚度为 26 m 的粗砂岩顶板，受其影响，风巷在掘进中出现了 15 次冲击显现。取抗拉强度为 3 MPa，顶板悬露时垂直应力为 0.7 MPa，弹性模量为 5 GPa，由式(6-4)可知其来压步距为：

$$l = 26 \times \sqrt{\frac{3}{3 \times 0.7}} \approx 31.1\ (\mathrm{m})$$

与上区段工作面实际观察的来压步距相近。按式(6-7)求得该层顶板自然垮落时,顶板释放的弹性变形能为:

$$E_{\mathrm{k}} = \frac{3 \times 0.7^2 \times 10^{12} \times 84 \times 31.1^5}{5 \times 5 \times 10^9 \times 26^3} \approx 8.18 \times 10^6$$

则以震动波释放的能量为 8.18×10^3～8.18×10^4 J之间。研究表明,矿震能量达到10^4 J级时,有诱发冲击显现的危险。本工作面上巷掘进期间侧向顶板活动诱发多次冲击显现进一步验证了以上结论。因此,需要对该层基本顶进行倾向深孔爆破预裂,控制来压步距,减小矿震能量。按照矿震的能量危险等级,需要降低矿震能量 10 倍以上,才能达到较为安全的能量等级。

按顶板释放能量与来压步距的关系[式(6-7)],可得能量控制与步距的关系如表 6-1 所列。

表 6-1　　能量控制与步距的关系

项目	等级一	等级二	等级三	等级四
能量降低倍数	10	100	1 000	10 000
步距减小倍数	1.585	2.512	3.981	6.310

由表 6-1 可知,如果降低矿震能量 10～100 倍,则顶板来压步距应控制在 12.38～19.62 m,实际设计中选取 15 m 作为深孔爆破预裂步距。按 15 m 来压步距,实际矿震能量大约为 2.13×10^2～2.13×10^3 J之间。

实践表明:在工作面回采对围岩高强度扰动条件下,采取顶板深孔爆破控制顶板步距措施后,矿震能量主要以低能量释放。如图 6-9 所示,小于 10^2 J 的矿震比例显著增加,从 19.1%增加到 60.8%;10^2～10^3 J 的矿震比例从 56.1%下降到 26.5%;10^3～10^4 J 的矿震比例从 20.4%下降到 11.3%;超过 10^4 J 的矿震比例从 4.4%下降到 1.3%,下降了约 70.5%,显著降低了矿震诱发冲击矿压危险。工作面回采过程中的矿压显现次数和强度均小于巷道掘进期间的,起到了较好的冲击危险控制效果。

(2) 切顶巷技术

降低坚硬难垮落顶板强度、控制来压步距还可以采取切顶巷技术。对于高瓦斯矿井,当工作面沿上区段采空区一端顶板中设置有瓦斯高抽巷时,可方便地实施切顶巷技术。切顶巷技术是在上巷与瓦斯高抽巷之间在需要预裂切断顶板的位置,沿切斜方向掘进联络巷道,该巷道斜穿坚硬难垮落基本顶,在基本顶中

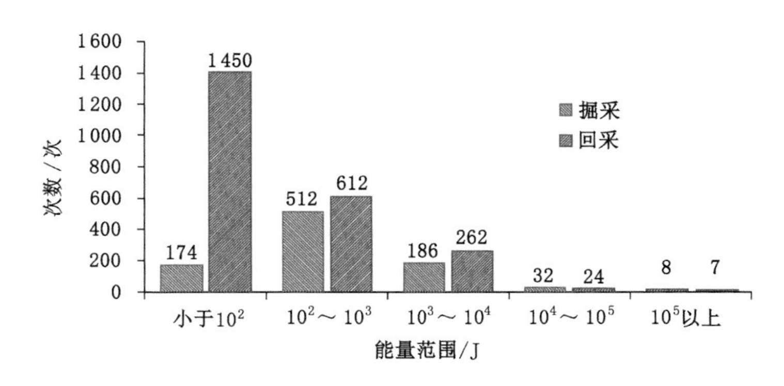

图 6-9　顶板预裂控制效果

形成空洞从而使基本顶预裂。在工作面回采时，工作面上部顶板沿切顶巷垮落，达到降低悬顶长度的目的，从而实现防治冲击矿压的目的，图 6-10 为切顶巷布置示意图。

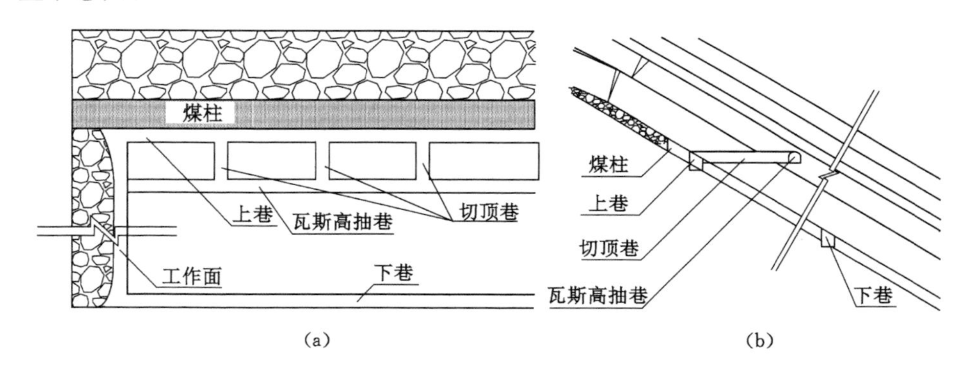

图 6-10　切顶巷布置示意图

(a) 平面布置；(b) 倾向布置

图 6-11 切顶巷控制顶板破断模拟效果图，由图 6-11 可知，在切顶巷弱化作用下，顶板在切顶巷区域产生了破断，顶板破断步距与切顶巷间距基本一致，同时切顶巷下部层位岩层，在切顶巷之间形成了拉伸破断，切顶巷控制了顶板的来压步距，有效控制了顶板来压强度。

图 6-12 所示为相似模拟工作面推进过程中，切顶巷对煤体应力的减小作用。无切顶巷时，工作面推进方向 80 m 处煤体最大垂直应力达到 94.45 MPa，当工作面推进至切顶巷区域时，由于切顶巷对顶板的弱化作用，减小了悬顶长度，切顶巷前后煤体应力分别降低至 66.69 MPa、76.47 MPa，过切顶巷之后，工

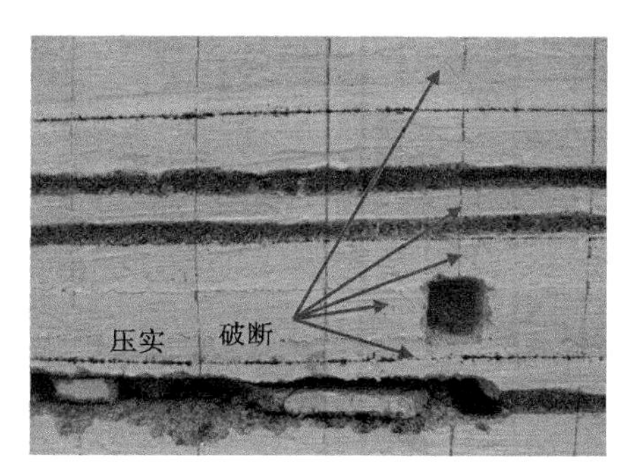

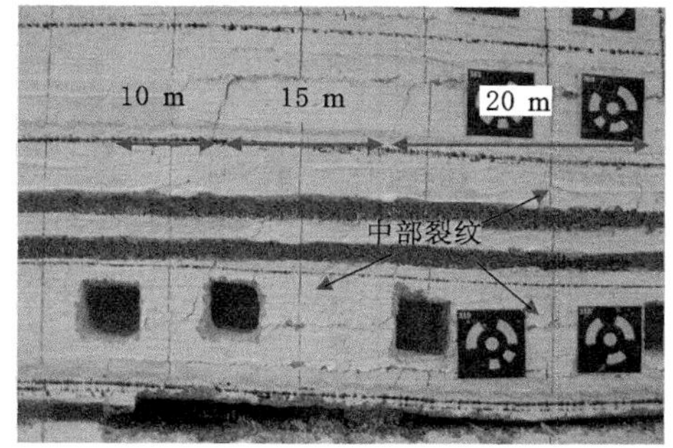

图 6-11　切顶巷控制顶板破断模拟效果图

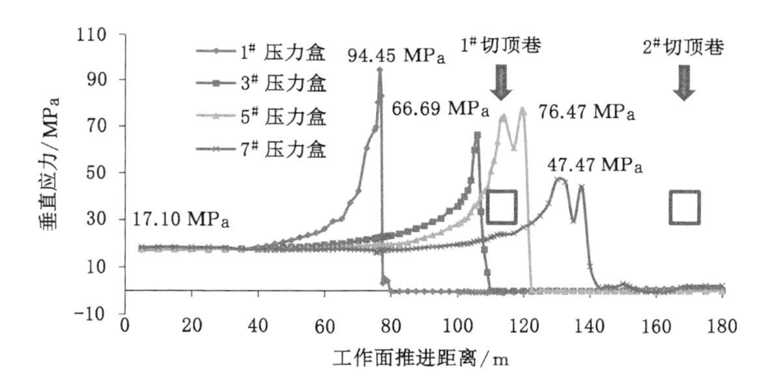

图 6-12　切顶巷对煤体应力的减小作用

作面推进至两个切顶巷之间时，由于两个切顶巷共同作用，顶板进一步弱化，工作面煤体应力降低至 47.47 MPa。可见，切顶巷可有效弱化顶板，减小煤体应力，并防止顶板突然破坏产生强烈动载。

6.3.5.2　降低动载传播特性

震动波传播到冲击点处剩余的强度对扰动效应起重要影响。相同强度震源，传播特性越强，传播到冲击点处的动载扰动越强，反之越弱。因此，降低动载的传播特性可防控动载诱发冲击的概率。

动载的传播特性与两个参数有关，分别为传播距离 l、衰减系数 λ。为了降低动载传播特性，相应需要增大传播距离或增大衰减系数。

(1) 增大传播距离

采掘过程中，通过选择合理的采煤方法，设计合适的采煤工艺，可达到增大矿震与高应力冲击危险区距离的目的。综采放顶煤开采方式与分层开采方式相

比，可增大坚硬难垮落顶板至工作面两巷的距离；超前工作面远距离实施顶板预裂爆破，可增大顶板爆破破断与工作面超前压力的距离；采用卸压爆破技术对工作面前方超前压力进行卸载，将超前压力向工作面前方转移，增大工作面与超前压力峰值之间的距离等。

（2）增大衰减系数

衰减系数与煤岩体裂隙、孔洞等结构面分布密切相关。人为增大衰减系数主要从松散煤岩体入手。主要技术手段有保护层开采、顶板预裂爆破、底板预裂（松散）爆破、煤体松散爆破、煤层注水等，用采空区松散区、预裂爆破松散区等增大震动能量的衰减，如图 6-13 所示，通过采取顶板、煤层、底板相应技术措施，形成巷道周围的矿震能量的衰减吸收带，降低动载传播特性，从而降低动载对巷道稳定性的影响。

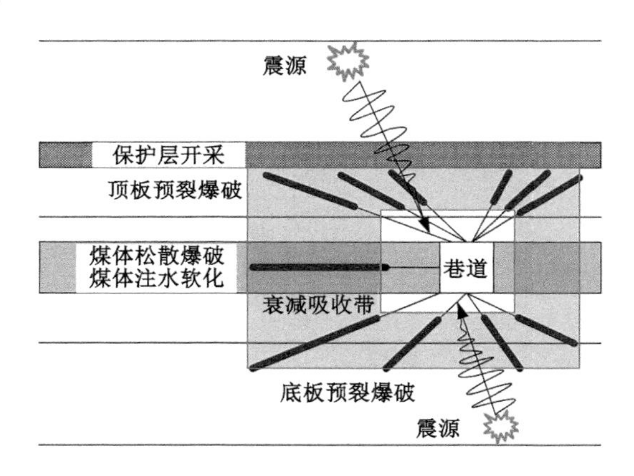

图 6-13　增大衰减系数技术体系

6.3.5.3　降低动载扰动效应

冲击点所处的应力状态以及支护条件不同，相同强度采动动载的扰动效应也有所不同。根据动载作用机制，采取针对性技术措施，改变冲击点处的应力状态和支护结构形式，可有效降低动载的扰动效应，消除或减弱冲击矿压发生的可能性。

（1）卸压爆破技术

卸压爆破是冲击危险控制中降低静载的主要技术方法，可有效降低应力集中水平，同时使煤体松动，使弹性降低、塑性增强，储能性能降低，从而有效降低冲击危险。从动载对煤岩体作用的角度分析，采用卸压爆破技术降低煤体应力集中水平，可减小煤体最大主应力与最小主应力的差值，从而加大煤体应力与损伤破坏临界应力的距离，增大煤体抗动载扰动的能力，同时松散的煤体在动载作

用下，相互挤压、摩擦、滑动耗能结构面增多，加大动载衰减耗散，降低冲击显现发生的概率和强度。

卸压爆破参数的确定：卸压爆破钻孔深度应深达峰值应力区 2～3 m；钻孔间距需根据爆破初始冲击压力与炮孔切向最大拉应力计算，煤层卸压爆破单孔卸压影响范围一般为 3～5 m，钻孔间距可取 2～5 m，根据装药量多少，少者取小值，大者取大值；冲击危险区域卸压爆破应有足够的封孔长度，以保证卸压爆破不诱发冲击显现，一般装药段长度不大于钻孔深度的 1/3～1/2；采用正向爆破，每次起爆不超过 5 孔，联线方式为孔内并联、空间串联。

(2) 弹性整体高强承载支护形式

对于降低动载扰动效应，优化巷道的支护形式尤为重要。根据动载对巷道附近煤岩体作用，巷道支护结构应具有一定的弹性、整体性和承载性，即冲击危险巷道宜选用“弹性＋整体＋高强蓄能承载”支护形式。

弹性支护：动载作用下，煤岩体表现出强烈的震动现象。对于弹性介质，震动过程中动能转变为弹性势能，弹性势能产生的弹性回复力迫使煤岩回到初始平衡位置；对于塑性介质，震动过程中介质表现为塑性位移，震动过后，塑性介质无回复力，将产生永久变形。对于巷道附近煤岩体，由于震动波反射，震动速度增大，若采用具有一定弹性的支护形式，动载作用过程中巷道表面表现为强烈的震动现象，将无大的变形移近后果，可有效降低动载的破坏作用。煤矿常用支护材料，弹性由强到弱分别为锚索、锚杆、液压支架（支柱）、U 形可缩性支架、金属支架、木支柱和木垛等。

整体支护：大量冲击现象表明，冲击矿压多从支护薄弱的巷道底板及两帮显现，冲击过程表现为支护薄弱区域的破坏，连锁反应使破坏区加深加大，最终形成大范围冲击显现。采用整体性强的支护形式配合弹性支护，可有效控制巷道表面附近破碎区煤岩在动载作用下脱离围岩母体而形成启冲点。动载作用下即使弹性支护结构遭到破坏，由于采用了整体性支护，巷道表面表现为整体的缩进，而不形成明显的破坏，可有效减弱冲击灾害。煤矿常用支护形式，整体性较强的有锚网支护、O 形棚支护、U 形支架支护。

高强蓄能承载支护：高强蓄能承载支护形式可抵御较大能量的动载作用。其支护机理为：其一，通过提高支护强度，使巷道煤岩水平应力增大，从而减小垂直应力与水平应力的差值，增大动载作用时差应力距临界差应力的距离，减小煤岩进一步损伤破坏的概率；其二，增大水平应力之后，反射拉应力波需要克服更大的水平阻力才能形成拉应力破坏巷道；其三，在冲击显现过程中，由于采用了高强蓄能承载支护形式，巷道变形可较快得到收敛，减小巷道变形破坏，从而减弱冲击灾害后果。由此，冲击危险巷道的高强蓄能承载支护应以薄弱方向支护

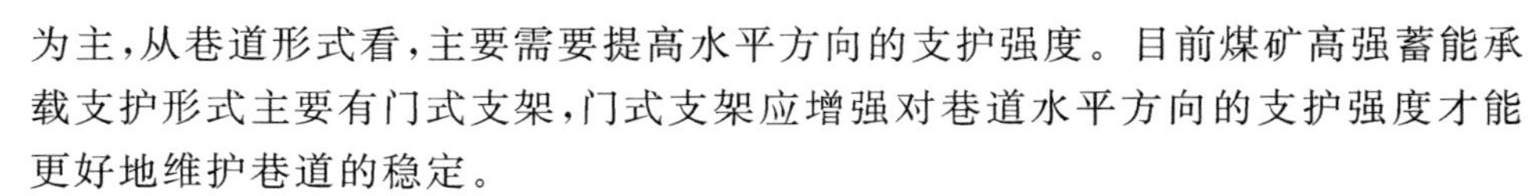

为主，从巷道形式看，主要需要提高水平方向的支护强度。目前煤矿高强蓄能承载支护形式主要有门式支架，门式支架应增强对巷道水平方向的支护强度才能更好地维护巷道的稳定。

以上分析表明，煤矿抵御动载作用在技术上最佳的支护形式为“锚网索＋O形棚＋门式支架”支护形式，但同时需要从经济性和施工可行性方面考虑，最终确定经济技术均达到一定效果的支护形式。

6.4　本章小结

（1）提出了动静载结合的监测预警思想，提出了动载监测思路从动载源、煤岩体动载响应两方面进行监测，介绍了动载源微震监测技术和动载响应的声发射、电磁辐射监测技术，并结合实例分析了动载监测的前兆信息规律；

（2）分析了动载诱发冲击的应力条件、能量条件，提出了减弱静载、降低动载的冲击矿压控制思路，并提出了降低动载作用防治冲击矿压原理，即通过降低动载源强度、动载传播特性和扰动效应，避免或降低灾害显现和灾害后果；

（3）研究了降低动载源的顶板深孔爆破、切顶巷关键技术，构建了降低动载传播特性的技术体系，介绍了卸压爆破降低动载扰动效应技术，提出了控制动载扰动效应的巷道“弹性＋整体＋高强蓄能承载”支护形式。

7 降低动载防治冲击矿压实践

7.1 引言

桃山煤矿开采布局复杂，进入深部开采以后，冲击矿压频繁发生，为此桃山煤矿与中国矿业大学合作，开展了针对性课题研究。根据桃山煤矿典型薄煤层开采条件，分析了桃山煤矿冲击矿压特点，研究了薄煤层工作面应力分布特征。研究发现桃山煤矿冲击矿压属典型的采动动载诱发冲击矿压类型。动载诱发的冲击矿压占冲击矿压总数的 93%以上。基于力能解锁采动动载诱发冲击矿压机理，采取了动载监测和降低控制技术，取得了理想的防治效果。

7.2 桃山煤矿冲击矿压显现分析

7.2.1 冲击矿压现象

桃山煤矿隶属于七台河矿业精煤(集团)有限责任公司，始建设于 1958 年，片盘斜井群开采，年产量为 120 万 t。矿井目前开采－400 m 水平，上下山开采，地层倾角一般在 20°～25°。冲击矿压较为严重的采区为一、三采区。一采区开采下部层组 93#、90#、85#，采高分别是 0.9 m、0.7 m、1 m，均为薄煤层开采；三采区回采中部层组 79#、75#、72#、68#，采高分别是 1.6 m、0.7 m、2.2 m、1.4 m。一、三采区下山开采－400 m 以下片盘，采深为 600～800 m。井田内岩石抗压强度分别为粗砂岩 98.9～136.9 MPa、中砂岩 61.7～115.2 MPa、细砂岩 58.5～124.7 MPa、粉细砂岩 28.5～104.7 MPa、粉砂岩 19.6～97.6 MPa，均为强度较高的坚硬岩层。煤层顶板多属中等垮落至难垮落型，底板属稳定型底板。

桃山煤矿于 2001 年首次发生冲击矿压，一采区回采 93# 左四片，采深为 580 m，工作面回风巷发生冲击矿压，煤体抛出 2 t 左右，击伤人员 2 名。

2002 年 6 月，一采区回采 93# 层右四片降段，上巷采深为 560 m，先后发生 3 次冲击矿压，均发生在工作面上段 20 m 及上巷 40 m 范围。最严重的一次，上

巷超前支护 37 m 巷道煤岩抛出，封闭 4/5 断面，3 人受伤。桃山煤矿冲击显现情况如图 7-1 所示。

图 7-1　桃山煤矿冲击显现照片

7.2.2　冲击矿压特点

2001 年以来，桃山煤矿共发生冲击矿压 60 余次，造成了大量人员伤亡、设备损坏及巷道破坏。冲击矿压发生时的工序统计如表 7-1 所列，卸压爆破、机组割煤、打钻等动载扰动强烈时段冲击矿压显现占总数的 93.3%。由于机组割煤对工作面煤体动力扰动较大，桃山煤矿薄煤层冲击矿压在工作面显现的概率明显高于中厚及其以上厚度煤层，如图 7-2 所示，桃山煤矿冲击矿压显现位置统计表明工作面上部冲击矿压次数明显高于上巷冲击矿压次数。

表 7-1　　冲击矿压发生时的工序统计

序号	工序	冲击矿压次数	百分比
1	卸压爆破	35	58.3%
2	机组割煤	18	30.0%
3	打钻	3	5.0%
4	交接班	2	3.3%
5	装药	1	1.7%
6	清理浮煤	1	1.7%

由图 7-3 可知，桃山煤矿冲击矿压主要在工作面上部 20 m 以及上巷往外 20 m 范围显现。从空间结构分析，该区域受到上片采空区侧向应力及本工作面后部采空区超前应力影响，处于高静载应力区域。

以上分析表明，桃山煤矿冲击矿压明显受到采动动载扰动及工作面上端静

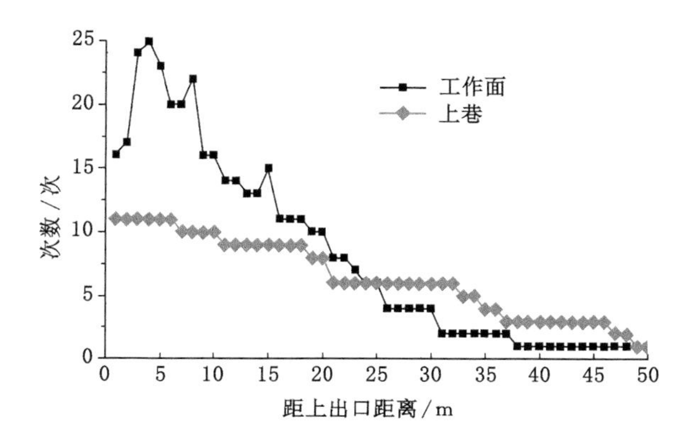

图 7-2 冲击矿压显现位置统计

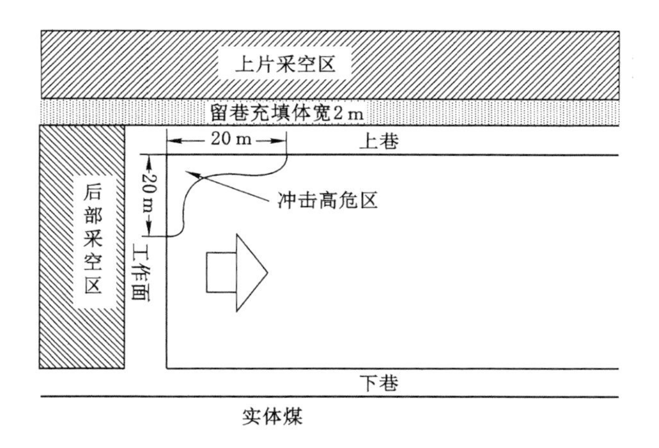

图 7-3 冲击显现高发区

载应力集中的影响，属典型的采动动载与静载组合诱发类型。

7.3 桃山煤矿薄煤层开采动静载特征

7.3.1 工作面条件

以 93# 层右三片工作面为背景进行分析研究，该工作面位于一采区，其上片为 93# 层右二片采空区。93# 层右二片工作面回采过程中下巷沿空留巷作为本工作面上巷，下片为 93# 层右四片，未形成工作面。上覆 90# 层，下伏 94# 层，均

不可采。工作面采深为780～850 m,工作面及上下巷布置如图7-4所示。

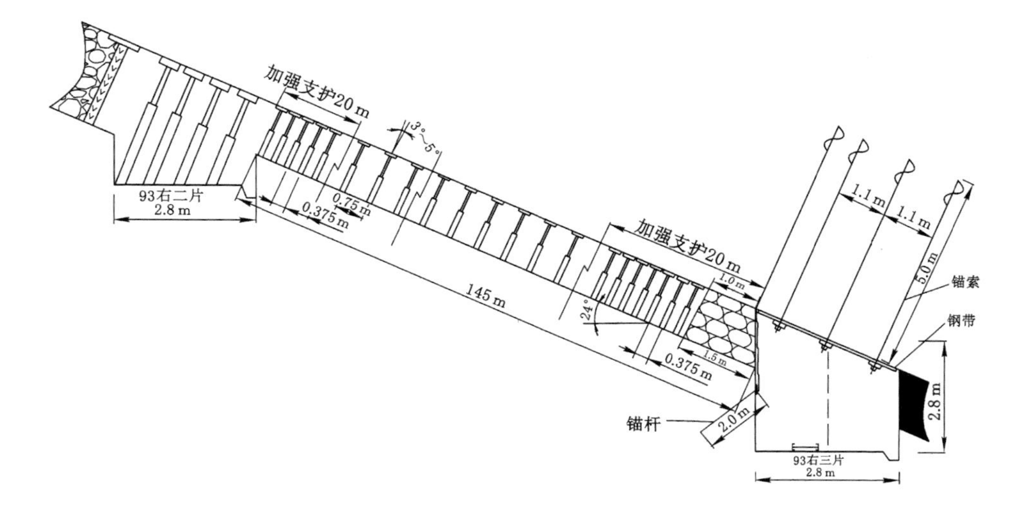

图7-4　工作面及上下巷布置

该煤层平均倾角为25°,节理发育,厚度稳定,平均煤层厚度为0.9 m,硬度f=0.8,工作面两巷沿顶掘进,破底成巷,工作面下巷沿空留巷作为下一片工作面上巷。

采煤方法为走向长壁后退式开采,选用普采采煤工艺;顶板管理方法为全部垮落法;支护方式为单体柱配铁顶帽,支柱型号为DZ-1.0 m、DZ-1.2 m、DZ-1.4 m,每天3个循环,循环进尺为0.8 m。

93#煤层冲击倾向性鉴定结果如表7-2所列,煤层具有弱冲击倾向性。

表7-2　　93#煤层冲击倾向性鉴定结果

动态破坏时间/ms	弹性变形能指数	冲击能指数	鉴定结果
391	6.286	1.4778	弱冲击倾向

93右三片工作面柱状图如图7-5所示。工作面顶底板为坚硬砂岩板。顶板层理不发育,经冲击倾向性鉴定具有强冲击倾向性。

7.3.2　静载分布规律

7.3.2.1　煤厚对工作面应力分布的影响

采用快速拉格朗日有限差分法(FlAC)模拟工作面前方垂直应力分布与煤

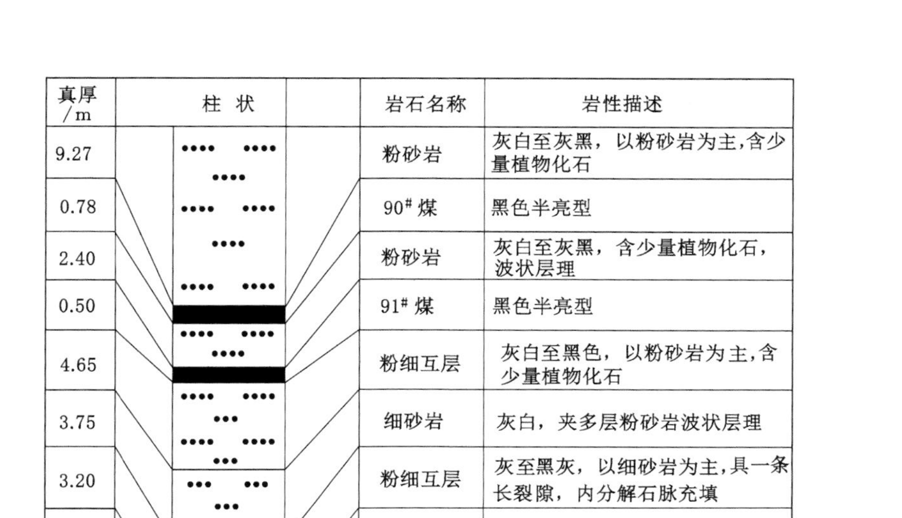

真厚/m	柱状	岩石名称	岩性描述
9.27		粉砂岩	灰白至灰黑，以粉砂岩为主，含少量植物化石
0.78		90# 煤	黑色半亮型
2.40		粉砂岩	灰白至灰黑，含少量植物化石，波状层理
0.50		91# 煤	黑色半亮型
4.65		粉细互层	灰白至黑色，以粉砂岩为主，含少量植物化石
3.75		细砂岩	灰白，夹多层粉砂岩波状层理
3.20		粉细互层	灰至黑灰，以细砂岩为主，具一条长裂隙，内分解石脉充填
1.30		细砂岩	灰白，含铁质及少量暗色矿物质
0.30		细砂岩	白色
1.00		93#煤	黑色半亮型
9.65		粉砂岩	黑灰色，含植物碎化石，夹煤线

图 7-5　93 右三片工作面柱状图

厚的关系，得到如图 7-6 所示的曲线图。应力峰值随煤厚变小急剧增大。煤厚越小，应力峰值区域与煤壁距离越近，峰值应力越大。超前应力区随煤厚变小逐渐变小，但峰值应力急剧增大。

图 7-7 为应力峰值与煤厚的关系，其中 σ_{Zm}，σ_{Xm} 分别为垂直应力与水平应力峰值大小，L_Z，L_X 分别为垂直应力和水平应力峰值区域与煤壁的距离。水平应力与垂直应力峰值与煤厚呈幂率关系，煤厚越小，峰值应力越大。应力区域峰值与煤壁的距离和煤厚呈线性关系，煤厚越小，峰值应力越接近，工作面采动动载对峰值应力区域扰动越强。

应力梯度与煤厚的关系如图 7-8 所示，水平应力梯度、垂直应力梯度均与煤厚呈幂率关系，随着煤厚变小，应力梯度急剧增大。当煤厚从 3 m 减小到 1 m 时，垂直应力梯度从 16 MPa/m 增大到 60 MPa/m，而水平应力梯度则从 7 MPa/m增大到 26 MPa/m，可见当煤厚减小后，煤壁前方应力峰值区域煤体承

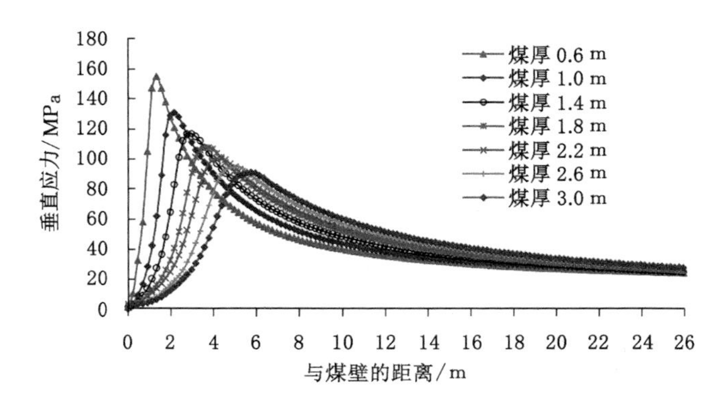

图 7-6　工作面前方垂直应力分布与煤厚的关系

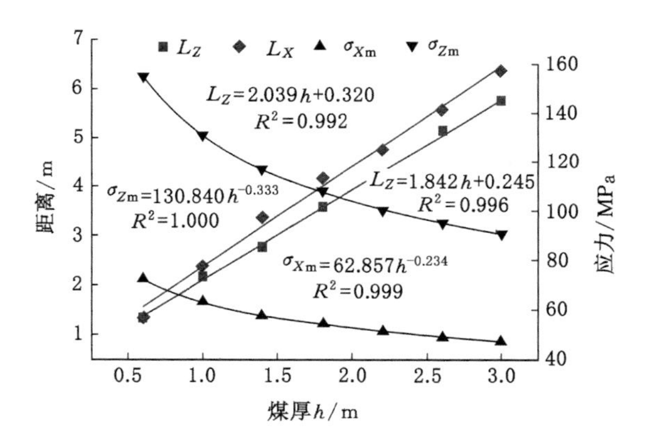

图 7-7　应力峰值与煤厚的关系

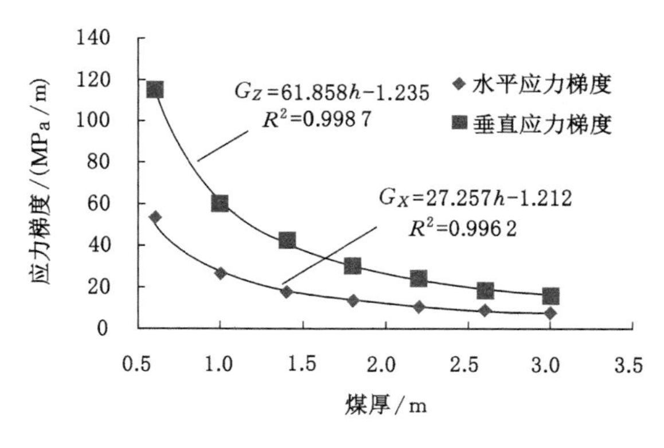

图 7-8　应力梯度与煤厚的关系

受的应力越来越高，单位煤体存储的弹性变形能增大，而要维持煤体稳定所需要的水平支护阻力显著增大。煤层变薄之后，一方面为冲击系统冲击矿压形成积聚了足够的能量，另一方面静载应力与冲击临界载荷差值减小，减小了采动动载诱发冲击矿压的难度。

7.3.2.2 工作面回采应力分布特征

如图 7-9 为相似材料模型，用于研究 93 右三片工作面回采过程中覆岩运动引起的工作面应力分布规律。布置在煤层中距开切眼 80 m 处、水平放置的 1# 压力盒监测到的垂直应力如图 7-10。由图 7-10 可知，当工作面推进至距 1# 压力盒 40 m 时，垂直应力开始上升。当工作面推进至距 1# 压力盒距离小于 10 m 时，应力急剧增大，尤其 3～5 m 处应力急剧变化。应力峰值出现在距工作面 3.5 m处，达到 94.45 MPa，应力峰值区域距工作面煤壁距离较小，受工作面割煤作用，应力峰值区域容易被揭露而诱发动力灾害。工作面前方煤体塑性区为 2 m左右，应力在 3 m 至 2 m 处急剧下降，从 83.27 MPa 下降到 5.24 MPa。所得结论与数值模拟结果类似，即：薄煤层开采时，工作面前方应力集中区范围小，距工作面距离近，应力峰值高。

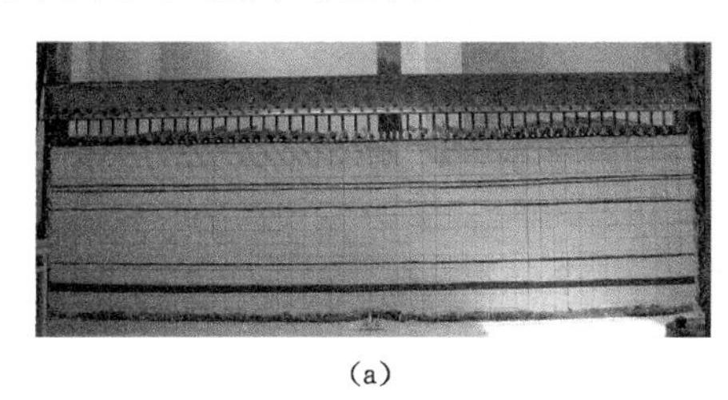

(a)

(b)

图 7-9 相似模拟模型

(a) 模型正面；(b) 模型加载及数据采集系统

由于煤层薄，基本顶除初次破断外，随工作面推进，呈弯曲下沉状态，且很少破断，如图 7-11 所示，基本顶初次来压步距约为 40 m。4# 压力盒布置于基本顶中，距工作面开挖起始位置 100 m 处。如图 7-12 所示，4# 压力盒监测数据表明，应力在距工作面 45 m 时开始快速增大，当距工作面 7.5 m 时，应力出现峰值。当工作面推进至 125 m 时，该处应力取得最小值，此时压力盒应处于悬顶中部，可见基本顶在采空区弯曲悬顶长度为 40[＝2×(125－105)] m。当工作面推进至 140 m 时，该处应力开始快速回升，由此也可推断基本顶悬顶长度为 35～40 m。当工作面推进到 170～175 m 时，该处应力在采空区内到达最大值，之后出现下降，说明基本顶形成的拱结构跨度为 80 m 左右。由以上分析可知，基本顶在采空区形成的悬顶及结构跨度较大，煤壁前方形成的应力集中程度较

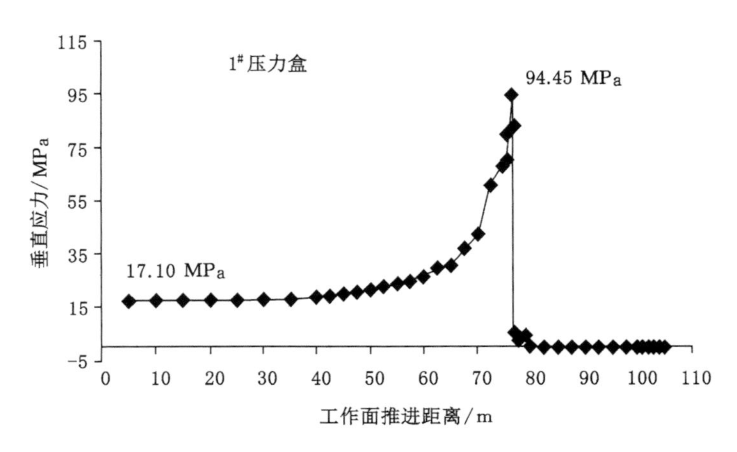

图 7-10　工作面推进过程中煤层应力变化规律

高，对冲击矿压防治不利，应考虑采取措施进行顶板弱化，降低煤体静载水平，预防冲击危险。

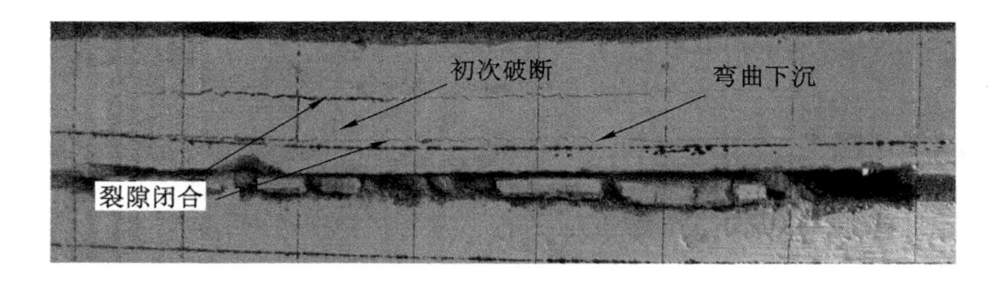

图 7-11　工作面顶板弯曲下沉

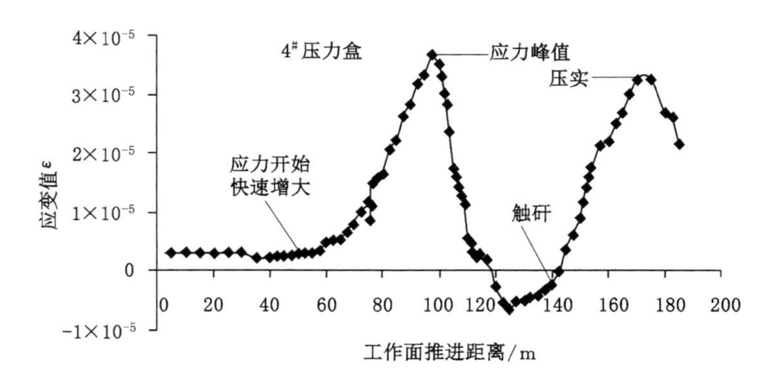

图 7-12　工作面推进过程中基本顶应力变化规律

如图 7-13 所示，由于采用沿空留巷，充填体是在采后卸载条件充填的，对顶板支撑小，采空区侧向压力主要作用于本工作面上部，增大了煤体静载，使冲击危险加剧。

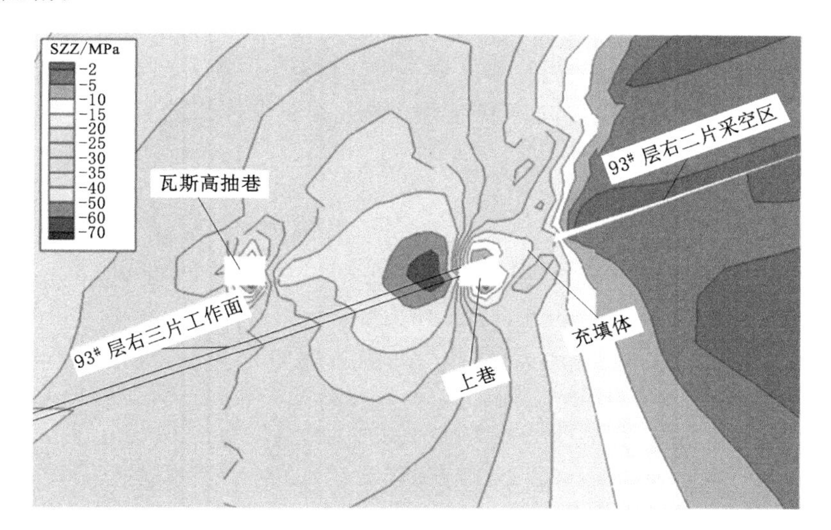

图 7-13　工作面倾向应力分布规律

7.3.3　工作面采动动载特征

如表 7-1 所列，桃山煤矿工作面回采期间所受动载扰动主要为卸压爆破、采煤机割煤、打钻等工序引起的动载扰动，以及在此工序中引起的顶底板破断等矿震产生的动载扰动。其中卸压爆破为人为控制的能量释放，危害性较小，而机组割煤、打钻诱发的冲击破坏为自然诱发的冲击，具有不可预知性，危害性较大。

7.3.3.1　卸压爆破

93# 层右三片工作面及上巷卸压爆破参数为：工作面钻孔间距为 2 m，深度为 3～5 m，采用矿用乳化炸药，每孔装药量为 0.6 kg，封孔段长度不小于 1 m，正向装药一次起爆，卸压爆破后，推进 2 刀。每次爆破 12 孔，共计 7.2 kg 炸药，按炸药能量当量 4 184 kJ/kg 计算，每次爆破炸药总能量输入为 3.01×10^7 J，则转化为矿震能量为 $10^3\sim10^5$ J，加上爆破过程中煤岩体释放的弹性变形能，转化为矿震的能量可达到更大值。该能量已达到冲击矿压显现的临界能量 10^4 J。由第 3 章对矿震规律的统计，能量为 $10^3\sim10^5$ J 的矿震，其近震源处质点峰值震动速度可达 0.2～3.6 m/s，转换为动载为 1.25～22.81 MPa，该载荷只是近震源弹性区的动载强度，卸压爆破中心的动载强度远大于该估计值。因此，卸压爆破中

心煤体必然破坏，进而达到卸压的目的，但近震源处动载强度按以上估算也达到了较大值，对于高应力集中煤体，以上动载与静载组合作用，极可能导致煤体破坏，从而增大爆破破碎区范围。

由于桃山煤矿卸压爆破钻孔深度为 3～5 m，此区域正好为工作面煤壁前方应力峰值分布区域，爆破震源与高应力区距离极小，同时距离顶板断裂线位置也极小，爆破动载直接与高静载叠加，容易诱发煤体失稳及顶板破断产生动载。

7.3.3.2　采煤机割煤

图 7-14 为煤厚为 1.0 m、3.0 m 条件下，工作面推进一刀(0.8 m)时，煤体垂直应力对比。工作面割煤对煤壁应力扰动较大的范围为距煤壁 0～7 m，7 m 以深应力扰动较小。煤厚为 1.0 m 时，工作面推进一刀，煤壁内 0～2.58 m 范围将产生较大应力降低，2.58～7 m 范围将产生较大应力升高；煤厚为 3.0 m 时，煤壁内 0～6.15 m 将产生较小应力降，6.15 m 以深应力略微升高。煤厚较小时应力扰动范围小，应力降幅较大。煤厚为 1.0 m 时，距煤壁 1.75 m 处最大应力降为 88 MPa，而煤厚为 3.0 m 时，最大应力降为 29 MPa，两者相差 59 MPa。尤其近煤壁处，煤厚为 1.0 m 时的应力降远远高于煤厚为 3.0 m 时的应力降。在垂直应力“一降一增”作用下，煤壁附近煤体极不稳定。

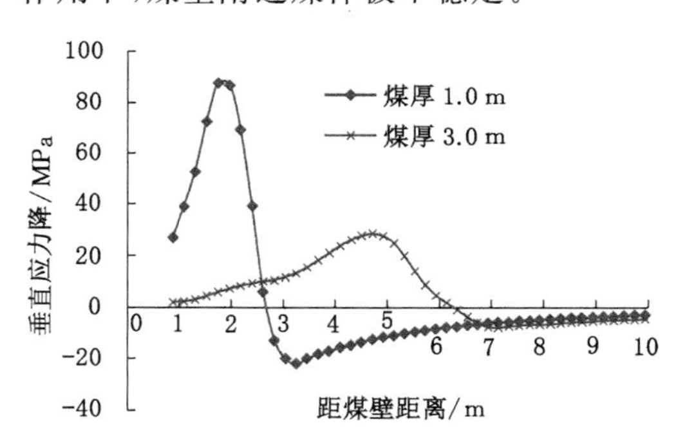

图 7-14　垂直应力降对比

从动载角度理解，煤体深部 0.8～7 m 应力扰动区，割煤后的稳定应力可视为静载，割煤前后应力差值可视为动载，该动载为卸载动载，卸载速度与割煤速度以及应力转移速度相关。可见，割煤过程中的动载变化率较爆破过程中的动载变化率小很多，但其幅值较大，卸载过程中，顶板产生急剧下沉变形，释放重力势能，同时积聚弯曲变形能，在此过程中，顶板容易破断从而形成二次动载。因此，对于薄煤层开采，采煤机割煤时段是冲击矿压高发时段。

7.4 采动动载的监测及控制

桃山煤矿薄煤层开采应力高，分布区域集中，离煤壁近，动载幅值大，加载应变率小，根据冲击矿压采动动载力能解锁诱冲机理，桃山煤矿冲击矿压属典型的动载诱发煤岩体力能解锁释放型冲击矿压，可从动载与静载两方面考虑进行冲击矿压防治。

7.4.1 监测技术及方法

根据桃山煤矿薄煤层开采实际情况以及技术经济可行性，冲击矿压监测主要采取SOS(地震观测系统)微震监测法、KBD5/KBD7电磁辐射监测仪监测法、钻屑法三种方法进行监测。桃山煤矿采动动载分区监测技术体系如图7-15所示。

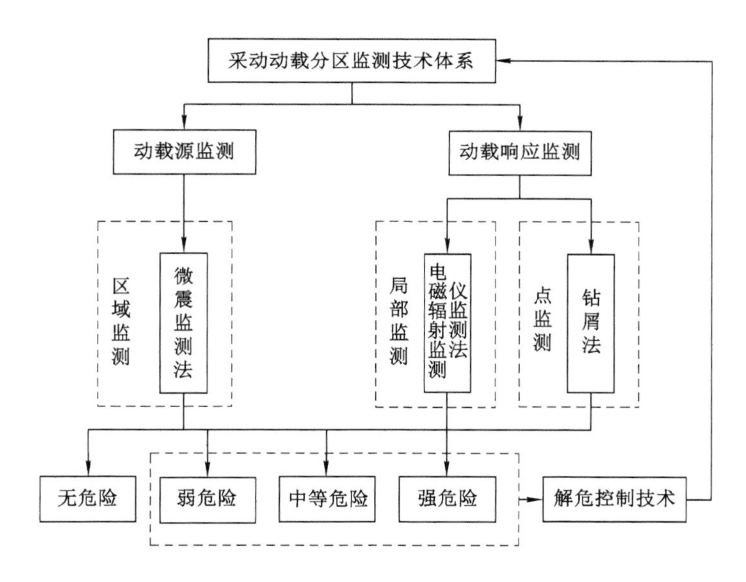

图7-15 桃山煤矿采动动载分区监测技术体系

7.4.2 控制技术及方法

影响桃山煤矿冲击矿压的主要因素是砂岩顶板和煤层厚度。砂岩顶板较坚硬，导致上片采后，在倾向产生悬顶，从而产生侧向支承压力，同时由于采用沿空留巷，上巷上帮充填体支撑能力较小，侧向支承压力主要作用于工作面上部煤

体;另外本工作面回采后部采空区悬顶将产生较高的超前支承压力。以上两方面原因导致工作面前方静载应力集中程度较高。煤层厚度较小导致工作面上部煤体应力集中程度高,应力峰值区域距工作面及巷道较近,应力梯度大,采动动载作用下冲击失稳危险性上升。

桃山煤矿冲击矿压需要针对以上两个主要因素进行防治,以避免和控制冲击危险。

7.4.2.1 预防控制技术及方法

预防措施分别针对顶板及煤层进行。对于煤层,采取煤层注水软化改善煤层物性;对于顶板,采取切顶巷预裂顶板技术。桃山煤矿根据倾斜煤层实际情况,采取切顶巷预裂顶板技术。

(1) 煤层注水

煤层注水采用高压注水与静压注水相结合的方法。注水指标:含水率增值为3%～5%,使总含水率达到4%～7%。煤层湿润时间为静压注水15 d,高压注水以煤壁反水为准。注水孔超前工作面22 m往外180 m范围沿煤层布置,直径为75 mm,间距为5～10 m,孔深大于10 m,间距及孔深均视局部煤体透水性确定,透水性好取大值,透水性差取小值。采用马丽散封孔,封孔长度不小于5 m。静压注水与高压注水由工作面往外交替进行,静压注水2 h,高压注水0.5 h。静压注水压力为10～12 MPa,每孔流量为3 m^3/h,高压注水泵额定压力为25 MPa。

(2) 切顶巷预裂顶板技术

93# 层右三片工作面在回采前,在上巷与瓦斯高抽巷之间共布置了9个切顶巷(见图7-16),用于预裂顶板降低动静载。切顶巷间距分别为46 m、56 m、73 m、58 m、62 m、70 m、44 m、64 m,长度为13～30 m不等。切顶巷基本垂直于回风巷布置。

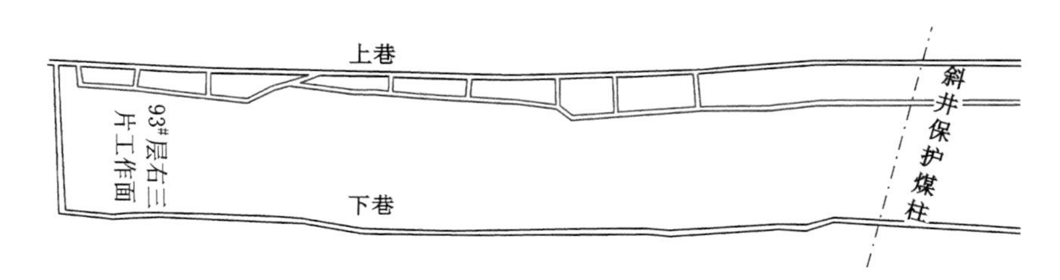

图7-16 93# 层右三片切顶巷布置

7.4.2.2 治理技术及方法

当采用冲击矿压监测技术体系监测局部区域有冲击危险时,需要采取针

对性好、见效快的治理技术及方法，及时降低冲击危险性，保证工作面安全回采。

冲击矿压治理技术同样针对煤层和顶板进行。对于煤层，主要采取卸压爆破的方法。对于顶板引起的应力集中，需要对顶板进行针对性处理：对工作面后部采空区悬顶引起的应力集中，主要采取人工强制放顶；对本工作面经监测冲击危险性较高、潜在大面积悬顶区域，采用顶板深孔爆破以及切顶钻孔技术弱化顶板。

(1) 煤层卸压爆破

当工作面上部或局部区域监测有危险时，在危险区域布置卸压爆破钻孔，钻孔间距为 2 m，深度为 3～5 m，采用矿用乳化炸药，每孔装药 0.6 kg，封孔段长度不小于 1 m，正向装药一次起爆。卸压爆破过程中可能诱发冲击显现，为了降低危害，爆破前必须撤除工作面所有作业人员，清点人数，暂停作业，爆破 60 min 后，必须先将工作面爆破地点 20 m 范围内的支柱重新加压一遍，工作面方可恢复作业。工作面卸压爆破时，采煤机停在工作面下部，并且将离合打开，将开关调至零位并加锁。爆破前，必须切断电源，将爆破地点附近 50 m 内的管线、设备用旧皮带掩盖好，防止爆破崩坏管线、设备。

(2) 顶板深孔爆破

在高应力区，顶板不能充分破断垮落区域，工作面回采进入该区域前，在切顶巷向工作面顶板实施深孔爆破。实施顶板深孔爆破，一方面可弱化本工作面顶板，同时使上片悬顶下沉到采空区，从而降低煤层压力，并防止顶板突然活动或破断形成动载作用于煤体高应力区，产生动静载叠加诱发冲击。

顶板深孔爆破钻孔平面布置如图 7-17 所示，切顶巷内向巷道两帮各施工 5 个顶板深孔爆破钻孔，钻孔直径为 75 mm，孔深为 30 m，从上巷向瓦斯高抽巷，将 5 个钻孔分别编号为 1# 孔、2# 孔、3# 孔、4# 孔和 5# 孔，钻孔沿走向倾斜布置，其中 1#～5# 孔倾角分别为 6°、4°、3°、1°和 1°，终孔位置距煤层距离分别为 4.5 m、4.3 m、4.6 m、4.4 m、5.2 m，采用 ZYJ269/168 型钻机进行施工，每孔装药 3.6 kg，采用矿用乳化炸药，每孔使用 6 发雷管，分两段引爆。爆破方式为单回路双母线瞬发并联深孔爆破方式，钻孔炸药孔隙比为 1∶1，封泥长度不得小于 5 m。切顶巷同侧的 5 个钻孔全部施工完后，统一装药，一次性起爆。顶板深孔爆破效果如图 7-18 所示。

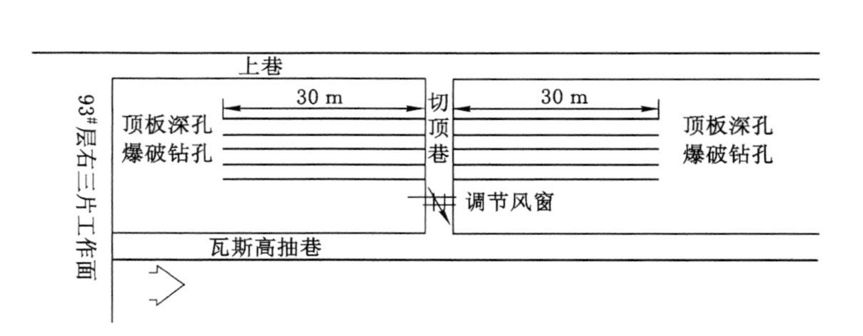

图 7-17 顶板深孔爆破钻孔平面布置

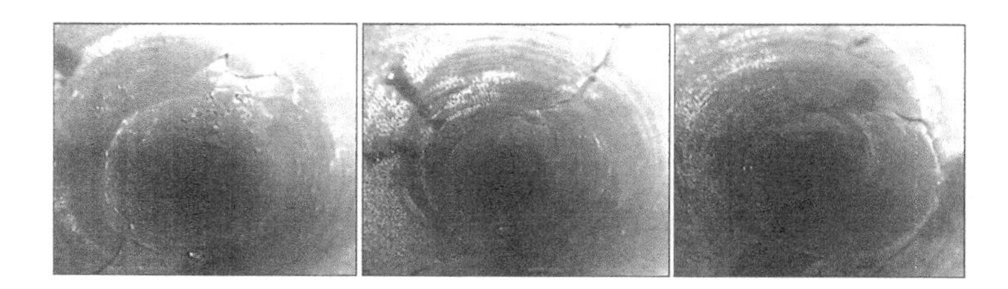

图 7-18 顶板深孔爆破效果

7.5 采动动载的监测与控制效果

7.5.1 矿压显现情况

93# 层右三片工作面于 2010 年 5 月开始回采，截至 2011 年 7 月 20 日，工作面推进 590 m。工作面初始开采区域，是局部高应力区。该区域工作面上覆 85# 层在回采过程中反复出现冲击矿压显现，85# 层工作面被迫停产。遗留下一局部范围采空区。93# 层右三片工作面在初期回采过程中，当工作面推进至该区域时受到了一定的冲击威胁，但因采取了针对性预防措施，冲击矿压显现及强度明显下降。当 93# 层右三片工作面推进至 80～170 m 时，在工作面见方阶段，工作面上部共发生了 5 次轻微冲击，冲击显现时工作面推进位置如图 7-19 所示。

5 次轻微冲击现象分别如下：

(1) 2010 年 6 月 28 日 4 点 29 分 37 秒，工作面机组下行割煤时，产生一次强矿震，释放能量 6.3×10^{5} J，造成工作面倒柱 2 棵、1 人受伤，工作面及巷道无破坏及变形，对工作面回采无影响。

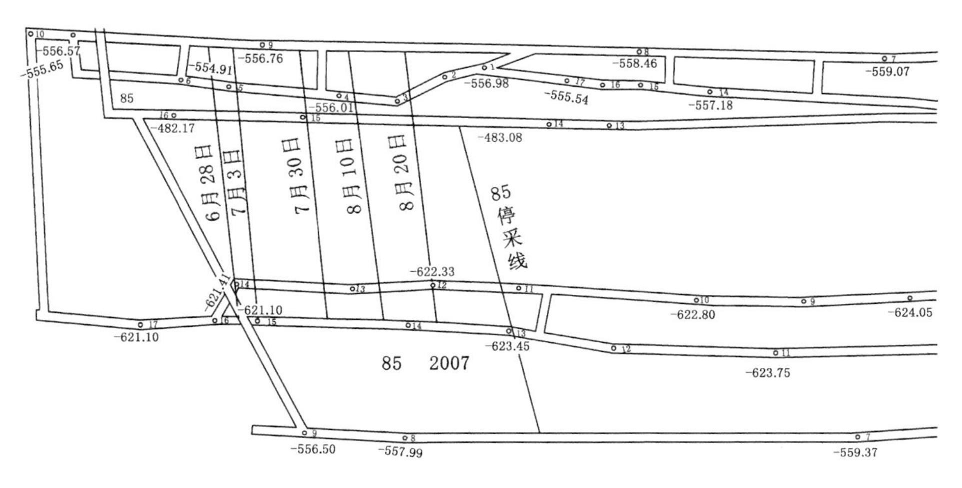

图 7-19 冲击显现时工作面推进位置

(2) 2010 年 7 月 3 日 4 点 8 分 43 秒，机组下行割煤，工作面顶板大面积来压产生一次强矿震，释放能量 9.0×10^3 J，导致工作面上部 25 m 倒柱 9 棵，煤壁片帮半截溜槽范围，对工作面回采基本无影响。

(3) 2010 年 7 月 30 日 10 点 46 分 41 秒，工作面清理浮煤期间发生一次强矿震，释放能量 2.1×10^3 J，导致工作面上部 4～6 m 之间片帮落煤 1.5 t；冲击波导致 1 人受轻伤，对工作面回采无较大影响。

(4) 2010 年 8 月 10 日 10 点 20 分 41 秒，工作面卸压爆破时，工作面上部 4～5 m范围冲击落煤 1～2 t，释放能量 4.9×10^3 J，无人员伤亡及设备损坏，对回采无影响。

(5) 2010 年 8 月 20 日 9 点 18 分 18 秒，工作面卸压爆破装药时，工作面上出口向下 8 m 发生弱冲击，冲出煤量 1～2 t，释放能量 3.7×10^2 J，冲击波导致 1 人受伤，对工作面回采无影响。

综上所述，以上五次轻微冲击对工作面回采未造成较大危害及影响，工作面保持正常回采。如图 7-19 所示，5 次强矿震或弱冲击显现位置均为 85# 层回采高应力区，且处于 85# 层遗留采空区边沿及终采线附近应力集中区。85# 层无法回采的情况下，该工作面实现了安全回采，且采取冲击矿压监测及治理技术措施后，工作面后期回采中未出现冲击显现。

7.5.2 监测效果

93# 层右三片工作面回采过程中发生的 5 次弱冲击显现前后矿震规律如

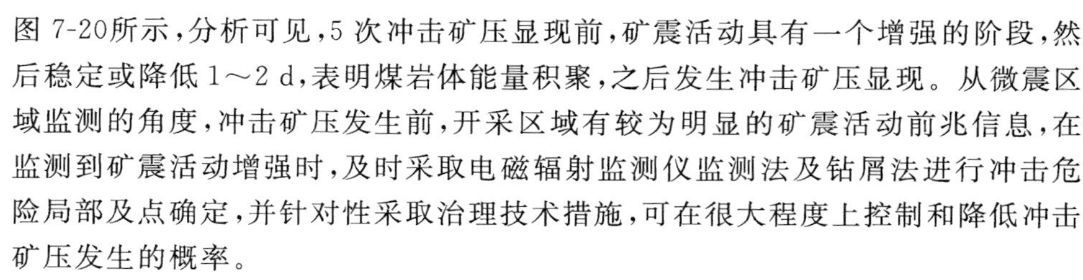

图 7-20所示，分析可见，5 次冲击矿压显现前，矿震活动具有一个增强的阶段，然后稳定或降低 1～2 d，表明煤岩体能量积聚，之后发生冲击矿压显现。从微震区域监测的角度，冲击矿压发生前，开采区域有较为明显的矿震活动前兆信息，在监测到矿震活动增强时，及时采取电磁辐射监测仪监测法及钻屑法进行冲击危险局部及点确定，并针对性采取治理技术措施，可在很大程度上控制和降低冲击矿压发生的概率。

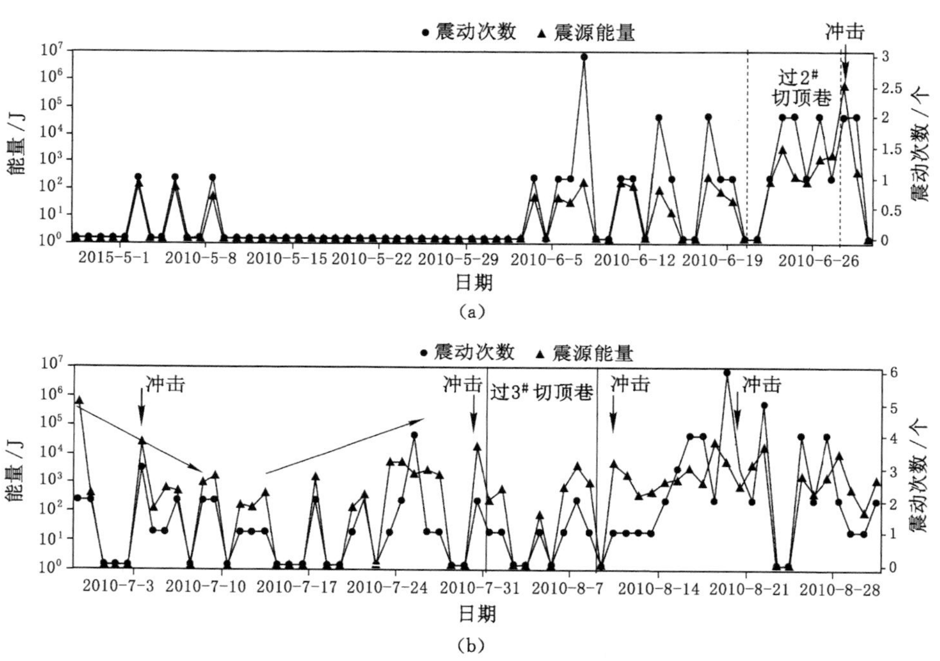

图 7-20 冲击显现前后矿震规律

(a) 2010 年 6 月 28 日冲击显现前后矿震规律；(b) 后 4 次冲击显现前后矿震规律

7.5.3 治理效果

由于第一个切顶巷距开切眼距离较小，2010 年 5 月底工作面过 1# 切顶巷期间基本无矿震活动产生。93# 层右三片工作面回采过 2# ～9# 切顶巷前后矿震规律见图 7-20 和图 7-21。由图可知，随着采空区面积增大，矿震活动逐渐增强，过 2# 切顶巷之后，矿震活动明显减弱，随着工作面继续推进，采空区悬顶面积逐渐增大，矿震活动逐渐增强，当接近 3# 切顶巷时，矿震活动开始减弱，由于 3# 、4# 切顶巷间距较大，工作面过 3# 切顶巷之后矿震活动有所增强，过 4# 切顶巷前后矿震活动减弱，之后每次过切顶巷之后，矿震活动均呈现减弱的趋势，工

作面推过切顶巷后，工作面悬顶面积增大，矿震活动又呈增大的趋势。93# 层右三片工作面在过 2# 切顶巷之后于 2010 年 7 月 3 日在工作面上头向下 25 m 处发生一次冲击矿压，导致倒柱 9 棵，未造成人员伤亡。可见采取煤层注水、切顶巷预裂顶板等冲击矿压预防控制技术及方法后，上巷附近煤岩体弱化，冲击地点从工作面上端头 10 m 以内下移到 25 m 处，而该处煤体应力较小，故此次冲击矿压显现较弱，未造成较大伤害。

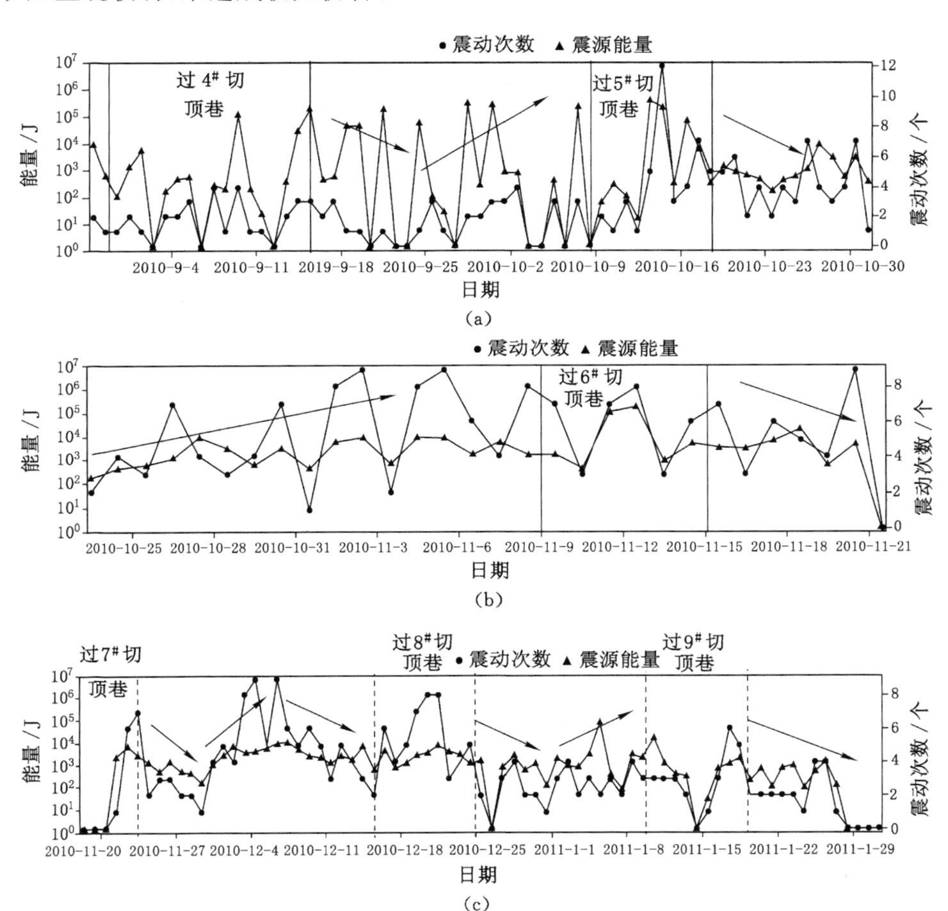

图 7-21 切顶巷预防冲击矿压效果分析

(a) 工作面过 4#、5# 切顶巷前后矿震规律；(b) 工作面过 6# 切顶巷前后矿震规律；(c) 工作面过 7#、8#、9# 切顶巷前后矿震规律

如图 7-22 所示，93# 层右三片工作面回采过程中矿震主要分布在工作面中

上部，切顶巷区域矿震分布较少，矿震密集区域边沿基本与瓦斯高抽巷重合，说明煤层注水、切顶巷预裂顶板技术，以及回采过程中煤层卸压爆破、顶板深孔爆破技术起到了减弱动载的目的，强矿震向工作面中部转移，增大了动载与高应力区的距离，同时工作面应力向工作面中部转移，减弱了工作面上端头的应力，使工作面后部采空区悬顶产生的超前支承压力与 93# 层右二片侧向压力错开分布，减少应力叠加，减小了工作面上端头及上巷的冲击矿压危险，保证了工作面的安全回采。值得注意的是，该工作面上位煤层 85# 层开采时由于压力过大，冲击矿压频繁发生，导致工作面停产、弃产，而该工作面在深度更大的情况下，基本保证了安全回采，说明基于降低采动动载的冲击矿压监测防治技术具有较好的防治效果。

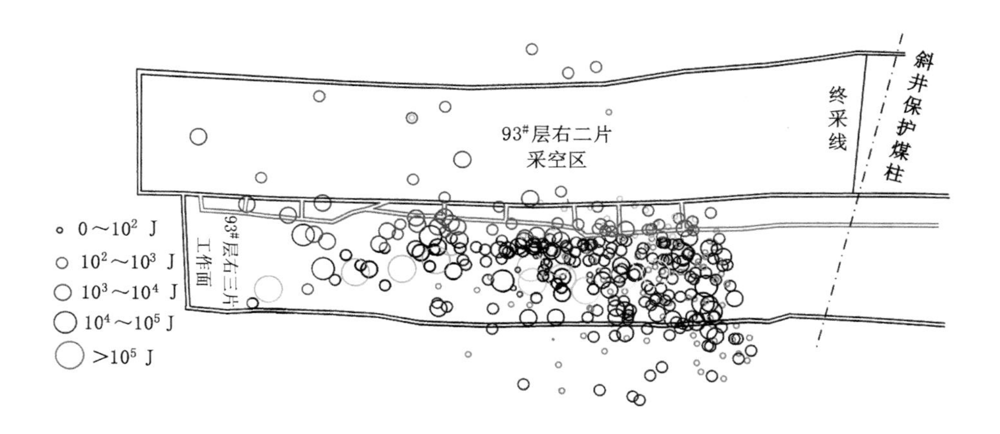

图 7-22　93# 层右三片开采过程矿震平面分布规律

7.6　本章小结

(1) 桃山煤矿冲击矿压主要发生在卸压爆破、采煤机割煤、打钻等动力扰动阶段，显现地点主要为工作面上出口附近及巷道下帮高应力区，冲击矿压类型属采动动载诱发冲击矿压类型。

(2) 桃山煤矿薄煤层开采时，工作面前方及巷道实体煤帮应力峰值区域距煤壁近，峰值应力高，应力梯度大，单位煤体储存的弹性变形能高，煤体发生失稳冲击概率高。

(3) 93# 层右三片工作面薄煤层开采时，煤体卸压爆破、机组割煤等动载与煤体高应力区近，产生的应力降等扰动较强，易发生冲击显现。

(4) 基于力能解锁采动动载诱发冲击矿压理论，建立了 93# 层右三片工作面冲击矿压采动动载分区监测技术体系，采取了切顶巷预裂顶板、顶板深孔爆破防治关键技术。工作面回采表明，以上冲击矿压监测、防治技术控制了冲击危险，冲击矿压防治效果明显。

8 主要结论

本书针对煤矿顶板破断、断层活动、爆破、割煤等采动动载诱发煤体高应力区冲击矿压显现，提出了动静载组合诱发冲击矿压理论，综合现场原位试验、实验室试验、理论分析、数值模拟、现场监测及工程实践等研究方法，对煤矿采动动载特征，煤岩力学特性的应变率相关性，动静载组合作用下煤岩损伤破坏，动载诱发冲击矿压机理、过程和方式，以及基于降低动载作用的冲击矿压防治技术进行了系统的研究。具体所做的研究工作以及得到的主要结论如下：

（1）煤矿动静载具有典型特征，煤矿载荷状态可按应变率范围进行界定

原岩应力是静载的基础，应力集中系数一定时，原岩应力越大则静载越高。采掘空间附近应力具有基本分布形式，采掘空间的分布形态决定了静载分布状态。煤矿采掘活动及煤岩体对采掘活动的动力学响应是动载的主要来源。原位试验研究表明，震动波幅值随传播距离呈幂函数关系衰减，动载应变率与矿震能量呈正相关关系，煤矿动载应变率一般不超过 10^{-1} 级，处于中等及中等偏低应变率范围，根据煤矿动载应变率，对煤矿载荷状态进行了界定。煤矿动载可分为三种基本类型，分别为弹性应力波动载、顶板破断引起的受迫动载及爆破冲击载荷，并分别推导或给出了动载表达式。

（2）煤岩力学特性及动静组合作用下煤的破坏规律表现出明显的应变率相关性

采用 MTS-C64.106 电液伺服材料试验系统及 PCI-2 卡声发射采集系统，试验研究了煤岩力学特性的应变率相关性及动静载组合加载下煤的破坏规律。试验结果表明：煤岩体强度、弹性模量均与加载应变率呈指数关系；随着应变率增大，煤岩样破坏前储存的弹性变形能呈指数增大，破坏后电液伺服材料试验系统输入的能量也呈指数增大，动态破坏时间急剧减少，冲击倾向增强，冲击破坏猛烈程度增大，冲击倾向性随应变率增大而增强；当静载较小时，使煤样破坏所需的动载强度较大，当静载较高时，较小的动载即可使煤样破坏；当动静载较小时，反复多轮冲击作用也很难使煤样破坏，当静载较大时，一定强度动载的多轮冲击作用可使煤样破坏；煤岩声发射监测结果表现出强的凯瑟效应，动载作用下，煤岩峰值应力前试样即表现出剧烈破坏。

(3) 采动动载、静载及动静载组合作用下煤岩损伤破裂与载荷方向和大小变化密切相关

基于断裂力学、损伤力学研究了煤岩体由于裂纹扩展导致的破坏过程，当应力达到裂纹的断裂韧度并有足够的能量输入时，裂纹才能产生扩展而导致煤岩体损伤加剧，应力是裂纹扩展的力学条件，能量用于增加煤岩表面能。基于元胞自动机及重整化群理论探讨了煤岩损伤导致的煤岩体瞬间破坏，煤岩体具有损伤破坏的临界损伤因子，当损伤因子达到临界损伤因子时，表现为整体破坏。在静载作用下，煤岩体具有裂纹扩展的优势方向，煤岩体损伤主要在局部应力超过临界应力的较小范围内发生；增大主应力的差应力，可增大裂纹扩展方向的范围，减小裂纹扩展的临界长度。在动载作用下，应力大小及方向随时间改变，煤岩体裂纹扩展优势方向也随时间而改变，增大了煤岩损伤范围，动载幅值越大、频率越低、持续时间越长，煤岩体损伤越大；在动静载组合作用下，静载主要提供冲击破坏的能量，动载主要起触发损伤的作用，同时提供破坏所需的大部分能量。在动载作用下，煤岩体损伤加剧，结构面产生解锁滑移，自由面附近产生反射拉应力等破坏失稳现象。

(4) 动静载组合诱发冲击矿压的机理在于动静载组合作用下的力能解锁

研究了冲击矿压孕育过程中需要具备的五个必要因素：结构、物性、应力、能量、时间，分析了五个因素之间的条件转换，指出五个因素之间存在相互影响、相互制约的关系，在五个因素的协同作用下诱发冲击矿压显现；揭示了动静载组合的力能解锁冲击矿压机理，分析研究了"力""能"的共性及特征，阐述了煤岩体结构强度的各向异性对力能解锁提供的条件，分析了力能解锁类型；分析研究了动静载组合作用下冲击矿压五个因素变化规律以及力能积聚特征，基于动静载组合诱发冲击矿压机理，从动静组合及时变动力学角度构建了冲击矿压的判别准则，解释了冲击矿压的滞后显现，分析了动载的扰动形式，阐明了煤岩体具有临界抗扰动能力。重点分析了几类典型的力能解锁过程及模式。

(5) 动静载组合冲击矿压的防治原理在于降低动载作用

提出了冲击矿压动静载结合的监测预警思想，指出动载应从动载源、煤岩体动载响应两方面进行监测，介绍了动载源微震监测技术和动载响应的声发射、电磁辐射监测技术，并结合实例分析了动载监测的前兆信息规律；分析了动载诱发冲击的应力条件、能量条件，提出了减弱静载、降低动载的冲击矿压控制思路，并提出了降低动载作用防治冲击矿压原理，即通过降低动载源强度、动载传播特性和扰动效应，避免或降低灾害显现和灾害后果；研究了降低动载源的顶板深孔爆破、切顶巷关键技术，构建了降低动载传播特性的技术体系，介绍了卸压爆破降低动载扰动效应技术，提出了控制动载扰动效应的巷道"弹性＋整体＋高强蓄能

承载”支护形式。

（6）工程实践证实了基于动静载组合的冲击矿压理论及防治方法的科学性

桃山煤矿冲击矿压主要发生在卸压爆破、采煤机割煤、打钻等动力扰动阶段，显现地点主要为工作面上出口附近及巷道下帮高应力区，冲击矿压类型属采动动载诱发冲击矿压类型。桃山煤矿薄煤层开采时，工作面前方及巷道实体煤帮应力峰值区域距煤壁近，峰值应力高，应力梯度大，单位煤体储存的弹性变形能高，煤体发生失稳冲击概率高。93# 层右三片工作面薄煤层开采时，煤体卸压爆破、机组割煤等动载与煤体高应力区近，产生的应力降等扰动较强，易发生冲击显现。基于力能解锁采动动载诱发冲击矿压理论，建立了 93# 层右三片工作面冲击矿压采动动载分区监测技术体系，采取了切顶巷预裂顶板、顶板深孔爆破防治关键技术。工作面回采表明，以上冲击矿压监测、防治技术控制了冲击危险，冲击矿压防治效果明显。

参考文献

[1] 布霍依诺.矿山压力和冲击地压[M].李玉生,译.北京:煤炭工业出版社,1985.

[2] 布雷迪,布朗.地下采矿岩石力学[M].冯树仁,等译.北京:煤炭工业出版社,1990.

[3] 曹安业,范军,牟宗龙,等.矿震动载对围岩的冲击破坏效应[J].煤炭学报,2010,35(12):2006-2010.

[4] 曹安业.采动煤岩冲击破裂的震动效应及其应用研究[D].徐州:中国矿业大学,2009.

[5] 曹志远.时变力学及其工程应用[J].力学与实践,1999(5):1-4.

[6] 陈才贤.动静组合载荷作用下切削破岩的力学特性及实验研究[D].湘潭:湖南科技大学,2008.

[7] 陈升强.刚性加荷技术和加荷形式对岩石变形全过程力学性态的影响[J].力学与实践,1984(4):42-44.

[8] 成云海,姜福兴.冲击地压矿井微地震监测试验与治理技术研究[M].北京:煤炭工业出版社,2011.

[9] 戴俊.岩石动力学特性与爆破理论[M].北京:冶金工业出版社,2002.

[10] 窦林名,曹其伟,何学秋,等.冲击矿压危险的电磁辐射监测技术[J].矿山压力与顶板管理,2002(4):89-91.

[11] 窦林名,何江.动载诱发冲击矿压的机理及防治对策探讨[C]//2011 绿色开采理论与实践国际研讨会论文集.洛阳:[s.n.],2011.

[12] 窦林名,何学秋,王恩元,等.由煤岩变形冲击破坏所产生的电磁辐射[J].清华大学学报(自然科学版),2001(12):86-88.

[13] 窦林名,何学秋,王恩元.冲击矿压预测的电磁辐射技术及应用[J].煤炭学报,2004,29(4):396-399.

[14] 窦林名,何学秋,王恩元.电磁辐射监测冲击矿压灾害危险[J].煤矿开采,2004,9(1):1-3,6.

[15] 窦林名,何学秋.冲击矿压防治理论与技术[M].徐州:中国矿业大学出版

社,2001.

[16] 窦林名,何学秋.冲击矿压危险预测的电磁辐射原理[J].地球物理学进展,2005,20(2):427-431.

[17] 窦林名,何学秋.煤矿冲击矿压的分级预测研究[J].中国矿业大学学报,2007, 36(6):717-722.

[18] 窦林名,何学秋.煤岩冲击破坏模型及声电前兆判据研究[J].中国矿业大学学报,2004,33(5):504-508.

[19] 窦林名,刘贞堂,曹胜根,等.坚硬顶板对冲击矿压危险的影响分析[J].煤矿开采,2003,8(2):58-60,66.

[20] 窦林名,陆菜平,牟宗龙,等.顶板运动的电磁辐射规律探讨[J].矿山压力与顶板管理,2005(3):40-42.

[21] 窦林名,陆菜平,牟宗龙,等.煤岩体的强度弱化减冲理论[J].河南理工大学学报,2005,24(3):169-175.

[22] 窦林名,田京城,陆菜平,等.组合煤岩冲击破坏电磁辐射规律研究[J].岩石力学与工程学报,2005,24(19):3541-3544.

[23] 窦林名,王云海,何学秋,等.煤样变形破坏峰值前后电磁辐射特征研究[J].岩石力学与工程学报,2007,26(5):908-914.

[24] 窦林名,赵从国,杨思光.煤矿开采冲击矿压灾害防治[M].徐州:中国矿业大学出版社,2006.

[25] 窦林名.动静载诱发冲击矿压的机理探讨[C]//2011 绿色开采理论与实践国际研讨会论文集.洛阳:[s.n.],2011.

[26] 方新秋,窦林名,柳俊仓,等.大采深条带开采坚硬顶板工作面冲击矿压治理研究[J].中国矿业大学学报,2006,35 (5):602-606.

[27] 费鸿禄,徐小荷.岩爆的动力失稳[M].上海:东方出版中心,1998.

[28] 冯明德,彭艳菊,刘永强,等.SHPB 实验技术研究[J].地球物理学进展,2006,21(1):273-278.

[29] 付小敏.典型岩石单轴压缩变形及声发射特性试验研究[J].成都理工大学学报:自然科学版,2005,32(1):17-21.

[30] 高明仕,窦林名,张农,等.煤(矿)柱失稳冲击破坏的突变模型及其应用[J].中国矿业大学学报,2005,34(4):433-437.

[31] 高明仕,窦林名,张农,等.岩土介质中冲击震动波传播规律的微震试验研究[J].岩石力学与工程学报,2007(7):1365-1371.

[32] 高明仕.冲击矿压巷道围岩的强弱强结构控制机理研究[D].徐州:中国矿业大学,2006.

[33] 高召宁,姚令侃,徐光兴.岩石破坏过程的自组织特征与临界条件研究[J].四川大学学报(工程科学版),2009,41(2):91-95.

[34] 葛科,刘恩龙,赵玲.冲击荷载作用下岩石动力特性的试验研究[J].工程勘察,2010(5):11-15.

[35] 巩思园,窦林名,何江,等.深部冲击倾向煤岩循环加卸载的纵波波速与应力关系试验研究[J].岩土力学,2012,33(1):41-47.

[36] 巩思园.矿震震动波波速层析成像原理及其预测煤矿冲击危险应用实践[D].徐州:中国矿业大学,2010.

[37] 郭建卿,苏承东.不同煤试样冲击倾向性试验结果分析[J].煤炭学报,2009,34(7):897-902.

[38] 哈努卡耶夫.矿岩爆破物理过程[M].刘殿中,译.北京:冶金工业出版社,1980.

[39] 何江,窦林名,贺虎,等.综放面覆岩运动诱发冲击矿压机制研究[J].岩石力学与工程学报,2011(2):3920-3927.

[40] 何满潮,钱七虎,等.深部岩体力学基础[M].北京:科学出版社, 2010.

[41] 何学秋,聂百胜,王恩元,等.矿井煤岩动力灾害电磁辐射预警技术[J].煤炭学报,2007,32(1):56-59.

[42] 贺虎,窦林名,巩思园,等.冲击矿压的声发射监测技术研究[J].岩土力学,2011,32(4):1262-1268.

[43] 贺虎,窦林名,巩思园,等.高构造应力区矿震规律研究[J].中国矿业大学学报,2011(1):7-13.

[44] 贺虎.煤矿覆岩空间结构演化与诱冲机制研究[D].徐州:中国矿业大学,2012.

[45] 黄庆享,高召宁.巷道冲击地压的损伤断裂力学模型[J].煤炭学报,2001(2):156-159.

[46] 吉博维奇,吉耶科.矿山地震学引论[M].修济刚,等译.北京:地震出版社,1998.

[47] 姜耀东,赵毅鑫,宋彦琦,等.放炮震动诱发煤矿巷道动力失稳机理分析[J].岩石力学与工程学报,2005,24(17):3131-3136.

[48] 鞠庆海,吴绵拔.岩石材料三轴压缩动力特性的试验研究[J].岩土工程学报,1993,15(3):73-78.

[49]劳恩.脆性固体断裂力学[M].2 版.龚江宏,译.北京:高等教育出版社,2010.

[50] 李宁,陈文玲,张平.动荷作用下裂隙岩体介质的变形性质[J].岩石力学与工程学报,2001,20(1):74-78.

[51] 李世愚,和泰名,尹祥础.岩石断裂力学导论[M].合肥:中国科学技术大学出版社,2010.

[52] 李庶林,尹贤刚,王泳嘉,等.单轴受压岩石破坏全过程声发射特征研究[J].岩石力学与工程学报,2004,23(15):2499-2503.

[53] 李铁,蔡美峰,纪洪广,等.强矿震预测的研究[J].北京科技大学学报,2005,27(3):260-263.

[54] 李铁,蔡美峰,孙丽娟,等.强矿震地球物理过程及短临阶段预测的研究[J].地球物理学进展,2004(4):961-967.

[55] 李铁,冀林旺,左艳,等.预测较强矿震的地震学方法探讨[J].东北地震研究,2003,19(1):53-59.

[56] 李廷芥,王耀辉,张梅英,等.岩石裂纹的分形特性及岩爆机理研究[J].岩石力学与工程学报,2000,19(1):6-10.

[57] 李夕兵,宫凤强,高科,等.一维动静组合加载下岩石冲击破坏试验研究[J].岩石力学与工程学报,2010,29(2):251-260.

[58] 李夕兵,古德生.岩石冲击动力学[M].长沙:中南工业大学出版社,1994.

[59] 李夕兵,左宇军,马春德.动静组合加载下岩石破坏的应变能密度准则及突变理论分析[J].岩石力学与工程学报,2005,24(16):2814-2824.

[60] 李晓红,卢义玉,康勇,等.岩石力学实验模拟技术[M].北京:科学出版社,2007.

[61] 李新元,马念杰,钟亚平,等.坚硬顶板断裂过程中弹性能量积聚与释放的分布规律[J].岩石力学与工程学报,2007,26(增刊1):2786-2793.

[62] 李新元."围岩-煤体"系统失稳破坏及冲击地压预测的探讨[J].中国矿业大学学报,2000(6):633-636.

[63] 李永盛.加载速率对红砂岩力学效应的试验研究[J].同济大学学报(自然科学版),1995,23(3):265-269.

[64] 李玉,黄梅,廖国华,等.冲击地压发生前微震活动时空变化的分形特征[J].北京科技大学学报,1995,17(1):10-13.

[65] 李玉,黄梅,张连城,等.冲击地压防治中的分数维[J].岩土力学,1994(4):34-38.

[66] 李志华,窦林名,管向清.矿震前兆分区监测方法及应用[J].煤炭学报,2009,34(5):614-618.

[67] 李志华,窦林名,牟宗龙,等.断层对顶板型冲击矿压的影响[J].采矿与安全工程学报,2008,25(2):154-158,163.

[68] 李志华.采动影响下断层滑移诱发煤岩冲击机理研究[D].徐州:中国矿业

大学，2009.
[69] 刘鸿文.材料力学(Ⅱ)[M].4 版.北京：高等教育出版社，2004.
[70] 刘卫东.冲击地压预测的声发射信号处理关键技术研究[D].徐州：中国矿业大学，2009.
[71] 刘晓斐.冲击地压电磁辐射前兆信息的时间序列数据挖掘及群体识别体系研究[D].徐州：中国矿业大学，1998.
[72] 陆菜平，窦林名，曹安业，等.深部高应力集中区域矿震活动规律研究[J].岩石力学与工程学报，2008，27(11)：2302-2308.
[73] 陆菜平，窦林名，吴兴荣，等.基于能量机理的卸压爆破效果电磁辐射检验法[J].岩石力学与工程学报，2005，24(6)：1014-1017.
[74] 陆菜平，窦林名，吴兴荣，等.煤矿冲击矿压的强度弱化[J].北京科技大学学报，2007，29(11)：1074-1078.
[75] 陆菜平，窦林名，吴兴荣.冲击矿压诱因：能量积聚与耗散的自组织临界性[J].辽宁工程技术大学学报，2005，24(6)：841-843.
[76] 陆菜平，窦林名.电磁辐射检验卸压爆破效果技术[J].煤炭科学技术，2004，32(1)：15-18.
[77] 陆菜平.组合煤岩的强度弱化减冲原理及其应用[D].徐州：中国矿业大学，2008.
[78] 吕长国，窦林名，何江，等.遗留煤柱影响区域微震活动规律研究[J].煤炭工程，2011(1)：78-81.
[79] 马春德，李夕兵，陈枫，等.单轴动静组合加载对岩石力学特性影响的试验研究[J].矿业研究与开发，2004，24(4)：1-3，7.
[80] 牟宗龙，窦林名，陆菜平，等.巷道两帮煤岩体电磁辐射信号差异分析[J].采矿与安全工程学报，2006，23(4)：427-431.
[81] 牟宗龙，窦林名，倪兴华，等.顶板岩层对冲击矿压的影响规律研究[J].中国矿业大学学报，2010，39 (1)：40-44.
[82] 牟宗龙，窦林名，张广文，等.坚硬顶板型冲击矿压灾害防治研究[J].中国矿业大学学报，2006，35 (6)：737-741.
[83] 牟宗龙.顶板岩层诱发冲击的冲能原理及其应用研究[D].徐州：中国矿业大学，2007.
[84] 潘立友，钟亚平.深井冲击地压及其防治[M].北京：煤炭工业出版社，1997.
[85] 潘一山，耿琳，李忠华.煤层冲击倾向性与危险性评价指标研究[J].煤炭学报，2010(12)：1975-1978.
[86] 潘一山，王来贵，章梦涛，等.断层冲击地压发生的理论与试验研究[J].岩石

力学与工程学报,1998(6):642-649.

[87] 潘一山,章梦涛.用突变理论分析冲击发生的物理过程[J].阜新矿业学院学报,1992(1):12-18.

[88] 潘一山,赵扬锋,马瑾.中国矿震受区域应力场影响的探讨[J].岩石力学与工程学报,2005,24(16):2847-2853.

[89] 潘一山.冲击地压发生和破坏过程研究[D].北京:清华大学,1999.

[90] 潘岳,王志强.狭窄煤柱冲击地压的折迭突变模型[J].岩土力学,2004,25(1):23-30.

[91] 佩图霍夫,等.冲击地压和突出的力学计算方法[M].段克信,译.北京:煤炭工业出版社,1994.

[92] 彭维红,卢爱红.应力波作用下巷道围岩层裂失稳的数值模拟[J].采矿与安全工程学报,2008,25(2):213-216.

[93] 齐庆新,窦林名.冲击地压理论与技术[M].徐州:中国矿业大学出版社,2008.

[94] 齐庆新,史元伟,刘天泉.冲击地压粘滑失稳机理的实验研究[J].煤炭学报,1997(2):34-38.

[95] 钱鸣高,缪协兴,许家林,等.岩层控制的关键层理论[M].徐州:中国矿业大学出版社,2003.

[96] 钱鸣高,石平五.矿山压力与岩层控制[M].徐州:中国矿业大学出版社,2003.

[97] 钱鸣高,许家林.煤炭工业发展面临几个问题的讨论[J].采矿与安全工程学报,2006(2):127-132.

[98] 乔纳斯 A.朱卡斯,等.碰撞动力学[M].张志云,丁世用,魏传忠,译.北京:兵器工业出版社,1989.

[99] 秦昊,茅献彪.应力波扰动诱发冲击矿压数值模拟研究[J].采矿与安全工程学报,2008,25(2):127-131.

[100] 曲效成,姜福兴,于正兴,等.基于当量钻屑法的冲击地压监测预警技术研究及应用[J].岩石力学与工程学报,2011(11):2346-2351.

[101] 宋继臣,窦林名,何江,等.峻德煤矿 104 掘进工作面冲击矿压防治技术[J].矿业安全与环保,2010,37(5):49-51.

[102] 唐有祺.统计力学及其在物理化学中的应用[M].北京:科学出版社,1979.

[103] 王斌,李夕兵,马海鹏,等.基于自稳时变结构的岩爆动力源分析[J].岩土工程学报,2010(1):12-17.

[104] 王恩元,何学秋,窦林名,等.煤矿采掘过程中煤岩体电磁辐射特征及应用

[J].地球物理学报,2005,48(1):216-221.
[105] 王恩元,何学秋,刘贞堂,等.煤岩动力灾害电磁辐射监测仪及其应用[J].煤炭学报,2003,28(4):366-369.
[106] 王恩元,何学秋,刘贞堂,等.受载岩石电磁辐射特性及其应用研究[J].岩石力学与工程学报,2002,21(10):1473-1477.
[107] 王连国,缪协兴.煤柱失稳的突变学特征研究[J].中国矿业大学学报,2007,36(1):7-11.
[108] 王树仁,程玉生.钻眼爆破简明教程[M].徐州:中国矿业大学出版社,1989.
[109] 王文龙.钻眼爆破[M].北京:煤炭工业出版社,1984.
[110] 吴兴荣,郭海泉,黄修典,等.坚硬顶板冲击矿压的预测与防治[J].矿山压力与顶板管理,1999(3/4):211-214.
[111] 夏昌敬,谢和平,鞠杨,等.冲击载荷下孔隙岩石能量耗散的实验研究[J].工程力学,2006,23(9):1-5.
[112] 肖红飞,何学秋,冯涛,等.基于力电耦合冲击矿压电磁辐射预测法的研究[J].中国安全科学学报,2004,14(4):86-89.
[113] 谢和平,PARISEAU W G.岩爆的分形特征和机理[J].岩石力学与工程学报,1993(1):28-37.
[114] 谢和平,彭苏萍,何满潮.深部开采基础理论与工程实践[M].北京:科学出版社,2005.
[115] 信礼田,何翔,苏敏.强冲击载荷下岩石的力学性质[J].岩石工程学报,1996,18(6):61-68.
[116] 徐方军,毛德兵.华丰煤矿底板冲击地压发生机理[J].煤炭科学技术,2001,29(4):41-43.
[117] 徐学锋.煤层巷道底板冲击机理及其控制研究[D].徐州:中国矿业大学,2011.
[118] 徐曾和,徐小荷,唐春安.坚硬顶板下煤柱岩爆的尖点突变理论分析[J].煤炭学报,1995,20(5):485-491.
[119] 阳生权.爆破地震累积效应和应用初步研究[D].长沙:中南大学,2002.
[120] 杨善元.岩石爆破动力学基础[M].北京:煤炭工业出版社,1993.
[121] 杨小林,员小有,吴忠,等.爆破损伤岩石力学特性的试验研究[J].岩石力学与工程学报,2001,20(4):436-439.
[122] 杨永杰,宋扬,陈绍杰.三轴压缩煤岩强度及变形特征的试验研究[J].煤炭学报,2006,31(2):150-153.

[123] 杨永琦.矿山爆破技术与安全[M].北京:煤炭工业出版社,1991.

[124] 尹光志,李贺,鲜学福,等.煤岩体失稳的突变理论模型[J].重庆大学学报(自然科学版),1994(1):23-35.

[125] 张奇.工程爆破动力学分析及其应用[M].北京:煤炭工业出版社,1998.

[126] 张茹,谢和平,刘建锋,等.单轴多级加载岩石破坏声发射特性试验研究[J].岩石力学与工程学报,2006,25(12):2584-2588.

[127] 张少泉,张兆平,杨懋源,等.矿山冲击的地震学研究与开发[J].中国地震,1993,9(1):1-8.

[128] 张省军,刘建坡,石长岩,等.基于声发射实验岩石破坏前兆特征研究[J].金属矿山,2008,386(8):65-68.

[129] 张万斌,王淑坤,吴耀焜,等.以动态破坏时间鉴定煤的冲击倾向[J].煤炭科学技术,1986,14(3):31-34.

[130] 张晓春,缪协兴,杨挺青.冲击矿压的层裂板模型及实验研究[J].岩石力学与工程学报,1999(5):507-511.

[131] 张晓春,缪协兴,翟明华,等.三河尖煤矿冲击矿压发生机制分析[J].岩石力学与工程学报,1998(5):508-513.

[132] 张晓春,杨挺青,缪协兴.冲击矿压的模拟实验研究[J].岩土工程学报,1999(1):66-70.

[133] 张学峰,夏源明.中应变率材料试验机的研制[J].实验力学,2001(1):13-18.

[134] 张玉祥,陆士良.矿井动力现象的突变机理及控制研究[J].岩土力学,1997(增刊8):88-92.

[135] 章梦涛,徐曾和,潘一山.冲击地压和突出的统一失稳理论[J].煤炭学报,1991(4):48-53.

[136] 章梦涛.冲击地压失稳理论与数值模拟计算[J].岩石力学与工程学报,1987 (3):197-204.

[137] 赵本钧.冲击矿压及防治[M].北京:煤炭工业出版社,1995.

[138] 赵伏军,王宏宇,彭云,等.动静组合载荷破岩声发射能量与破岩效果试验研究[J].岩石力学与工程学报,2012,31(7):1363-1368.

[139] 赵兴东,李元辉,袁瑞甫,等.基于声发射定位的岩石裂纹动态演化过程研究[J].岩石力学与工程学报,2007,26(5):944-949.

[140] 赵亚溥.裂纹动态起始问题的研究进展[J].力学进展,1996,26(3):362-378.

[141] 赵阳升,冯增朝,万志军.岩石动力破坏的最小能量原理[J].岩石力学与工

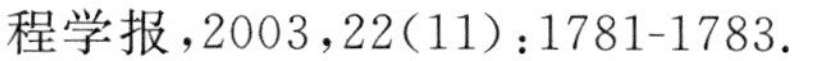

程学报,2003,22(11):1781-1783.

[142] 朱晶晶,李夕兵,宫凤强,等.冲击载荷作用下砂岩的动力学特性及损伤规律[J].中南大学学报(自然科学版),2012,43(7):2701-2707.

[143] 左宇军,李夕兵,唐春安,等.二维动静组合加载下岩石破坏的试验研究[J].岩石力学与工程学报,2006,25(9):1809-1820.

[144] 左宇军,李夕兵,张义平.动静组合加载下的岩石破坏特性[M].北京:冶金工业出版社,2008.

[145] BIENIAWSKI Z T.Failure of fracture rock[J].International journal of rock mechanics and mining sciences and geomechanics abstracts,1969,6(3):323-341.

[146] BIENIAWSKI Z T.Time-dependent behaviour of fractured rock[J].Rock mechanics,1970,2(3):123-137.

[150] BIENIAWSKI Z T.Mechanism of brittle fracture of rocks:part Ⅱ—experimental studies [J]. International journal of rock mechanics and mining sciences & geomechanics abstracts,1967(4):407-423.

[147] BIENIAWSKI Z T.Mechanism of brittle fracture of rocks:part Ⅰ—theory of the fracture process[J].International journal of rock mechanics and mining sciences & geomechanics abstracts,1967(4):395-406.

[148] BIENIAWSKI Z T.Mechanism of brittle fracture of rocks:part Ⅲ—fracture in tension and under long-term loading[J].International journal of rock mechanics and mining sciences & geomechanics abstracts,1967(4):425-430.

[149] BLAKE W,LEIGHTON F W,DUVALL W I.Microseismic techniques for monitoring the behavior of rock structures [M].[S.l]:U. S. Bureau of Mines,1973.

[150] BRADY B T,LEIGHTON F W.Seismicity anomaly prior to a moderate rock burst:a case study[J].International journal of rock mechanics and mining sciences,1977,14(3):127-132.

[151] Brink A v Z.Application of a microseismic system at Western Deep Levels[C]//2nd International Symposium on Rockbursts and Seismicity in Mines.Rotterdam:[s.n.],1990.

[152] CAO A Y,DOU L M,CHEN G X,et al.Focal mechanism caused by fracture or burst of a coal pillar[J].Journal of China University of Mining and Technology,2008,18(2):153-158.

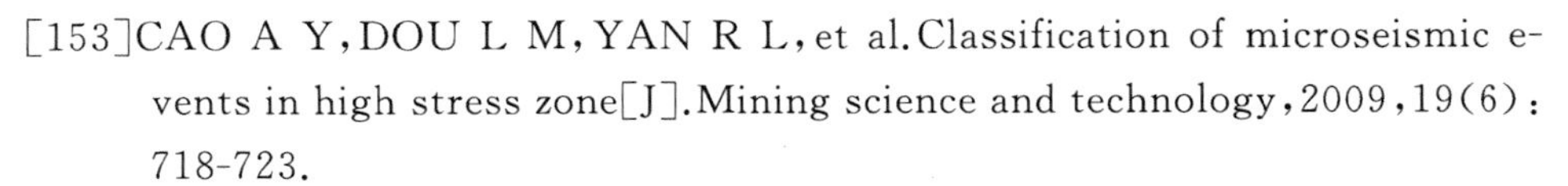

[153]CAO A Y,DOU L M,YAN R L,et al.Classification of microseismic events in high stress zone[J].Mining science and technology,2009,19(6):718-723.

[154] CHONG K P,BOREST A P.Strain rate dependent mechanical properties of New Albany reference shale [J]. International journal of rock mechanics and mining science & geomechanics abstracts,1990,27(3):199-205.

[155] CHONG K P,HOYT P M,SMITH J W,et al.Effects of strain rate on oil shale fracturing [J]. International journal of rock mechanics and mining sciences & geomechanics abstracts,1980,17(1):35-42.

[156] CHRISTENSEN R J,SWANSON S R,BROWN W S.Split-hopkinson-bar tests on rock under confining pressure[J].Experimental mechanics,1972,12(11):508-513.

[157] COOK N G W, HOEK E, PRETORIUS J P, et al. Rock mechanics applied to the study of rockbursts[J].Journal of the South African Institute of Mining and Metallurgy,1966,66(12):435-528.

[158] Cook N G W.A note on rockbursts considered as a problem of stability [J].Journal of the Southern African Institute of Mining and Metallurgy,1965,65(8):437-446.

[159] Cook N G W.The failure of rock[J].International journal of rock mechanics and mining sciences,1965(4):389-403.

[160] DIGHY P J,NILSSON L,BERGMAN B O.在脆性岩石中爆破引起的振动、破坏以及破碎过程的计算机模拟[C]//第一届国际爆破破岩会议论文集.[S.l.:s.n.],1984.

[161] DOU L M,CHEN T J,GONG S Y,et al.Rockburst hazard determination by using computed tomography technology in deep workface[J].Safety science,2012,50(4):736-740.

[162] DRIAD-LEBEAUL,LAHAIE F,ALHEIB M,et al.Seismic and geotechnical investigations following a rockburst in a complex French mining district[J].International journal of coal geology,2005,64(1):66-78.

[163] Dyskin A V,GERMANOVICH L N.Model of rockburst caused by crack growing near free surface[C]//3rd International Symposium on Rockbursts and Seismicity in Mines.Kingston:[s.n.],1993.

[164] FUJII Y,ISHIJIMA Y ,DEGUCHI G.Prediction of coal face rockbursts

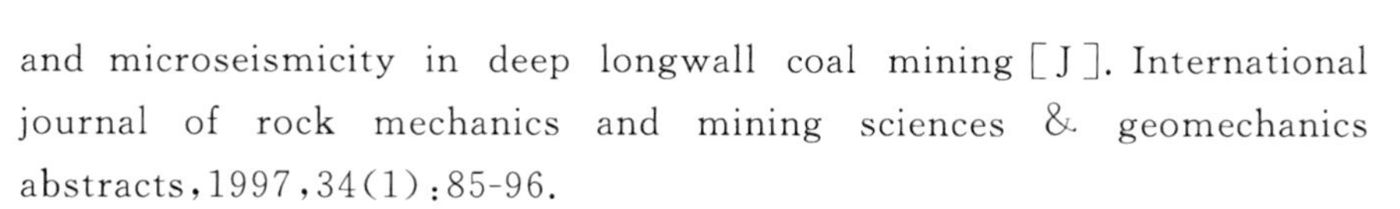

and microseismicity in deep longwall coal mining [J]. International journal of rock mechanics and mining sciences & geomechanics abstracts,1997,34(1):85-96.

[165] FUJII Y, ISHIJIMA Y, GOTO T. Application of DDM to some rock pressure problems in Japanese deep coal mines[C]//Proceedings of the 11th International Conference on Ground Control in Mining.[S.l.:s.n.],1992.

[170] GANNE P, VERVOORT A, WEVERS M. Quantification of pre-peak bfittle damage:corelation between acoustic emission and observed micro-fracturing [J]. International journal of rock mechanics and mining science,2007,44(5):720-729.

[166] GIBOWICZ S J. Space and time variations of frequency-magnitude relation for mining tremors in the Szombierki coal mine in Upper Silesia,Poland[J].Acta geophysica polonica,1979,27(1):39 -49.

[167] GIBOWICZ S J.The mechanism of large mining tremors in Poland[C]// Rockbursts and seismicity in mines.[S.l.:s.n.],1984.

[168] HE J,DOU LM,CAO A Y,et al.Rock burst induced by roof breakage and its prevention[J].Journal of Central South University,2012,19(4):1086-1091.

[169] HOLUB K,PETROŠ V.Some parameters of rockbursts derived from underground seismological measurements [J].Tectonophysics,2008,456(1/2):67-73.

[170] HUDSON J A,CROUSH S L,FAIRHURST C.Soft,stiff,and servo-controlled testing machines :a review with reference to rock failure[J]. Engineering geology,1972,6(3):155-189.

[171] JANSON J,HULT J.Fracture mechanics and damage mechanics,a combined approach[J].Journal de mecanique appliquee,1977(1):70-84.

[172] JOUGHIN N C,JAGER A J.Fracture of rock at stope faces in South African gold mines [C]//Rockbursts: Prediction and Control. London: [s.n.],1984.

[173] KELLY M,LUO X,HATHERLY P,et al.Ground behaviour about longwall faces and its effect on mining:9th ISRM Congress [R].Paris: [s.n.],1999.

[174] KRAY L,ERIK W,PETER S,et al. Three-dimensional time-lapse velocity tomography of an underground longwall panel[J].International

journal of rock mechanics and mining sciences,2008,45(4):478-485.

[175] LAJTAI E Z,SEOTT DUNEAN E J,CARTER B J.The effect of strain rate on rock strength[J].Rock mechanics and rock engineering,1991,24(2):99-109.

[176] LASOCKI S.Statistical prediction of strong mine tremors [J].Acta geophysica polonica,1993,41 (3):197-234.

[177] LI T,CAI M F,CAI M.A review of mining-induced seismicity in China [J].International journal of rock mechanics and mining sciences,2007,44(8):1149-1171.

[178] LI Z H,DOU L M,LU C P,et al.Study on fault induced rock bursts[J] . Journal of China University of Mining and Technology ,2008,18 (3) : 321-326.

[179] LINKQV A M.Rockbursts and the instability of rock masses[J].International journal of rock mechanics and mining sciences & geomechanics abstracts ,1996,33(7):727-732.

[180] LU C P,DOU L M,WU X R,et al.Case study of blast-induced shock wave propagation in coal and rock [J].International journal of rock mechanics and mining sciences,2010,47(6):1046-1054.

[181] LURKA A.Location of high seismic activity zones and seismic hazard assessment in Zabrze Bielszowice coal mine using passive tomography[J]. Journal of China University of Mining and Technology,2008,18(2):177-181.

[182] LURKA A.Location of high seismic activity zones and seismic hazard assessment in Zabrze Bielszowice coal mine using passive tomography[J]. Journal of China University of Mining and Technology,2008,18(2):177-181.

[183] MANSUROV V A.Prediction of rockbursts by analysis of induced seismicity data[J].International journal of rock mechanics and mining sciences,2001,38(6):893-901.

[184] MCGARR A.Energy budgets of mining-induced earthquakes and their interactions with nearby stopes [J]. International journal of rock mechanics and mining sciences,2000,37(1):437-443.

[185] MCGARR A.Some applications of seismic source mechanism studies to assessing underground hazard[C]//Rockbursts and Seismicity in Mines.

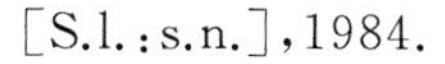
[S.l.:s.n.],1984.
[186] MICHAEL E F.Renormalization group theory:its basis and formulation in statistical physics [J]. Reviews of modern physics, 1998, 70 (2): 653-681.
[187] MILEV A M,SPOTTISWOODE S M,RORKE A J,et al.Seismic monitoring of a simulated rockburst on a wall of an underground tunnel[J]. Journal of the South African Institute of Mining and Metallurgy,2001, 101(5):253-260.
[188] PENG S S.Time-dependent aspects of rock behavior as measured by a servocontrolled hydraulic testing machine[J]. International journal of rock mechanics and mining sciences and geomechanics abstracts,1973, 10(3):235-246.
[189] PENG S,PODNIEKS E R.Relaxation and the behavior of failed rock[J]. International journal of rock mechanics and mining science & geomechanics abstracts ,1972,9(6):699-700.
[190] RENATA PATYSKA,JÓZEF KABIESZ.Scale of seismic and rock burst hazard in the Silesian companies in Poland [J].Mining science and technology 2009,19(5):604-608.
[191] SATO K,FUJII Y.Source mechanism of a large scale gas outburst at Sunagawa coal mine in Japan[J]. Pure and applied geophysics, 1989, 129 (3/4): 325-343.
[192] SCHOLZ C H.The frequency-magnitude relation of microfracturing in rock and its relation to earthquakes[J].Bulletin of the seismological society of America,1968,58(1):399 -415.
[193] SERDENGECTI S,BOOZER G D.The effects of strain rate and temperature on the behavior of rock subjected to triaxial compression[C]//The 4th U. S. Symposium on Rock Mechanics. Oxford: Pergamon Press, Ltd.,1961.
[194] SHEMYAKIN E I,KURLENYA M V,KULAKOV G I.Classification of rock bursts[J].Soviet mining science,1986,22(5):329-336.
[195] TANG L Z,XIA K W.Seismological method for prediction of areal rockbursts in deep mine with seismic source mechanism and unstable failure theory[J].Journal of Central South University of Technology,2010(5): 947-953.

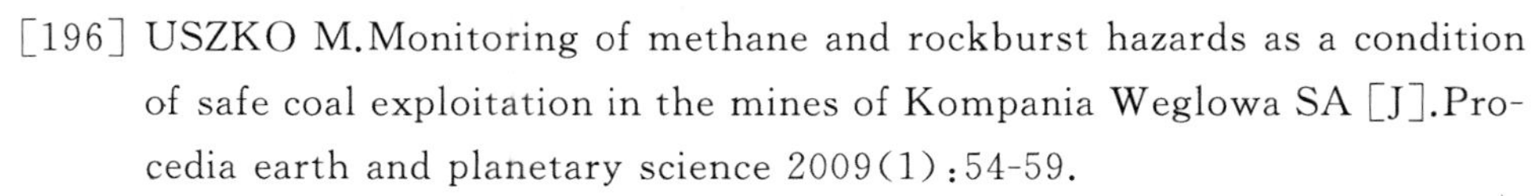

[196] USZKO M.Monitoring of methane and rockburst hazards as a condition of safe coal exploitation in the mines of Kompania Weglowa SA [J].Procedia earth and planetary science 2009(1):54-59.

[197] VARDOULAKIS I.Rock bursting as a surface instability phenomenon [J].International journal of rock mechanics and mining sciences and geomechanics abstracts,1984,21(3):137-144.

[198] WAWERSIK W R.A study of brittle rock fracture in laboratory compression experiments[J]. International journal of rock mechanics and mining sciences & geomechanics abstracts,1970,7(5):561-575.

[199] WOLFRAM S.Statistical mechanics of cellular automata[J].Reviews of modern physics,1983,55(3):601-643.

[200] XIE H,PARISEAU W G.Fractal character and mechanism of rock burst [J].International journal of rock mechanics and mining sciences & geomechanics abstracts,1993,30(4):343-350.

[201] ZORIN A N.The physical principles of rock bursts[J].Journal of mining science,1972,8(5):502-508.